21世纪高等院校信息与通信工程规划教材

21st Century University Planned Textbooks of Information and Communication Engineering

赵春锋 汪敬华 主编

张婷 王艳新 陈扬 副主编

电工电子实验实训教程

The Training Course of Electrical
and Electronic Experiment

人民邮电出版社

北京

高校系列

图书在版编目（CIP）数据

电工电子实验实训教程 / 赵春锋，汪敬华主编. --
北京：人民邮电出版社，2015.9（2023.1重印）
21世纪高等院校信息与通信工程规划教材
ISBN 978-7-115-39573-3

Ⅰ. ①电… Ⅱ. ①赵… ②汪… Ⅲ. ①电工技术－实
验－高等学校－教材②电子技术－实验－高等学校－教材
Ⅳ. ①TM-33②TN-33

中国版本图书馆CIP数据核字(2015)第151632号

内 容 提 要

本书是以"先基础知识，后实训操作"为教学模式，以提升理工类学生的实践动手能力为目标编写的电工电子实验实训教程。

全书分为四篇。第一篇为电工电子实践基础；第二篇为电工电子技术实验；第三篇为电工技术实训；第四篇为电子技术实训。书中实验部分选编了电工技术、电子技术等20个实验，可根据专业和学时的不同，对实验内容进行不同的组合，以满足实验教学需要。实训部分由低压电器控制线路的安装与调试等若干知识模块组成，每个模块由理论知识和实训任务构成，通过完成实训任务，巩固理论知识并掌握实践技能，培养学生的工程创新能力。本书符合实训教学规律，各学校教学时可根据实习学时灵活组合。

本书内容深入浅出，理论联系实际，实用性强，可作为高等工科院校的电工电子实验、电工电子实习教材，也可作为相关工程技术人员及电工从业人员的学习参考用书。

◆ 主　　编　赵春锋　汪敬华
　　副主编　张　婷　王艳新　陈　扬
　　责任编辑　张孟玮
　　执行编辑　税梦玲
　　责任印制　沈　蓉　彭志环
◆ 人民邮电出版社出版发行　北京市丰台区成寿寺路 11 号
　　邮编　100164　电子邮件　315@ptpress.com.cn
　　网址　http://www.ptpress.com.cn
　　北京九州迅驰传媒文化有限公司印刷
◆ 开本：787×1092　1/16
　　印张：19.5　　　　2015 年 9 月第 1 版
　　字数：477 千字　　2023 年 1 月北京第 10 次印刷

定价：48.00 元
读者服务热线：(010)81055256　印装质量热线：(010)81055316
反盗版热线：(010)81055315

电工电子实验实训是高等教育理工科实践教学的重要组成部分，是以学生动手为主、培养学生掌握一定的电工电子操作技能及工艺知识的基础训练课程，同时也是实施素质教育和创新教育的实践基础。为了让学生具备电工电子技术实践的基本知识和技能，提升学生的实践动手能力、工程与创新能力，我们编写了《电工电子实验实训教程》。

本书在章节安排上既考虑了如何与理论教学保持同步，又考虑了如何循序渐进地培养学生的能力，因此将全书分为四篇。第一篇是电工电子实践基础，是实践技能和独立分析和解决问题的入门向导。第二篇是电工电子技术实验，目的是使学生掌握基本的电工电子电路的实验方法，加深其对理论课内容的理解，这部分实验为 40 学时，不同学校和专业可根据实际情况进行删减。第三篇是电工技术实训，主要包括低压电器控制线路的安装与调试、PLC 编程应用操作、智能家居控制认知与实践，用以培养学生的操作能力。第四篇是电子技术实训，包括常用电子元器件、印制电路板设计与制作、电子电路的组装调试和故障检查、电子技术综合实训等内容。实训部分由理论知识、实训任务、思考题构成，以完成具体的电工电子实训任务为目标，进行实际操作，故障处理和数据分析。

本书的参考学时为 170 学时，教师可根据不同专业要求、实训时间长短进行组合，以达到能力训练的要求。参考学时见如下学时分配表。

学时分配表

篇	章 节	课 程 内 容	课 时 分 配
第一篇 电工电子实践基础	第 1 章	安全用电知识	10 学时
	第 2 章	仪器仪表的使用	
	第 3 章	常用电工材料及电工工具	
第二篇 电工电子技术实验	第 4 章	电工技术实验	40 学时
	第 5 章	电子技术实验	
第三篇 电工技术实训	第 6 章	低压电器控制线路的安装与调试	60 学时
	第 7 章	PLC 编程应用操作	
	第 8 章	智能家居控制认知与实践	
第四篇 电子技术实训	第 9 章	常用电子元器件	60 学时
	第 10 章	印制电路板的设计与制作	
	第 11 章	电子电路的组装调试和故障检查	
	第 12 章	电子技术综合实训	
课 时 总 计			170 学时

　　本书是上海工程技术大学工程实训中心在课程改革和实践教学改革的基础上编写的，凝聚了集体的智慧，由赵春锋、汪敬华任主编，王艳新编写第 1、2 章，赵春锋、汪敬华、王艳新编写第 4、5 章，赵春锋、张婷编写第 3、6、7、8 章，汪敬华编写第 9、11、12 章，陈扬编写第 10 章。全书由赵春锋、张婷统稿。本书的编写得到范小兰、张静之的指导和帮助，在此表示感谢。

　　由于编者水平和经验有限，书中难免有欠妥和错误之处，恳请读者批评指正。

编　者
2015 年 4 月

目　　录

第一篇
电工电子实践基础

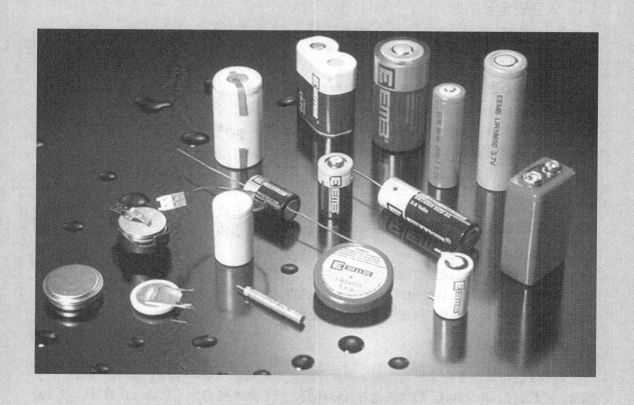

第 1 章 安全用电知识

随着科学技术的发展，人们在生活、学习和工作中对电能的应用越来越广泛，对电的依赖性也越来越强。安全用电是每个人生活和工作中的必备技能之一；预防用电事故发生、保障人身和设备安全，是每个人必须掌握的基本知识。

1.1 人身安全及防范

1.1.1 电流对人体的伤害

人体组织中有 60%以上是由含有导电物质的水分组成，因此，人体是个导体，当人体接触设备的带电部分并形成电流通路的时候，就会有电流流过人体，从而造成触电。触电的伤害程度与通过人体电流的大小、电流的种类、持续的时间、流经人体的途径、交流电的频率、电压大小及人体的健康情况等多种因素有关。

1. 电流大小对人体的影响

通过人体的电流越大，人体的生理反应就越明显，感应就越强烈，引起心室颤动所需的时间就越短，致命的危害就越大。按照通过人体电流的大小和人体所呈现的不同状态，工频交流电大致分为下列 3 种：

① 感觉电流：指引起人的感觉的最小电流（1～3mA）。

② 摆脱电流：指人体触电后能自主摆脱电源的最大电流（10mA）。

③ 致命电流：指在较短的时间内危及生命的最小电流（30mA）。

2. 电流的类型

工频交流电的危害性大于直流电，因为交流电主要是麻痹破坏神经系统，往往难以自主摆脱。一般认为 40～60Hz 的交流电对人最危险。随着频率的增加，危险性将降低。当电源频率大于 2000Hz 时，所产生的损害明显减小，但高压高频电流对人体仍然是十分危险的。

3. 电流的作用时间

人体触电后，通过电流的时间越长，愈易造成心室颤动，生命危险性就愈大。据统计，触电 1～5min 内急救 90%有良好的效果，10min 内 60%救生率，超过 15min 希望甚微。

4．电流路径

电流通过头部可使人昏迷；通过脊髓可能导致瘫痪；通过心脏会造成心跳停止，血液循环中断；通过呼吸系统会造成窒息。因此，从左手到胸部是最危险的电流路径；从手到手、从手到脚也是很危险的电流路径；从脚到脚是危险性较小的电流路径。

5．人体电阻

人体电阻是不确定的电阻，皮肤干燥时一般为 100kΩ 左右，而一旦潮湿可降到 1kΩ。人体不同，对电流的敏感程度也不一样，一般地说，儿童较成年人敏感，女性较男性敏感。患有心脏病者，触电后的死亡可能性就更大。

6．安全电压

安全电压是指人体不戴任何防护设备时，触及带电体不受电击或电伤。我国规定的对 50～500Hz 的交流电压安全额定值分别为：42V、36V、24V、12V、6V 5 个等级。还规定安全电压在任何情况下均不得超过 50V 有效值。当电器设备采用大于 24V 的安全电压时，必须有防止人体直接触及带电体的保护措施。

1.1.2 触电的种类

触电是指人体触及带电体后，电流对人体造成的伤害。为最大限度地减少触电事故的发生，应从实际出发分析触电的原因及形式，并针对不同情况提出预防措施。人体触电有两种类型：电击和电伤。

（1）电击——指电流通过人体时所造成的内伤。它可以使肌肉抽搐，内部组织损伤，造成发热发麻，神经麻痹等。严重时将引起昏迷、窒息，甚至心脏停止跳动而死亡。通常说的触电就是电击。触电死亡大部分由电击造成。

（2）电伤——指电流的热效应、化学效应、机械效应以及电流本身作用下造成的人体外伤。常见的有灼伤、烙伤和皮肤金属化等现象。在触电事故中，电击和电伤常会同时发生。

1.1.3 触电形式

人体触及带电体有 3 种不同情况，分别为单相触电、两相触电和跨步电压触电。

1．单相触电

当人站在地面上或其他接地体上，人体的某一部位触及一相带电体时，电流通过人体流入大地（或中性线）形成回路，称为单相触电，如图 1.1.1 所示。图 1.1.1（a）为电源中性点接地运行方式时，单相的触电电流途径。图 1.1.1（b）为中性点不接地的单相触电情况。一般情况下，接地电网里的单相触电比不接地电网里的危险性大。我国低压三相四线制中性点接地系统中，单相触电电压为 220V。

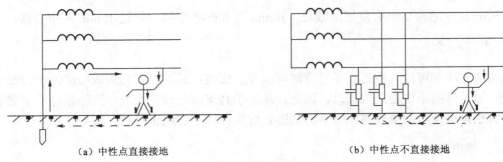

（a）中性点直接接地　　　　　　　　　　（b）中性点不直接接地

图 1.1.1　单极触电

2．两相触电

两相触电是指人体两处同时触及同一电源的两相带电体，以及在高压系统中，人体距离高压带电体小于规定的安全距离。造成电弧放电时，电流从一相导体流入另一相导体的触电方式，如图 1.1.2 所示。两相触电加在人体上的电压为线电压，因此，不论电网的中性点接地与否，人体所承受的线电压将比单相触电时高，其触电的危险性都最大。

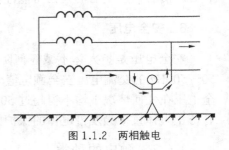

图 1.1.2　两相触电

3．跨步电压触电

当带电体接地时有电流向大地流散，在以接地点为圆心，半径 20m 的圆面积内形成分布电位。人站在接地点周围，两脚之间（以 0.8m 计算）的电位差称为跨步电压。在这种电压作用下，电流从接触高电位的脚流进，从接触低电位的脚流出，从而形成触电，由此引起的触电事故称为跨步电压触电。高压故障接地处，或有大电流流过的接地装置附近都可能出现较高的跨步电压。离接地点越近，两脚距离越大，跨步电压值就越大。一般 20m 以外就没有危险。

1.1.4　防止触电

防止触电是安全用电的根本。相关人员应认真学习安全用电知识，增强安全意识；遵守安全操作规程，削除人为危险因素；落实电器设备的防范措施，彻底杜绝安全隐患。

1．产生触电事故原因

① 缺乏用电常识，触及带电的导线。
② 没有遵守操作规程，人体直接与带电体部分接触。
③ 由于用电设备管理不当，使绝缘损坏，发生漏电，人体碰触漏电设备外壳。
④ 高压线路落地，造成跨步电压引起对人体的伤害。
⑤ 检修中，安全组织措施和安全技术措施不完善，接线错误，造成触电事故。
⑥ 其他偶然因素，如人体受雷击等。

2．安全制度

①　在电气设备的设计、制造、安装、运行、使用和维护以及专用保护装置的配置等环中，要严格遵守国家规定的标准和法规。

②　加强安全教育，普及安全用电知识。

③　建立健全安全规章制度，如安全操作规程、电气安装规程、运行管理规程、维护检修制度等，并在实际工作中严格执行。

3．安全措施

（1）停电工作中的安全措施

在线路上作业或检修设备时，应在停电后进行，并采取下列安全技术措施。

①　切断电源。

②　验电。

③　装设临时地线。

（2）对电气设备还应采取下列一些安全措施

①　电气设备的金属外壳要采取保护接地或接零。

②　安装自动断电装置。

③　尽可能采用安全电压。

④　保证电气设备具有良好的绝缘性能。

⑤　采用电气安全用具。

⑥　设立保护装置。

⑦　保证人或物与带电体的安全距离。

⑧　定期检查用电设备。

1.2　设备安全及防范

1.2.1　设备接电前检查

设备使用接电前必须要做到"三查"：

（1）查设备铭牌，获取设备的基本信息和使用要求。设备铭牌上应该注明设备需要的电源电压、频率、电源容量等参数。

（2）查环境源，看可供的电压、容量是否与设备标注相吻合。

（3）查设备本身，如电源线是否完好，外壳是否可能带电等。

1.2.2　设备使用及异常处理

正确使用仪器设备应把撑以下几点：

（1）了解仪器设备功能，掌握其使用方法和注意事项。

（2）正确接线，设置正确合理量程，以免量程和被测量不符而损坏仪器设备。

（3）设备操作时应有目的地旋动仪器面板上的旋钮，旋动时切忌用力过猛。

（4）仪器设备使用后要将面板上的各旋钮、开关置回到合适位置。

如同为防人体触电进行接地、接零及安装漏电保护开关一样，过压、过流和温度保护主要从设备使用的安全角度出发，为设备或供电网提供安全保障。

设备在使用过程中可能发生的异常情况：

（1）设备外壳或手持部位有麻电感觉。

（2）开机或使用过程中机外熔断器烧断或空气开关跳闸。

（3）出现异常声音，如噪声加大，有内部放电声，电动机转动声音异常等。

（4）机内出现异味，最常见的是塑料味、绝缘漆挥发的气味，甚至烧焦的气味。

（5）机内打火，出现烟雾。

（6）仪表指示超出正常范围。

一旦仪器设备出现异常情况，应采取合理的应对措施：

（1）凡有上述异常情况之一，应尽快断开电源，拔下电源插头，对设备进行检修。

（2）对烧断熔断器的情况，绝不允许换上大容量熔断器工作，一定要查明原因再换上同规格熔断器。同样，空气开关不允许重新合闸。

（3）及时记录异常现象及部位，避免检修前再通电。

（4）对有麻电感觉但未造成触电的现象不可忽视，必须及时检修。

1.3　触电急救与电气消防

一旦发生触电事故，抢救者必须保持冷静，首先应使触电者脱离电源，然后进行急救。

1.3.1　脱离电源

使触电者迅速脱离电源是极其重要的一环。触电时间越长，对触电者的伤害就越大。要根据具体情况和条件采取不同的方法，如断开电源开关，拔去电源插头或熔断器插件等；用干燥的绝缘物拨开电源线或用干燥的衣服垫住，将触电者拉开。总之，用一切可行的方法将触电者迅速脱离电源。

1.3.2　急救

触电者脱离电源后，应根据其受到电流伤害的程度，采取不同的施救方法。若停止呼吸或心脏停止跳动，决不可认为触电者已死亡而不去抢救，应立即进行人工呼吸和人工胸外心脏挤压，并迅速通知医院救护。抢救必须分秒必争，时间就是生命。

1.3.3　电气消防

万一发生用电火灾，沉着、快速的应急处置非常重要：

（1）发现电子装置、电气设备、电缆等冒烟起火时，要立即切断电源（电源总闸或失火电路开关）。

（2）使用砂土、二氧化碳或四氯化碳等不导电灭火介质阻断燃烧氧气源，忌用泡沫或水进行灭火。

（3）灭火时不可使身体或灭火工具触及导线和电气设备。

第2章 仪器仪表的使用

常用电子仪器是指经常用来测量电压、电流、频率、波形、元器件参数等所用的仪器，以及调试电路所需的各种信号发生器。这些仪器都是电子技术实训和今后从事工程实践所不可缺少的测试工具。"工欲善其事，必先利其器"。要增强电子技术实践的能力，就必须学会正确地使用这些电子测量仪器，运用合理的测量方法对电路或电路元器件进行性能、参数的测试，并在实践中不断提高灵活运用各种测试手段和测试技术的能力。

2.1 数字万用表

UT803 台式数字万用表是由集成电路模/数转换器和液晶显示器组成，它是将被测量的数值直接以数字形式显示出来的台式万用表，如图 2.1.1 所示。本仪表可用于测量：交流电压和电流有效值、直流电压和电流、电阻、二极管、电路通断、电容、频率、温度（℃）、h_{FE}、最大/最小值等参数，并具备 RS232C、USB 标准接口，有数据保持、欠压显示、背光和自动关机功能。内置供电系统适用于交流 220V 或二号电池/R14（1.5V×6 节）。

图 2.1.1　UT803 台式数字万用表

1. 数字万用表使用注意事项

（1）使用前要检查仪表和表笔，谨防任何损坏或不正常的现象，如果发现任何异常情况：表笔裸露、机壳损坏、液晶显示器无显示等，请不要使用。严禁使用没有盖好盖的仪表，否则有电击危险。

（2）表笔破损必须更换，并须换上同样型号或相同电气规格的表笔。

（3）当仪表正在测量时，不要接触裸露的电线、连接器、没有使用的输入端或正在测量的电路。

（4）测量高于直流 60V 或交流 30V 以上的电压时，务必小心谨慎，切记手指不要超过表笔绝缘处，以防触电。

（5）在不能确定被测量值的范围时，须将仪表工作置于最大量程位置。

（6）切勿在端子和端子之间，或任何端子和接地之间施加超过仪表上所标注的额定电压或电流。

（7）测量时功能开关必须置于正确的位置。在功能开关转换之前，必须断开表笔与被测电路的连接，严禁在测量进行中转换挡位，以防损坏仪表。

（8）进行在线电阻、二极管或电路通断测量之前，必须先将被测器件所在电路中所有的电源切断，并将所有的电容器放尽残余电荷。

（9）测量电流以前，应先检查仪表的保险丝是否完好，并先将被测电流关闭，等仪表可靠连接到电路上之后，再开通被测电流，以免产生打火花的危险。

（10）测量完毕应及时关断电源。长时间不用时，应取出电池（仅适用于电池供电）。

2. 测量操作说明

（1）交直流电压测量

① 将红表笔插入仪表的 V 插孔，黑表笔插入仪表的 COM 插孔。

② 将功能旋钮开关置于 V 电压测量挡，按 SELECT 键选择所需测量的交流或直流电压，并将表笔并联到待测电源或负载上。

③ 从显示器上直接读取被测电压值。交流测量显示值为其有效值。

④ 表的输入阻抗均约为 10MΩ（除 600mV 量程为大于 3000MΩ 外），仪表在测量高阻抗的电路时会引起测量上的误差。但是，大部分情况下，电路阻抗在 10kΩ 以下，所以误差（0.1%或更低）可以忽略。

⑤ 测量交流加直流电压的真有效值，必须按下 AC/AC+DC 选择按钮。

⑥ 测得的被测电压值小于 600.0mV，必须将红表笔改插入 mV 插孔，同时，利用 RANGE 按钮，使仪表处"手动"600.0mV 挡（LCD 屏有"MANUL"和"mV"显示）。

（2）交直流电流测量

① 将红表笔插入 μA/mA 或 A 插孔，黑表笔插入 COM 插孔。

② 将功能旋钮开关置于电流测量 μA/mA 或 A，按 SELECT 键选择所需测量的交流或直流电流，并将仪表表笔串联到待测回路中。

③ 从显示器上直接读取被测电流值，交流测量显示其有效值。

④ 确测量交流加直流电流的真有效值，必须按下 AC/AC+DC 选择按键。

注意

- 在仪表串联到待测回路之前，应先将回路中的电流关闭，否则有打火花的危险。
- 测量时应使用正确的输入端口和功能挡位，如不能估计电流的大小，应从大电流量程开始测量。
- 大于 5A 电流测量时，为了安全使用，每次测量时间应小于 10s，间隔时间应大于 15min。
- 表笔插在电流输入端口上时，切勿把测试表笔并联到任何电路上，否则会烧断仪表内部保险丝，损坏仪表。完成所有的测量操作后，应先关断被测电流再断开表笔与被测电路的连接。对大电流的测量更为重要。

（3）电阻测量

① 将红表笔插入 Ω 端插孔，黑表笔插入 COM 端插孔。

② 将功能旋钮开关置于 Ω 测量挡，按 SELECT 键选择电阻测量，并将表笔并联到被测电阻二端上。

③ 从显示器上直接读取被测电阻值。

注意

- 如果被测电阻开路或阻值超过仪表最大量程时，显示器将显示 OL。
- 当测量在线电阻时，在测量前必须先将被测电路内所有电源关断，并将所有电容器放尽残余电荷，才能保证测量正确。
- 在低阻测量时，表笔及仪表内部引线会带来 0.2～0.5Ω 电阻的测量误差。为获得精确读数，应首先将表笔短路，记住短路显示值，在测量结果中减去表笔短路显示值，才能确保测量精度。如果表笔短路时的电阻值不小于 0.5Ω 时，应检查表笔是否有松脱现象或其他原因。
- 测量 1MΩ 以上的电阻时，可能需要几秒钟后读数才会稳定。这对于高阻的测量属正常。为了获得稳定读数尽量选用短的测试线。
- 不要输入高于直流 60V 或交流 30V 以上的电压，避免伤害人身安全。
- 在完成所有的测量操作后，要断开表笔与被测电路的连接。

（4）电路通断测量

① 将红表笔插入 Ω 端插孔，黑表笔插入 COM 端插孔。

② 将功能旋钮开关置于 Ω 测量挡，按 SELECT 键，选择电路通断测量，并将表笔并联到被测电路负载的两端。如果被测二端之间电阻<70Ω，认为电路良好导通，蜂鸣器连续声响；如果被测二端之间电阻＞70Ω，认为电路断路，蜂鸣器不发声。

③ 从显示器上直接读取被测电路负载的电阻值。单位为 Ω。

（5）二极管测量

① 将红表笔插入 Ω 端插孔，黑表笔插入 COM 端插孔。红表笔极性为+，黑表笔极性为-。

② 将功能旋钮开关置于 Ω 测量挡按 SELECT 键，选择二极管测量，红表笔接到被测二极管的正极，黑表笔接到二极管的负极。

③ 从显示器上直接读取被测二极管的近似正向 PN 结结电压。对硅 PN 结而言，一般约为 500～800mV 确认为正常值。

注意

- 如果被测二极管开路或极性反接时，显示 OL。
- 当测量在线二极管时，在测量前必须首先将被测电路内所有电源关断，并将所有电容器放尽残余电荷。
- 二极管测试开路电压约为 2.7V。
- 不要输入高于直流 60V 或交流 30V 以上的电压，避免伤害人身安全。
- 在完成所有的测量操作后，要断开表笔与被测电路的连接。

（6）电容测量

① 将红表笔插入 Ω 端插孔，黑表笔插入 COM 端插孔。

② 将功能旋钮开关置于 ⊣⊢ 挡位，此时仪表会显示一个固定读数，此数为仪表内部的分布电容值。对于小量程挡电容的测量，被测量值一定要减去此值，才能确保测量精度。

③ 在测量电容时，可以使用转接插座代替表笔插入相应表笔的位置（+-应该对应），将被测电容插入转接插座的对应孔位进行测量。使用转接插座，对于小量程挡电容的测量将更正确、稳定。

> **注意**
> - 如果被测电容短路或容值超过仪表的最大量程显示器将显示 OL。
> - 对于大于 600F 电容的测量，会需要较长的时间。
> - 测试前必须将电容全部放尽残余电荷后再输入仪表进行测量，对带有高压的电容尤为重要，避免损坏仪表和伤害人身安全。
> - 在完成测量操作后，要断开表笔与被测电容的连接。

（7）频率测量

① 将红表笔插入 Hz 端插孔，黑表笔插入 COM 端插孔。

② 将功能旋钮开关置于 Hz 测量挡位，按 SELECT 键选择 Hz 测量。并将表笔并联到待测信号源上。

③ 从显示器上直接读取被测频率值。

（8）三极管 h_{FE} 测量

① 将功能旋钮开关置于 h_{FE} 挡位。

② 将转接插座插 μA/mA 和 Hz 二插孔。

③ 将被测 NPN 或 PNP 型三极管插入转接插座对应孔位。

④ 从显示器上直接读取被测三极管 h_{FE} 近似值。

（9）数据保持

在任何测量情况下，当按下 HOLD（数据保持）键时，LCD 显示 HOLD，仪表随即保持显示测量结果，进入保持测量模式。再按一次 HOLD 键，仪表退出保持测量模式，随机显示当前测量结果。

（10）最大、最小值测量

按此键开始保持最大、最小值（Max/Min）。逐步按此键可依次循环显示最大、最小值。当按下时间超过 1s 则退出最大、最小值测量模式。

（11）交流、交流+直流选择按键开关

本选择按键是在交流测量时选择测量交流或交流+直流（AC/AC+DC），所以只有在功能旋钮开关选择 V（mV 手动）、μA、mA 或 A 挡位，按 SELECT 键选择 AC 测量时，本选择按键才有用。按 SELECT 键选择 DC 测量时，请不要按下本选择按键，否则+DC 将显示。

2.2 数字示波器

示波器是现代电子技术中必不可少的常用测量仪器。利用它能直接观察信号的周期和电压值、振荡信号的频率、信号是否存在失真、信号的直流成分（DC）和交流成分（AC）、信号的噪声值和噪声随时间变化的情况、比较多个波形信号等，有的新型数字示波器还有很强的波形分析和记录功能。示波器有多种型号，性能指标各不相同，应根据测量信号选择不同的型号。各种示波器的工作原理和操作方法基本相同。

1. UT2000/3000 数字示波器的面板及按钮的作用

数字示波器的前面板如图 2.2.1 所示。

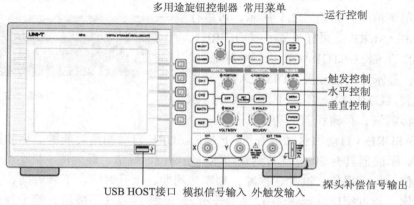

图 2.2.1 UT2025C 数字示波器的前面板

（1）垂直控制区：面板如图 2.2.2 所示。

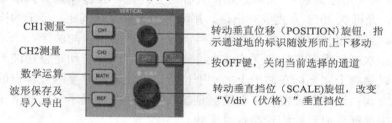

图 2.2.2 垂直控制区面板按钮功能

（2）水平控制区：面板如图 2.2.3 所示。

（3）触发控制区：面板如图 2.2.4 所示。

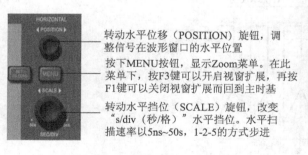

图 2.2.3 水平控制区面板按钮功能

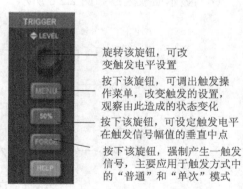

图 2.2.4 触发控制区面板按钮功能

（4）运行控制区。

① AUTO（自动设置）：自动设定仪器各项控制值，以产生适宜观察的波形显示。按下 AUTO（自动设置）按钮，快速设置和测量波形。

② RUN/STOP（运行/停止）：运行和停止波形采样。

注意

在停止的状态下，对于波形垂直挡位和水平时基可以在一定的范围内调整，相当于对信号进行水平或垂直方向的扩展。

（5）常用菜单区。如图 2.2.5 所示，可进行参数测量（MEASURE）、采样设置（ACQUIRE）、测量波形的存储（STORAGE）、光标测试（CURSOR）、显示方式的设置（DISPLAY）及辅助系统的设置（UTILITY）等，下面主要介绍参

图 2.2.5　常用菜单区面板

数测量、光标测量、存储和调出功能。

① MEASURE（自动测量功能）：按下 MEASURE 自动测量功能键，示波器显示自动测量操作菜单。示波器具有 20 种自动测量功能：峰峰值、幅值、最大值、最小值、顶端值、底端值、平均值、均方根值、过冲、预冲、频率、周期、上升时间、下降时间、正脉宽、负脉宽、正占空比、负占空比、延迟 1→2（上升沿）、延迟 1→2（下降沿）等十种电压测量和十种时间测量。

② CURSOR（光标测量）：可通过移动光标进行测量。光标测量分为以下 3 种模式。

手动方式：光标 X 和 Y 方式成对出现，并可手动调整光标间距。显示的读数即为测量的电压或时间值。当使用光标时，需首先将信号源设定成所要测量的波形。

追踪方式：水平与垂直光标交叉构成十字光标。十字光标自动定位在波形上，通过旋动多功能旋钮可以调整十字光标在波形上的水平位置。示波器同时显示光标点的坐标。

自动测量方式：通过此设定，在自动测量模式下，系统会显示对应的电压或时间光标。注意此方式在未选择任何自动测量参数时无效。

③ STORAGE（存储和调出）：使用 STORAGE 按键显示存储设置菜单，对数字存储示波器内部存储区和 USB 存储设备上的波形和设置文件进行保存或调出操作。

（6）显示面板区：如图 2.2.6 所示。

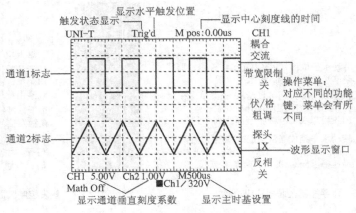

图 2.2.6　显示面板功能

2. 数字示波器的使用方法

数字示波器具有自动测量的功能，输入被测量信号，直接按"AUTO"键，即可获得适合的波形和挡位设置。

例如，把探头的探针和接地夹连接到探头补偿信号的相应连接端上，按下"AUTO"按钮。几秒钟内，可见到显示（1kHz，约 3V，峰峰值），如图 2.2.7 所示。以同样的方法检查 CH2，按 OFF 功能按钮以关闭 CH1，按 CH2 功能按钮以打开 CH2。

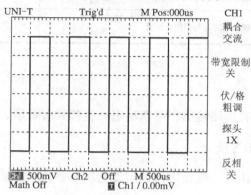

图 2.2.7 探头补偿信号

自动测量步骤如下：

（1）将被测信号连接到信号输入通道（CH1 或 CH2）。

（2）选择耦合方式（根据被测信号选择 AC 或 DC 耦合方式）。

（3）按下运行控制区域的"AUTO"按钮，示波器将自动设置垂直、水平和触发控制，将波形稳定地显示在屏幕上。如有需要，可手工齐整这些控制波形使波形显示达到最佳，也可按下运行控制区域的"RUN/STOP"按钮使波形驻留在显示器上。

（4）自动测量参数。按下"MEASURE"按钮后，选择信源通道（CH1 或 CH2），将全部测量打开，即显示所有参数，根据需要读取数据。所示测量参数说明参见表 2.2.1 所示。

表 2.2.1　　　　　　　　　　　　　示波器自动测量全部参数说明

电压类参数	说　明	时间类参数	说　明
最大值（U_{max}）	波形最高点至 GND（地）的电压值	周期 Prd	电压波形的周期
最小值（U_{min}）	波形最低点至 GND（地）的电压值	频率 Freq	电压波形的频率
峰峰值（U_{pp}）	波形最高点波峰至最低点的电压值	上升时间 Rise	波形幅度从 10%上升至 90%所经历的时间
顶端值（U_{top}）	波形平顶至 GND（地）的电压值	下降时间 Fall	波形幅度从 90%下降至 10%所经历的时间
底端值（U_{bas}）	波形底端至 GND（地）的电压值	正脉宽 +Wid	正脉冲在 50%幅度时的脉冲度
幅值（U_{amp}）	波形顶端至底端的电压值	负脉宽 -Wid	负脉冲在 50%幅度时的脉冲度

电压类参数	说　明	时间类参数	说　明
平均值（U_{avg}）	整个波形或选通区域上的算术平均值	正占空比 +Duty	正脉宽与周期的比值
均方根（U_{rms}）	即有效值。根据信号在一个周期时所换算产生的能量，对应于产生等值能量的直流电压，即均方根值	负占空比 −Duty	负脉宽与周期的比值
过冲（U_{ove}）	波形最大值与顶端值之差与幅值的比值	延迟 1→2（上升沿）	CH1 到 CH2 上升沿的延迟时间
预冲（U_{pre}）	波形最小值与底端值之差与幅值的比值	延迟 1→2（下降沿）	CH1 到 CH2 下降沿的延迟时间

2.3　直流稳压电源

直流稳压电源一般具有多路输出。可调输出一般都具有稳压、稳流两种工作方式。

1．直流稳压电源使用方法

（1）做稳压源输出电压时，应将电流调节旋钮顺时针旋到底，并保持。调节电压调节旋钮控制输出的直流电压值。

（2）做稳流源输出电流时，应将电压调节旋钮顺时针旋到底，并保持。调节电流调节旋钮控制输出的直流电流值。

2．直流稳压电源使用注意事项

（1）根据所需要的电压，选择合适通道。

（2）调整到所需要的电压后，再接入负载。

（3）在使用过程中，因负载短路或过载引起保护时，应首先断开负载，然后按动"复原"按钮，也可重新开启电源，电压即可恢复正常工作，待排除故障后再接入负载。

（4）将额定电流不等的各路电源串联使用时，输出电流为其中额定值最小一路的额定值。

（5）每路电源有一个表头，在 A/V 不同状态时，分别指示本路的输出电流或者输出电压。通常放在电压指示状态。

（6）每路都有红、黑两个输出端子，红端子表示"＋"，黑端子表示"－"，面板中间带有接"大地"符号的黑端子，表示该端子接机壳，与每一路输出没有电气联系，仅作为安全线使用。经常有人想当然的认为"大地"符号表示接地，"＋""－"表示正负两路电源输出去给双电源运放供电。

（7）两路电压可以串联使用。绝对不允许并联使用。电源是一种供给量仪器，因此不允许将输出端长期短路。

2.4　函数信号发生器

函数信号发生器是一种能够产生多种波形信号的电子仪器，具有 TTL 波、正弦波、方波、三角波、调频、调幅、调相、FSK、ASK、PSK、线性频率扫描、对数频率扫描等信号的发生功能，并且可以实现函数信号很宽频率范围内的调节。主波信号频率最高 20MHz，频率分辨可达 10mHz。此外，仪器还具有频率测量、周期测量、正脉宽、负脉宽测量和计数的功能。

数字合成函数信号发生器面板示意图如图 2.4.1 所示。

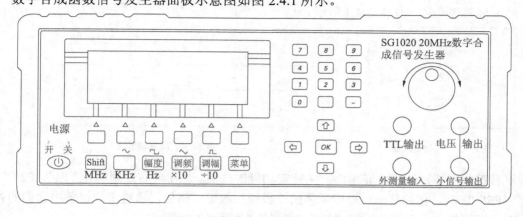

图 2.4.1　数字合成函数信号发生器面板示意图

仪器按键包括以下几个部分。

（1）快捷键区域：如图 2.4.2 所示。

快捷键区域包含有"Shift""频率""幅度""调频""调幅""菜单"6 个键，它的主要功能是可快速进入某项功能设定或者是常用的波形快速输出，它们的功能可以分为以下两类：

图 2.4.2　快捷键区域

① 当显示菜单为主菜单时，可以通过单次按下"频率""幅度""调频""调幅"键进入相应的频率设置功能、幅度设置功能、调频波和调幅波的输出。任何情况下都可以通过按下菜单键来强迫从各种设置状态进入主菜单。还可以通过按下"Shift"键配合"频率""幅度""调频""调幅""菜单"键来进入相应的"正弦""方波""三角波""脉冲波"的输出，即为按键上面字符串所示。

② 当显示菜单为频率相关设置时，快捷键所对应的功能为所设置的单位，即为按健下面字符串所示。例如，在频率设置时，可以按下数字键"8"再按下"幅度"来输入 8Hz 的频率值。

注意

快捷键上所标字符的作用域并不是任何菜单下都是有效的，除以上两种情况外，快捷键均是无效的。

（2）方向键区域：如图 2.4.3 所示。

方向键分为"上""下""左""右""OK"5 个键，它们主要作用是移动设置状态的光标和选择功能。例如，设置"波形"时可以通过移动方向键来选择相应的波形，被选择的波形以反白的形式呈现在眼前。

当为计数功能时，"OK"键为暂停/继续计数键，当按下奇数次为暂停，偶数次为继续，"左"为清零键。

注意

> 方向键是不可以移动菜单项的，菜单项是通过屏幕键来选择。

（3）屏幕键区域：如图 2.4.4 所示。

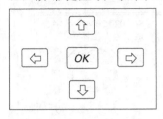

图 2.4.3　方向键区域

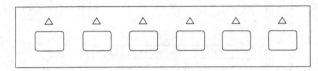

图 2.4.4　屏幕键区域

屏幕键对应特定的屏幕显示而产生特定功能的按键。从左向右分别叫作"F1""F2""F3""F4""F5""F6"。它们是一一对应屏幕的"虚拟"按键。例如，通道 1 的设置中它们的功能分别对应屏幕的"波形""频率""幅度""偏置""返回"功能。

（4）数字键盘区：如图 2.4.5 所示。

数字键盘区是专门为快速地输入一些数字量而设计的。由 0～9、"."和"-"12 个键组成。在数字量的设置状态下，按下任意一个数字键的时候，屏幕会开一个对话框，保存所按下的键，然后可以通过按下"OK"键输入默认单位的量或者相应的单位键来输入相应单位的数字量。

（5）旋转脉冲开关：如图 2.4.6 所示。

图 2.4.5　数字键盘区

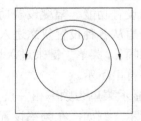

图 2.4.6　旋转脉冲开关

利用旋转脉冲开关可以快速地加、减光标所对应的数字量。

使用函数信号发生器能输出 0～20MHz 的正弦、方波、三角波、脉冲波以及一些调制、扫描波、键控波形。

【例】产生一个 20MHz，峰值为 5V，直流偏置为-2V 的正弦波。

（1）确保仪器正确连接后通电，等显示欢迎界面并且仪器自检通过后会直接跳到主菜单，如图 2.4.7 所示。

（2）按下"主波"菜单对应的屏幕键"F1"，进入"主波输出"二级子菜单，并且"波形"菜单被激活，如图 2.4.8 所示。

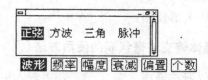

图 2.4.7 主菜单显示 图 2.4.8 主波的二级子菜单

默认波形已经指向正弦，如果要产生方波，只需要按下右方向键移动即可。

（3）按下"频率"菜单所对应的屏幕键"F2"，"频率"菜单被激活，进入频率设置，如图 2.4.9 所示。

系统默认频率为 10MHz，可以通过 4 种方法来输入频率：

① 通过方向键"左""右"来移动光标，再通过"上""下"来增加、减少频率值。

② 通过方向键"左""右"来移动光标，再通过旋转脉冲开关的逆时针、顺时针旋转来增加、减小频率值。

③ 通过数字键盘的输入：进入频率设置状态后，当按下数字键盘的任意一个按键后，屏幕会打开一个小窗口来等待输入。如图 2.4.10 所示。

图 2.4.9 频率菜单设置 图 2.4.10 频率设置状态子窗口

键入想输入的数字后，可以按"OK"键来按照当前的单位输入频率值，也可以按下"幅度""频率""Shift"快捷键的单位功能来输入以 Hz、kHz、MHz 为单位的频率值。

频率输入完毕后的结果如图 2.4.11 所示。

④ 用同样的方法选择"幅度""偏置"菜单，并输入幅度为 5V，偏置为-2V，这样，要求的波形就输出了。

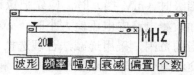

图 2.4.11 频率输出完成状态

2.5 交流毫伏表

在电工电子实验中，交流毫伏表常用于高于工频电压的测试，其电压测量范围为 $100\mu V \sim 300V$，其频率范围为 $20Hz \sim 2MHz$，有的更高。交流毫伏表实物如图 2.5.1 所示，其中数字交流毫伏表使用方法简单，在此不赘述，仅以晶体管交流毫伏表为例加以介绍。

1. 晶体管交流毫伏表的工作原理

晶体管交流毫伏表由输入保护电路、前置放大器、衰减放大器、放大器、表头指示放大电路、整流器、监视输出及电源组成。

输入保护电路用来保护该电路的场效应管。衰减控制器用来控制各挡衰减的接通，使仪器在整个量程均能高精度地工作。整流器是将放大了的交流信号进行整流，整流后的直流电流再送到表头。监视输出功能主要是来检测仪器本身的技术指标是否符合出厂时的要求，同时也可作放大器使用。

2．晶体管交流毫伏表的使用方法

（1）仪器在通电之前，一定要将输入电缆的红黑鳄鱼夹相互短接。防止仪器在通电时因外界干扰信号通过输入电缆进入电路放大后，再进入表头将表针打弯。

（2）接通 220V 电源，按下电源开关，电源指示灯亮，仪器工作。为了保证仪器稳定性，可预热 10min 后使用，开机后短时间内指针无规则摆动属正常。

（3）测量前应短路调零。打开电源开关，将测试线（也称开路电缆）的红黑夹子夹在一起，将量程旋钮旋到 1mV 量程，指针应指在零位（有的毫伏表可通过面板上的调零电位器进行调零，凡面板无调零电位器的，内部设置的调零电位器已调好）。若指针不指在零位，应检查测试线是否断路或接触不良，应更换测试线。

（4）交流毫伏表接入被测电路时，其地端（黑夹子）应始终接在电路的地上（成为公共接地），以防干扰。

（5）接线时，应先接地线，后接测量线；拆线时，应先拆测量线，后拆地线。在使用较高灵敏度挡级时（mV 挡）时，应先把量程开关置于低灵敏度挡（V 挡）再按上述接线、拆线。当不知被测电路中电压值大小时，必须首先将毫伏表的量程开关置于最高量程，然后根据表针所指的范围，采用递减法合理选挡。

（6）交流毫伏表表盘刻度分为 0～1 和 0～3 两种刻度，量程旋钮切换量程分为逢 1 量程（1mV、10mV、0.1V…）和逢 3 量程（3mV、30mV、0.3V…），凡是逢 1 的量程直接在 0～1 刻度线上读取数据，凡是逢 3 的量程直接在 0～3 刻度线上读取数据，单位为该量程的单位，无需换算。

（7）使用前应先检查量程旋钮与量程标记是否一致，若错位会产生读数错误。

（8）交流毫伏表是按正弦量的有效值进行刻度的，如被测量为非正弦量，则会引起较大的测量误差。

（9）测量完毕，应将量程置于较大的电压挡。

 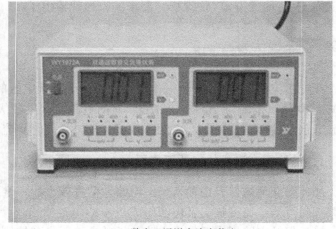

（a）晶体管双通道交流毫伏表　　　　　　　　　（b）数字双通道交流毫伏表

图 2.5.1　双通道交流毫伏表

第 **3** 章 常用电工材料及电工工具

本章介绍常用的电工材料及电工工具的结构特性、使用方法及其主要用途。熟练、规范地掌握电工材料及电工工具是电工基本技能之一，也是进行电工实验、实训的基础。

3.1 常用电工材料

电工材料是电工领域应用的各类材料的统称，包括导电材料、半导体材料、绝缘材料和其他电介质材料、磁性材料、安装材料等。这些材料均具有一定的电学或磁学性能。

电工材料 {
- 导电材料：如银、铜、铝、铁、锡、铅等金属。
- 半导体材料：如硅、锗等。
- 绝缘材料：如空气、变压器油、橡胶、塑料、陶瓷等。
- 磁性材料：如纯铁、硅钢、铁镍合金、铁氧体等。
- 其他材料：如胶黏剂、润滑剂、清洗剂等。

3.1.1 常用电工材料

1. 导电材料概述

导电材料一般是指专门用于传导电流的材料，主要用于构建电网和各类电工产品中电能传输。导电材料的电阻率一般都在 $0.1\Omega \cdot m$ 以下，按电阻率可分为良导体材料和高电阻材料两类。

导电材料 {
- 良导体材料 {
  - 用于制作各种导线或母线，如铜、铝、钢等。
  - 用于制作灯丝，如钨等。
  - 用作导线的接头焊料和熔体，如锡等。
- 高电阻材料：用于制作电阻器和电工仪表的电阻元件，如康铜、锰铜、镍铬等。

各种金属材料都是导电材料，但并不是所有金属都可以作为理想的导电材料。作为导电材料应从技术性能（导电性能好、有一定的机械强度、不易氧化和腐蚀、容易加工和焊接）和经济性能（价格低廉）两方面综合考虑。金属中导电性能最佳的是银，其次是铜、铝。由于银的价格比较昂贵，因此只在比较特殊的场合才使用，一般都将铜和铝用作主要的导电金属材料。

2．常用绝缘材料

电阻率大于 $10^9\Omega\cdot m$ 的物质所构成的材料叫绝缘材料，属于电介质。绝缘材料的主要作用是将带电体与不带电体相隔离，将不同电位的导体相隔离，确保电流的流向或人身安全；在某些场合，绝缘材料还起着支撑、固定、灭弧、防电晕、防潮湿的作用。

绝缘材料按其聚集状态而分为固态、液态和气态。绝缘材料多数属于固体，液态和气态绝缘材料一般不能起力学上的支撑作用，所以较少单独使用。

绝缘材料按其化学性质可分为有机绝缘材料、无机绝缘材料和混合绝缘材料。

常用绝缘材料及其用途如下：

（1）绝缘漆：有浸渍漆、漆包线漆、覆盖漆、硅钢片漆、防电晕漆等。

（2）绝缘胶：与无溶胶相似，用于浇注电缆接头、套管、20kV 以下电流互感器和 10kV 以下电压互感器。

（3）绝缘油：分为矿物油和合成油，主要用于电力变压器、高压电缆、油浸纸电容器中，以提高这些设备的绝缘能力。

（4）绝缘制品：有绝缘纤维制品、浸渍纤维制品、电工层压制品、绝缘薄膜及其制品等。

3．常用安装材料

安装材料是电气工程中的主要材料之一，按其用途可分为电线管和电工钢材两大类。

（1）电线管

为了使导线免受腐蚀和外来机械损伤，常把导线穿在管内敷设。用来穿电线的管子叫电线管。常用电线管有金属电线管和 PVC 电线管两类，实物如图 3.1.1 所示。金属电线管常用类型有无缝钢管（强度高、承压大）和焊接钢管（有直缝焊管、螺纹焊钢管，承压低、便宜）两类，广泛应用于建筑、照明、通信等电气工程室内外场所电线的明、暗敷设。PVC 电线管常用类型有重型硬管、半硬管和轻型硬管。因其价格便宜，且有许多优于金属电线管的性能，除易燃、易爆场所外，在很多场合已取代金属管。

（a）金属电线管　（b）PVC 电线管　（c）PVC 电线槽　（d）PVC 弧形电线槽　（e）PVC 软管

图 3.1.1　各种电线管实物图

（2）电工钢材

钢材具有品质均匀、抗拉、抗压、抗冲击等特点，而且具有良好的可焊、可铆、可切割、可加工性，因此在电气工程中得到广泛的应用。电工钢材分为普通型钢和板材。板材常用类型有普通碳素钢板（黑铁皮）、普通低合金钢板、镀锌钢板、热轧钢板、彩涂钢板等。

3.1.2 导线

导线又叫电线，是传输电能的电工材料。常用的导线有裸导线、绝缘导线、电力电缆线和电磁线等。

（1）裸导线

裸导线是指只有导线部分，没有绝缘层和保护层的导线，主要用于室外架空线。裸导线主要分为铜单线和裸绞线两种。裸绞线由多股单线绞合而成，与单线相比，柔软、抗拉强度高。常用的裸绞线有铜绞线、铝绞线和钢芯铝绞线。裸导线实物如图 3.1.2 所示。

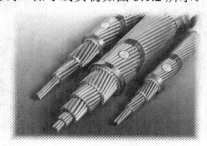

（a）铜单线　　　　　　　　　　　　（b）裸绞线

图 3.1.2 裸导线实物图

（2）绝缘导线

绝缘导线是指导体外表有绝缘层的导线，它不仅有导线部分，而且还有绝缘层。绝缘层的主要作用是隔离带电体或不同电位的导体。绝缘导线由导电线芯及绝缘包层等构成，型号较多，用途广泛。电气装备用绝缘导线主要包括：将电能直接传输到各种用电设备、电器的电源连接线，各种电气设备内部的装接线，以及各种电气设备的控制、信号、继电保护和仪表用电线。

电气装备用绝缘线的芯线多由铜、铝制成，可采用单股或多股。它的绝缘层可采用橡胶、塑料、棉纱、纤维等。绝缘导线分塑料和橡皮绝缘线两种。常用的绝缘导线符号有：BV——铜芯塑料线，BLV——铝芯塑料线，BX——铜芯橡皮线，BLX-铝芯橡皮线。绝缘导线常用截面积有：$0.5mm^2$、$1mm^2$、$1.5mm^2$、$2.5mm^2$、$4mm^2$、$6mm^2$、$10mm^2$、$16mm^2$、$25mm^2$、$35mm^2$、$50mm^2$、$70mm^2$、$95mm^2$、$120mm^2$、$150mm^2$、$185mm^2$、$240mm^2$、$300mm^2$、$400mm^2$。

常用绝缘导线的型号、名称及主要用途见表 3.1.1 所示，常用导线实物如图 3.1.3 所示。

表 3.1.1 　　　　常用绝缘导线的型号、名称及主要用途

型 号		名 称	主 要 用 途
铜芯线	铝芯线		
BX	BLX	棉线编织橡胶绝缘导线	适用于交流 500V 及以下，直流 1000V 及以下的电气设备及照明装置的固定敷设，可以明线敷设，也可以暗线暗线敷设
BXF	BLXF	橡胶绝缘氯丁护套导线	
BXHF	BLXHF	橡胶绝缘氯丁橡胶护套导线	固定敷设，适用于干燥或潮湿场所
BV	BLV	聚氯乙烯绝缘导线	适用于交流额定电压 450/750V，300/500V 及以下动力装置的固定敷设
BVV	BLVV	聚氯乙烯绝缘聚氯乙烯护套圆型导线	
BVR	—	聚氯乙烯绝缘软导线	同 BV 型，安装要求较柔软时用

型号		名　称	主　要　用　途
铜芯线	铝芯线		
RV	—	聚氯乙烯绝缘软导线	适用于适用于交流额定电压 450/750V，300/500V 及以下的家用电器、小型电动工具、仪器仪表及动照明等装置的连接，交流额定电压 250V 以下日用电器、照明灯头的接线等
RVB	—	聚氯乙烯绝缘平型软导线	
RVS	—	聚氯乙烯绝缘绞型软导线	
RVV	—	聚氯乙烯绝缘聚氯乙烯护套圆形连接软电线	

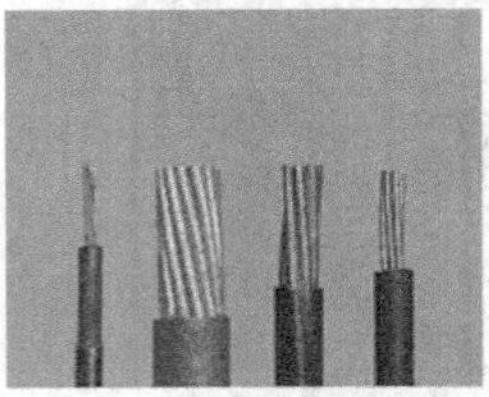

（a）BX 导线外形图 　　　　（b）BXF 导线外形图 　　　　（c）BV 导线外形图

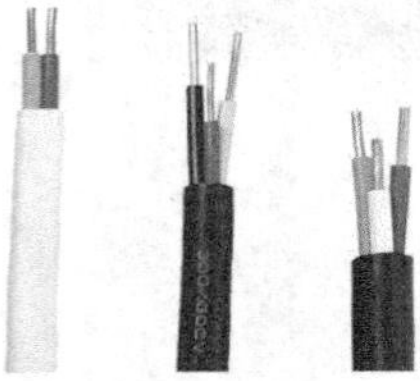

（d）BVV 导线外形图 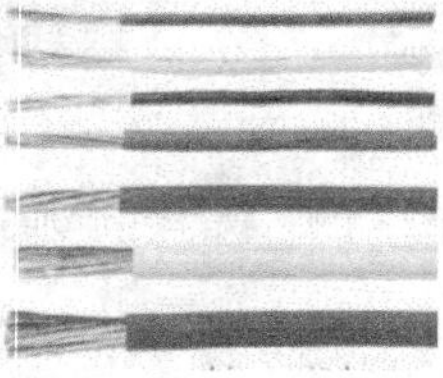　　　　（e）BVR 导线外形图 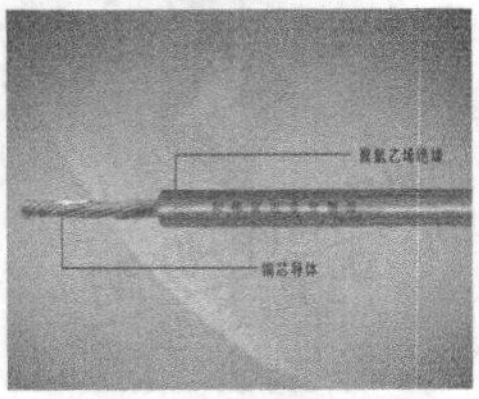　　　　（f）RV 导线外形图

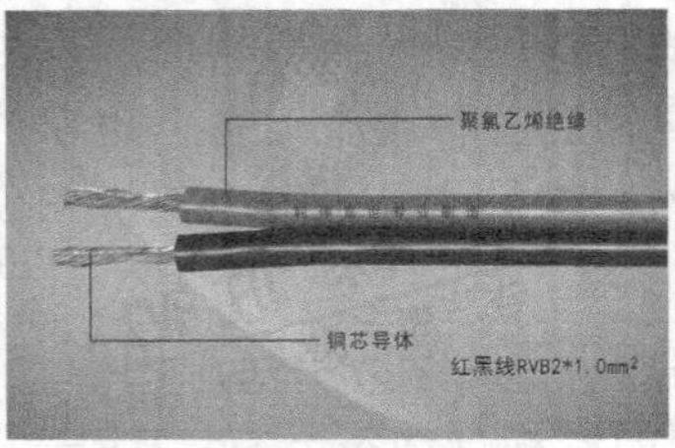

（g）RVB 导线外形图 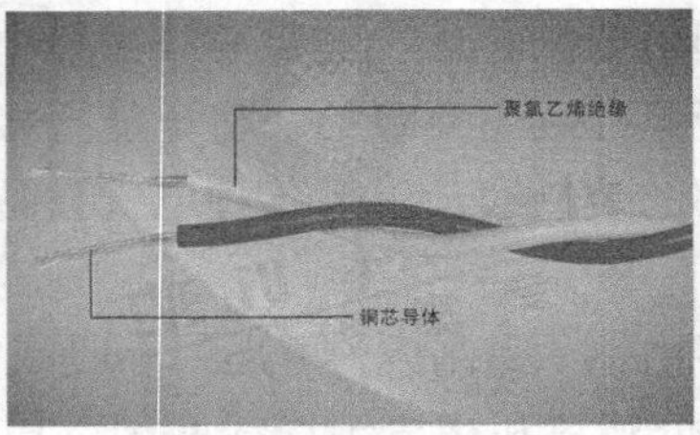　　　　（h）RVS 导线外形图 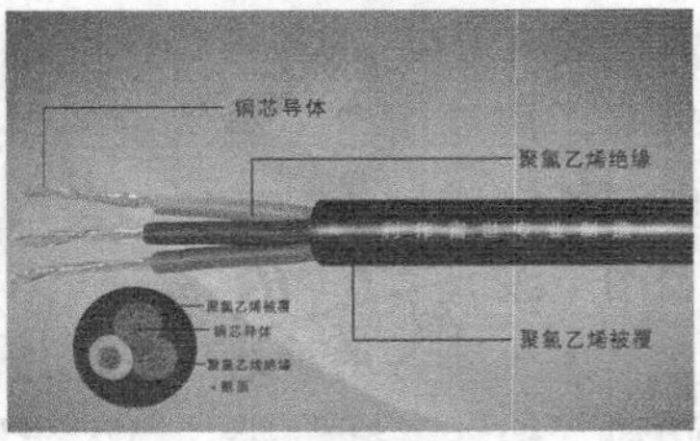　　　　（i）RVV 导线外形图

图 3.1.3　常用导线实物图

　　绝缘导线的选择原则有以下两点。

　　① 绝缘导线种类的选择：导线种类主要根据使用环境和使用条件来选择。室内环境如果是潮湿的，如水泵房、豆腐作坊，或者有酸碱性腐蚀气体的厂房，应选用塑料绝缘导线，以提高抗腐蚀能力，保证绝缘。比较干燥的房屋，如图书室、宿舍，可选用橡皮绝缘导线，对于温度变化不大的室内，在日光不直接照射的地方，也可以采用塑料绝缘导线。电动机的室内配线，一般采用橡皮绝缘导线，但在地下敷设时，应采用地埋塑料电力绝缘导线。

　　② 绝缘导线截面的选择：绝缘导线使用时首先要考虑最大安全载流量。导线的允许载流量也叫导线的安全载流量或安全电流值。一般绝缘导线的最高允许工作温度为 65℃，若超过这个温度时，导线的绝缘层就会迅速老化，变质损坏，甚至会引起火灾。所谓导线的允许载流量，就是指导线的工作温度不超过 65℃ 时可长期通过的最大电流值。

（3）电力电缆线

将单根或多根导线绞合成线芯，裹以相应的绝缘层，再在外面包密封包皮（铅、铝、塑料等）的称之为电缆。电力电缆线的作用是输送和分配大功率电能；与绝缘导线相比其突出特点是：外护层（护套）内包含一根至多根规格相同或不同的聚氯乙烯绝缘导线，主要由缆芯、绝缘层和保护层构成；优点是可埋设于地下，经久耐用，不受气候条件影响。电力电缆线种类很多，常见的有聚乙烯绝缘系列电缆线和橡胶缘系列电缆线等。实物如图 3.1.4 所示。

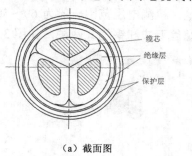

缆芯
绝缘层
保护层

（a）截面图

（b）实物图

图 3.1.4　电力电缆线截面示意图及外形图

（4）电磁线

电磁线是一种涂有绝缘漆或包缠纤维的导线，专用于电—磁能互换场合的有绝缘层的导线。主要用在电动机、变压器、电气设备、电工仪表、电信装置的绕组和元件上，作为绕组或线圈，不能用在布线及电器连接上。电磁线实物如图 3.1.5 所示。

常用电磁线有漆包线和绕包线两类：

① 漆包线：绝缘层是漆膜（Q——绝缘漆；QQ——缩醛、QZ——聚酯、QA——聚氨酯、QH——环氧）；广泛应用于中小型电机及微电机、干式变压器和其他电工产品中。

② 绕包线：绝缘层用绝缘物（B——玻璃丝、Z——绝缘纸、M——合成树脂薄膜）等紧密绕包在导电线芯上，也有在漆包线上再绕包绝缘层的；主要用于大中型电工产品。

（a）绝缘漆包线

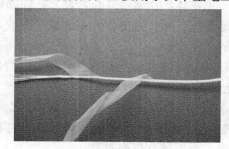

（b）薄膜绕包线

图 3.1.5　电磁线实物图

3.2　常用电工工具

正确地使用电工工具，有助于操作安全，有助于了解、掌握线路，有助于提高工具的使用寿命。

3.2.1　验电器

验电器又叫电压指示器，是用来检查导线和电器设备是否带电的工具。验电器分为高压和低压两种。

1. 低压验电器

常用的低压验电器是验电笔，又称试电笔，检测电压范围一般为 60～500 V，一般由氖管、电阻、弹簧和笔身组成。常用的式样有螺丝刀式和钢笔式两种，如图 3.2.1 所示。

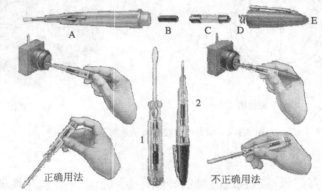

正确用法　　　　　　　　　　　不正确用法

1 螺丝刀式　2 钢笔式　A 笔尖金属体　B 电阻　C 氖管　D 弹簧　E 笔尾金属体

图 3.2.1　验电笔结构与握法

使用时，金属笔尖接触被测电路或带电体，手指接触金属体笔尾，这样电路或带电体、人体和大地形成导电回路，若氖灯发红光，表明有电；若多次测试不发光，可能是不带电或地线。手指如果不接触验电笔的金属体笔尾，即使被测体带电，氖管也不会发光。使用时注意，握持验电笔的手，千万不可触及被测体，以防发生触电事故；验电笔开始使用时应先测试一下已知带电物体，观察氖灯是否发光，以确认该验电笔的有效性，防止因使用有故障或失效的验电笔测试，误认带电体无电而造成事故。

验电笔的应用举例。

（1）可以区分火线（"L"相线）和地线（"N"中性线或零线）。氖管发亮时是火线（即有电），不亮时是地线。

（2）区分交流电和直流电。氖管两端附近都发亮时是交流，仅一端电极附近发亮是直流。

（3）判断电压高低。一般带电体与大地间的电位差低于 36V，氖管不发光；在 60～500V 之间氖泡发光；电压越高氖泡越亮。

2. 高压验电器（试电棒）

高压验电器属于防护性用具，通过检测流过验电器对地杂散电容中的电流，检验设备、线路是否带电的装置。高压验电器适用于 220～500V、6kV、10kV、35kV、110kV、220kV、500kV 交流输配电线路和设备的验电，是电力系统和工矿企业电气部门必备的安全用具。如图 3.2.2 所示。高压验电时，要戴符合要求的绝缘手套，人体与带电体要有足够的安全距离，遇雨天则不可在室外验电。

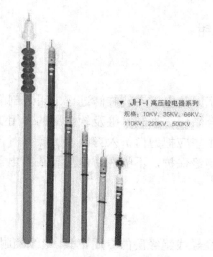

图 3.2.2 高压验电器实物图

3.2.2　螺丝刀

螺丝刀也称改锥，用于紧固或拆卸螺钉，一般分为一字形和十字形两种，如图 3.2.3 所示。

（1）一字形改锥：其规格用柄部以外的长度表示，常用的有 100mm、150mm、200mm、300mm、400mm 等。

（2）十字形改锥：有时称梅花改锥，一般分为 4 种型号，其中：Ⅰ号适用于直径为 2～2.5mm 的螺钉；Ⅱ、Ⅲ、Ⅳ号分别适用于直径为 3～5mm、6～8mm、10～12mm 的螺钉。

图 3.2.3　螺丝刀实物图

3.2.3　扳手

在电工工作中，扳手是为了拧紧和松动多种型式的螺母的专用工具。它的种类很多，常用的有活络扳手、固定扳手、梅花扳手、套筒扳手、内外六角扳手、两用扳手（即一头固定、一头梅花型）等。扳手实物如图 3.2.4 所示。使用时注意，要根据螺母、螺栓的大小选用相应规格的活络扳手。

（a）固定扳手实物图　　　（b）梅花扳手实物图　　　（c）活络扳手实物图

图 3.2.4　扳手实物图

3.2.4 电工刀和剥线钳

1. 电工刀

电工刀（如图 3.2.5 所示）是电工安装维修过程中用来剖削电线、电缆绝缘层、切割木台缺口、削制木桩及软金属的专用工具。使用时应将刀口向外，用毕应把刀口折入刀柄内。操作时谨防削伤线芯。电工刀手柄无绝缘保护，不能在带电的导线或电器上剖削，以免触电。

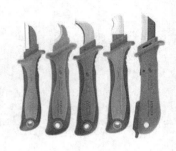

图 3.2.5　各种电工刀

2. 剥线钳

剥线钳是用来剥除小直径导线绝缘层的专用工具，绝缘柄耐压 500V，剥线的钳口有 0.5～3mm 多个不同孔径的刃口，用以剥落不同线径的导线绝缘层。如图 3.2.6 所示。使用时根据不同线径选择剥线钳的不同刃口，夹住绝缘层用力一拉即可将绝缘层剥掉。但要注意，使用时电线必须放在大于其芯线直径的切口上切剥，否则会切伤芯线。常用带绝缘柄的 140mm 和 180mm 剥线钳。

图 3.2.6　常用剥线钳实物图

3.2.5 斜口钳

斜口钳又称断线钳，专用于剪断较粗金属丝、线材、电线电缆、导线和元器件多余引线，还常用来代替一般剪刀剪切绝缘套管、尼龙扎线卡等。钳柄有铁柄、管柄及绝缘柄 3 种，绝缘柄专供电工用，绝缘电压为 500V 以上，如图 3.2.7 所示。使用时注意，使用钳子要量力而行，不可以用来剪切钢丝，钢丝绳和过粗的铜导线和铁丝，否则容易导致钳子崩牙和损坏。常用的规格有 125mm、150mm、175mm 3 种。

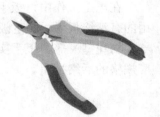

图 3.2.7　斜口钳实物图

3.2.6 钢丝钳和尖嘴钳

1. 钢丝钳

钢丝钳是一种夹持或折断金属薄片，切断金属丝的工具。电工用钢丝钳的柄部套有绝缘套管（耐压 500V），其规格用钢丝钳全长的毫米数表示，常用的规格有 150mm、175mm、200mm 3 种。钢丝钳实物图如图 3.2.8 所示。钢丝钳的钳头由钳口、齿口、刀口和铡口 4 个部分组成，钳口用来弯绞或钳夹导线线头，齿口用来紧固或松起螺母，刀口用来剪切导线或剖削软导线的绝缘层，铡口用来剪切电线线芯等。使用时注意，使用钳子要量力而行，不可以超负荷的使用，切忌不可在切不断的情况下扭动钳子，容易崩牙与损坏。

2. 尖嘴钳

尖嘴钳头部尖细，用法与钢丝钳相似，其特点是适用于在狭小的工作空间操作，能夹持较小的螺钉、垫圈，能将元件的管脚夹直、弯曲，能将单股导线弯成一定圆弧的接线鼻子。不带刃口者只能夹捏工作，有刃口的尖嘴钳还可剪断导线，剥削绝缘层。尖嘴钳有铁柄和绝缘柄两种，绝缘柄的耐压为 500V，其外形如图 3.2.9 所示。常用带绝缘柄的 130mm、160mm、180mm 或 200mm 尖嘴钳。

图 3.2.8　钢丝钳实物图

图 3.2.9　尖嘴钳实物图

思　考　题

3-1　电工材料是按什么分类？有哪几类？

3-2　电工常用导线有哪几类？用什么材料制成？分别举例说明其用途。

3-3　选用绝缘导线时应考虑哪些因素？

3-4　请问一般家庭装修应该购买哪种导线？

3-5　电工常用绝缘材料有哪些？试举例说明。

3-6　电工常用导磁材料有哪些？试举例说明。

3-7　电工常用安装材料有哪些？试举例说明。

3-8　验电笔使用时应注意哪些事项？

3-9　常用螺丝刀有哪两种？

3-10　扳手主要有哪几种类型？

3-11　如何用电工刀或剥线钳剖削导线绝缘层？

3-12　电工刀和剥线钳的用途有何不同？

3-13　斜口钳、钢丝钳和尖嘴钳的用途有何异同？

实训一　电工材料的识别及选用

一　实训目的

（1）熟悉识别电工常用导电材料、绝缘材料、导磁材料和安装材料的方法。

（2）熟悉识别常用导线的方法。

（3）掌握选用常用导线的方法。

二　实训器材

各种电工常用导电材料、绝缘材料、导磁材料和安装材料。

三　实训步骤

（1）在教师引导下，查阅教材和相关资料。

（2）认识电工材料，给它们归类，并指出其用途。

（3）到商店或上网查询电工常用的导电材料、绝缘材料、导磁材料和安装材料各 1～3 种，并记录名称、型号规格、单位、价格、生产厂家。

（4）掌握导线的选择方法。

四　实训报告

（1）总结 4 种常用电工材料的性能和适用场合，并举例说明。

（2）总结 4 种常用导线的特点、选择方法及适用场合，并举例说明。

（3）心得与体会。

实训二　电工工具的识别与操作

一　实训目的

（1）熟悉常用电工工具，了解它们的结构。

（2）掌握正确使用常用电工工具的方法。

二　实训器材

验电器、螺丝刀、扳手、电工刀、剥线钳、斜口钳、钢丝钳、尖嘴钳。

三　实训步骤

（1）在教师引导下，查阅教材和相关资料。

（2）认识电工工具，了解它们的结构及使用注意事项。

（3）掌握电工工具的使用、理解它们的用途及安全检测。

（4）用验电笔判别单相电源的相线和零线，开关、插座是否带电。

（5）分别用电工刀、剥线钳、斜口钳、钢丝钳、尖嘴钳对导线线头绝缘层进行剥线或剖削。

四　实训报告

（1）介绍各电工工具的特点。

（2）总结使用各电工工具的心得和体会。

（3）总结工具使用时的注意事项。

第二篇
电工电子技术实验

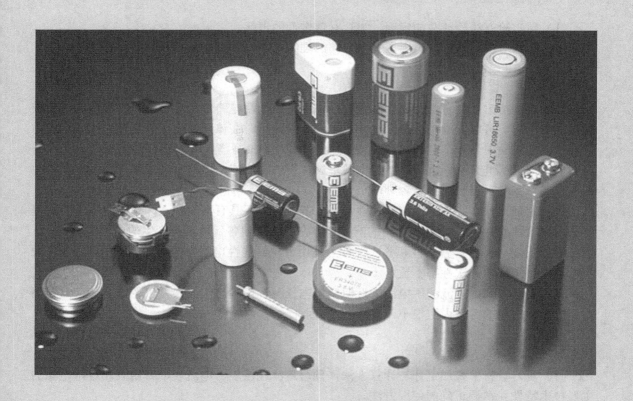

4.1 叠加定理

一 实验目的

（1）用实验方法验证叠加定理，加深对该定理的理解。

（2）加深对电路的电流、电压参考方向的理解。

二 实验原理

叠加定理指出：在有几个独立电源共同作用下的线性电路中，通过每一个元件的电流或其两端的电压，可以看成是由每一个独立电源单独作用时在该元件上所产生的电流或电压的代数和。在实验中当一个电源单独作用时，其他的电源必须置为零（电压源短路，电流源开路）；在求电流或电压的代数和时，当电源单独作用时电流或电压的参考方向与共同作用时的参考方向一致时，符号取正，否则取负。

叠加定理反映了线性电路的叠加性，另外线性电路还具有齐次性，即当激励信号（如电源作用）增加或减小 K 倍时，电路的响应（即在电路其他各元件上所产生的电流和电压值）也将增加或减小 K 倍。叠加性和齐次性都只适用于求解线性电路中的电流、电压。对于非线性电路，叠加性和齐次性都不适用。

在本实验中，用直流稳压电源来近似模拟电压源，由其产生的误差可忽略不计，这是因为直流稳压电源的等效内阻很小。

三 实验预习要求

（1）复习教材中叠加定理与计算方法，预习直流电压表、电流表、万用表和稳压电源的主要技术特性并掌握正确的使用方法。

（2）按表 4.1.1 的要求，用支路电流法计算出图 4.1.1 电路中支路电流和各电阻元件两端的电压，注意参考方向，并把计算结果填入表 4.1.1 中。

（3）利用 Multisim 仿真软件对图 4.1.1 所示电路进行仿真分析，仿真电路图如图 4.1.2 所示。

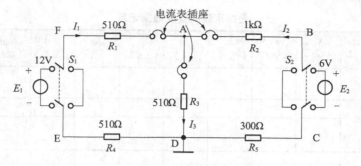

图 4.1.1　叠加定理的实验电路

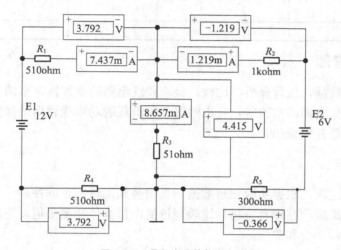

图 4.1.2　叠加定理的仿真电路

四　实验设备与器件

Multisim 仿真软件、双路可调直流稳压电源、数字万用表、叠加定理实验电路板。

五　实验注意事项

（1）实验时，注意电压表和电流表的极性以便使电路中所有的电流的参考方向与图 4.1.1 所示保持一致，电压的参考方向与表 4.1.1 参数下标所列保持一致。

（2）测量电流时，应将电流表串联在被测电路中；测量电压时，应将电压表并联在被测元件的两端。实际电压、电流的方向与参考方向一致时取正，反之取负。

六　实验内容与步骤

（1）实验电路如图 4.1.1 所示，按实验电路图连接线路并调节电源参数值。

（2）在电路图中接入电压表或电流表，当 E_1、E_2 共同作用时测量各支路电流及各电阻元件两端的电压，数据记入表 4.1.1 中。

（3）当 E_1 单独作用时，BC 两点不接电源，直接用短路线相连。记录数据同步骤 2。

（4）当 E_2 单独作用时，FE 两点不接电源，直接用短路线相连。记录数据同步骤 2。

表 4.1.1　　　　　　　　　　　　　　　　叠加定理的实验数据记录

实验内容 \ 测量项目		E_1 （V）	E_2 （V）	I_1 （mA）	I_2 （mA）	I_3 （mA）	U_{AB} （V）	U_{CD} （V）	U_{AD} （V）	U_{DE} （V）	U_{FA} （V）
E_1、E_2 共同作用	理论值（预习）										
	测量值										
E_1 单独作用	理论值（预习）										
	测量值										
E_2 单独作用	理论值（预习）										
	测量值										

七　实验思考题

（1）根据实验数据，进行分析、比较，验证线性电路的叠加性，总结实验结论。

（2）在验证叠加定理的实验中，各电阻器件所消耗的功率能否用叠加定理计算得出？试用实验数据进行计算并做说明。

八　实验报告

（1）简述叠加定理，根据实验记录数据，说明叠加定理的正确性。

（2）对实验结果进行整理和分析，比较理论值、仿真值和测量值，完成实验思考题。

（3）实验的心得体会和建议。

4.2　戴维宁定理

一　实验目的

（1）通过实验验证戴维宁定理的正确性，进一步加深对戴维宁定理的理解。

（2）掌握测量有源二端网络等效参数（U_{OC}，R_0）的一般方法。

（3）掌握直流电压表、直流电流表、直流稳压电源、稳流源和万用表的技术特性及使用方法。

二　实验原理

1. 戴维宁定理

戴维宁定理指出：任何一个有源二端网络，都可以用一个等效电源代替，如图 4.2.1 所示，该等效电压源的电动势 E 就是这个有源二端网络的开路电压 U_{OC}，即将负载断开以后 A、B 二端之间的电压，等效电源的内阻 R_0 等于该有源二端网络中所有电源均去除后（理想电压源视为短路，理想电流源视为开路）所得的无源二端网络 A、B 二端之间的等效电阻。E（有源二端网络的开路电压 U_{OC}）和 R_0 称为有源二端网络的等效参数。

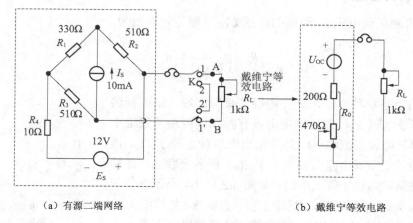

（a）有源二端网络   （b）戴维宁等效电路

图 4.2.1　戴维宁定理的实验电路

2．理想电压源与电压源模型

理想电压源（也称恒压源）具有端电压恒定不变，而输出电流的大小由负载决定的性质。其外特性，即端电压 U 与输出电流 I 的关系 $U=f(I)$ 是一条平行于 I 轴的直线，如图 4.2.2 所示。实验中使用的稳压源在规定的电流范围内具有很小的内阻，可以将它视为一个理想电压源。

实际上任何电源内部都存在电阻，通常称为内阻。因而一个电源可以用一个内阻和理想电压源串联的电压源模型来表示。其端电压 U 随输出电流 I 增大而降低，其外特性曲线是一条斜率为负的直线，如图 4.2.3 所示。实验中，使用一个电阻与稳压源相串联来等效模拟一个电源。

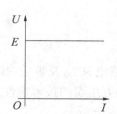

图 4.2.2　理想电压源的外特性曲线

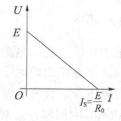

图 4.2.3　戴维宁电压源模型的外特性曲线

3．有源二端网络等效参数的测量方法

① 开路短路法：测出有源二端网络的开路电压 U_O 和短路电流 I_{s0}，那么二端网络的等效电阻 $R_0=U_O/I_{s0}$。

② 半电压法：先测得有源二端网络的开路电压 U_O 然后接可变负载电阻 R_L，如图 4.2.4 所示，当负载电阻端电压为被测有源二端网络开路电压的一半时，该负载电阻值即为被测有源二端网络的等效内阻值。即

$$\frac{U_O}{2} = U_O \frac{R_L}{R_0 + R_L}，\quad 则\ R_L=R_0$$

③ 两次电压法：先测量一次有源二端网络的开路电压 U_O，然后接入一个已知阻值的负

载电阻 R_L，再测负载电阻 R_L 两端的电压 U_{OL}，则等效电阻为

$$R_0 = \left(\frac{U_O}{U_{OL}} - 1 \right) R_L$$

不论采用上述哪种方法，只要测得了有源二端网络的开路电压 U_O 和等效电阻 R_0，便可确定出该有源二端网络的戴维宁等效电路。调节可调直流稳压电源的输出电压使之等于 U_O，再选择一个电位器调节其电阻值使之等于 R_0，两者串联起来便构成有源二端网络的戴维宁等效电路，如图 4.2.1（b）所示在等效电路两端接入负载电阻 R_L 后，测量流过 R_L 的电流，并与图 4.2.1（a）电路流过 R_L 的电流做比较，由此便可验证戴维宁定理。

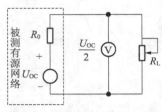

图 4.2.4　半电压法测有源二端网络等效参数原理

4．最大功率传输条件

一个有源二端网络向一个电阻负载传送功率时，根据戴维宁定理，有源二端网络可以用一个等效的电源来代替，如图 4.2.1（b）所示，图中 R_0 为电源内阻，R_L 为负载电阻。当电路电流为 I 时，负载 R_L 得到的功率为

$$P_L = I^2 R_L = \left(\frac{U_O}{R_0 + R_L} \right)^2 \times R_L$$

令 $\dfrac{dP_L}{dR_L} = 0$，可知当 $R_L = R_0$ 时，负载获得最大功率 $P_{Lmax} = \dfrac{U_O^2}{4R_0}$。

三　实验预习要求

（1）复习戴维宁定理及表示电源特性的方法。

（2）实验前应计算有源二端网络的开路电压 U_O、短路电流 I_{s0} 及等效内阻 R_0。

（3）熟悉直流电压表、直流电流表、直流稳压电源和万用表的技术特性及使用方法。

（4）利用 Multisim 应用软件，对图 4.2.1 电路进行仿真分析。

四　实验设备与器件

Multisim 应用软件、直流电压表、直流电流表、双路可调直流稳压电源、数字万用表、电位器和电阻元件、戴维宁定理实验电路板。

五　实验注意事项

（1）在测量时，注意仪表量程的更换，以及万用表的功能切换。电流表应串联在被测电路中。

（2）根据实验内容（3）调好 470Ω 电位器的阻值后，注意切勿再变动，以免影响后面实验的准确性。

（3）在使用直流稳压电源时，注意稳压电源不能短路，所以在接线或改接线路时，要关掉电源。

六 实验内容与步骤

1. 测定有源二端网络的参数

按图 4.2.1（a）所示电路连接线路。将负载电阻 R_L 断开，测量开路电压 U_O；将开关 K 打到 2-2'位置测短路电流 I_{s0}；在已除源（即电压源短路，电流源开路）的情况下，用万用表的电阻挡测量负载 R_L 断开后有源二端网络两端口间的电阻。数据填入表 4.2.1 中。

表 4.2.1   测定有源二端网络的参数

	U_O（V）	I_{s0}（mA）	R_0（Ω）
理论值（预习）			
测量值			

2. 测量有源二端网络的外特性

将开关 K 打到 1-1'位置，在十进制可变电阻箱上选择适当阻值，使负载电阻 R_L 分别等于 $0\,Ω$，$200\,Ω$，$300Ω$，$400Ω$，…$800Ω$，$∞$，测量负载电阻 R_L 两端的电压 U_{AB} 和其中的电流 I，记录于表 4.2.2 中。

表 4.2.2   有源二端网络的外特性测量表

R_L（Ω）		0	200	400	600	800	∞（断开）
测量值	U_{AB}（V）						
	I（mA）						
计算值	P_L（mW）						

3. 验证戴维宁定理

验证等效电路的外特性与有源二端网络的外特性是否相同。调节稳压源的输出电压等于开路电压 U_O，选择 470Ω 电位器与 200Ω 固定电阻串联作为等效电阻 R_0，调节 470Ω 电位器，使电位器与固定电阻串联后的阻值等于表 4.2.1 中的戴维宁等效电源的内阻 R_0，按图 4.2.1（b）接线，然后再使负载电阻 P_L 分别等于 0Ω，200Ω，300Ω，400Ω，…，800Ω，∞。测量负载电阻 R_L 两端的电压 U 和其中的电流 I，记录于表 4.2.3 中。

表 4.2.3   戴维宁定理等效电路的外特性测量表

R_L（Ω）		0	200	400	600	800	∞（断开）
测量值	U（V）						
	I（mA）						
计算值	P（mW）						

注：表 4.2.2、表 4.2.3 中的功率 P_L 即为负载电阻 R_L 上消耗的功率。

七 实验思考题

计算表 4.2.2、表 4.2.3 中的功率 P_L，估计负载取用最大功率时对应负载电阻阻值区间，从理论上分析负载取用最大功率时对应的负载电阻阻值 R_L。

八　实验报告

（1）简述实验原理，根据实验所记录的数据，用坐标纸在同一坐标平面上做出实验内容（2）、（3）所测得的外特性曲线 $U=f(I)$，并加以比较验证戴维宁定理的正确性。

（2）对实验过程中各种现象和结果进行分析，结合实验思考题，写出本次实验的建议和心得。

（3）总结有源二端网络等效参数的测量方法，比较几种方法的优缺点和适用场合。

4.3　RLC 串联谐振电路的研究

一　实验目的

（1）熟悉低频信号发生器和晶体管毫伏表的主要技术性能，并掌握其正确的使用方法。
（2）了解 RLC 串联电路的谐振现象，学习用实验方法绘制 RLC 串联电路的幅频特性曲线。
（3）加深对电路发生谐振的条件和特点的理解，了解电路品质因数（电路 Q 值）的物理意义、测定方法和对谐振曲线的影响。

二　实验原理

（1）在图 4.3.1 所示的 RLC 串联电路中，当正弦交流信号源的频率 f 改变时，电路中的感抗、容抗随之改变，电路中的电流也随 f 而变。取电阻 R 上的电压 $\dot{U}_o$ 作为响应，当输入电压 $\dot{U}_i$ 大小维持不变时，在不同的信号频率的激励下，测出 $\dot{U}_o$ 值，然后以 f 为横坐标，以 U_o 为纵坐标，绘出光滑的曲线，此即为幅频特性，亦称谐振曲线，如图 4.3.2 所示。

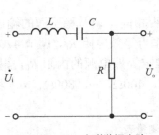

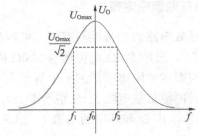

图 4.3.1　RLC 串联谐振电路　　　　图 4.3.2　谐振曲线及通频带宽度

（2）在 $f = f_0 = \dfrac{1}{2\pi\sqrt{LC}}$ 处，$X_L=X_C$ 即幅频特性曲线尖峰所在的频率点，该频率称为谐振频率，此时电路呈纯电阻性，电路阻抗的模为最小，在输入电压 $\dot{U}_i$ 为定值时，电路中的电流达到最大值，且 $\dot{U}_o$ 与输入电压 $\dot{U}_i$ 同相位，从理论上讲，此时 $U_i=U_R=U_o$，$U_L=U_C=QU_i$，式中 Q 称为电路的品质因数。

（3）电路品质因数 Q 值的测量方法。一种方法是根据公式测定

$$Q = \frac{U_L}{U_o} = \frac{U_C}{U_o}$$

其中 U_C 与 U_L 分别为谐振时电容器 C 和电感线圈 L 上的电压；另一种方法是通过测量谐振曲线的通频带宽度求出 Q 值，计算公式如下

$$\Delta f = f_2 - f_1 \qquad Q = \frac{f_0}{f_2 - f_1}$$

式中 f_0 为谐振频率，f_2 和 f_1 分别为失谐时幅度下降为最大值的 $\frac{1}{\sqrt{2}}$ 倍时的上下限频率点。

　　谐振电路对于频率有一定的选择性，电路的 Q 值越大，曲线越尖锐，通频带越窄，电路的选择性越好。在恒压源供电时，电路的品质因数、选择性与通频带只决定于电路本身的参数，而与信号源无关。

三　实验设备与器件

　　信号发生器、晶体管交流毫伏表、双踪示波器、电容 2400μF、电感线圈 41mH、电阻元件 330Ω、2.2kΩ、RLC 串联谐振实验电路板。

四　实验预习要求

（1）阅读有关信号发生器、双踪示波器、交流毫伏表的使用说明。
（2）试推导出图 4.3.1 中 U_O 随 f 变化的公式。
（3）根据实验设备给出的元件参数值，计算电路的谐振频率 f_0。
（4）图 4.3.1 的 RLC 串联电路中，若电感为 41mH、电容为 2400μF、电阻为 330Ω 时，输入电压 U_i 为 3V，当电路发生谐振时，试计算电阻 R 两端的输出电压 U_{Omax}，并计算此时电容两端电压 U_C 和电感两端电压 U_L 之值，并利用 Multisim 软件对电路进行仿真分析。

五　实验注意事项

（1）本实验中测量仪器的"共地"问题非常重要，若不注意测量仪器的共地，将带来较大的测量误差。如用晶体管毫伏表测 U_L 和 U_C 时，如图 4.3.3 中的（a）和（b），试分别用这两种方式测量 U_L 和 U_C 并判断哪种测量方式正确？（b 正确，为什么？）

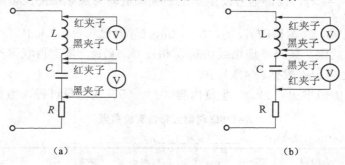

图 4.3.3　晶体管毫伏表"共地"问题

　　（2）测量点选取要合适，疏密要得当。测试频率点的选择应在靠近谐振频率附近多取几点，在变换频率测试前应调整信号源输出幅度（用示波器监视输出幅度），使其维持在 3V 输出。

（3）测量时注意毫伏表的量程的及时切换，在测量 U_L 和 U_C 前，应将毫伏表的量程增大约 10 倍。

六 实验内容与步骤

（1）按图 4.3.4 所示组成监视、测量电路，用交流毫伏表测电压，用示波器监视信号源输出，置函数信号发生器的输出于"正弦、50Ω 输出"位置，调节输出电压 $U_i \leqslant 3V$，并保持不变。

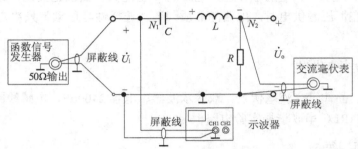

图 4.3.4 RLC 串联谐振测量电路

（2）测量 RLC 串联电路的谐振频率 f_0，通频带下限频率 f_1、上限频率 f_2。

① 测量谐振频率 f_0。选取 $R=330\Omega$，将毫伏表接在电阻 R（330Ω）两端，令信号源的频率由小逐渐变大（注意要维持信号源的输出幅度不变），当 U_O 的读数为最大时值 U_{Omax} 时，读得信号发生器上的频率值即为电路的谐振频率 f_0，并测量 U_C 和 U_L 之值（注意及时切换毫伏表的量程）将测得的 f_0、U_C、U_L、U_O 值记入表 4.3.1 中。

② 测量通频带下限频率 f_1、上限频率 f_2。测量通频带上下限频率时，电阻 R 上的输出电压为 $\dfrac{U_{Omax}}{\sqrt{2}}$，此时将信号源的频率逐渐调小，当交流毫伏表上的电压等于 $\dfrac{U_{Omax}}{\sqrt{2}}$ 时，读得信号发生器上的频率值即为通频带的下限频率 f_1。同理，将信号源的频率逐渐调大，当交流毫伏表上的电压等于 $\dfrac{U_{Omax}}{\sqrt{2}}$ 时，读得信号发生器上的频率值即为通频带的上限频率 f_2。并测量此两点时 U_C 和 U_L 之值，将测得的 f_1、f_2、U_C、U_L、U_O 值记入表 4.3.1 中。

（3）在谐振点两侧，按频率递增或递减 500Hz 或 1kHz，依次再取 8 个测量点，逐点测出 U_O、U_C 和 U_L 之值记入数据表 4.3.1 中。

（4）改变电阻的值取 $R=2.2k\Omega$，重复内容（2），（3）的测量过程，数据记入表 4.3.2 中。

表 4.3.1　　　　　　　　　　$R=330\Omega$ 时幅频特性实验数据

$U_i=3V$，$C=2400pF$，$L=41mH$，$R=330\Omega$。$f_0=$_____，$Q=$_____，$f_2-f_1=$_____

f（kHz）	f_1-6k	f_1-2k	f_1-1k	$f_1=$	$f_0=$	$f_2=$	f_2+1k	f_2+2k	f_2+6k
U_O（V）				$\dfrac{U_{Omax}}{\sqrt{2}}=$	$U_{Omax}=$	$\dfrac{U_{Omax}}{\sqrt{2}}=$			
U_L（V）									
U_C（V）									

表 4.3.2　　　　　　　　　　$R=2.2\text{k}\Omega$ 时幅频特性实验数据

$U_i=3\text{V}$，$C=2400\text{pF}$，$L=41\text{mH}$，$R=2.2\Omega$，f_0_____，$Q=$_____，$f_2-f_1=$_____

f（kHz）	f_1-6k	f_1-2k	f_1-1k	$f_1=$	$f_0=$	$f_2=$	f_2+1k	f_2+2k	f_2+6k
U_O（V）				$\dfrac{U_{Omax}}{\sqrt{2}}=$	$U_{Omax}=$	$\dfrac{U_{Omax}}{\sqrt{2}}=$			
U_L（V）									
U_C（V）									

七　实验思考题

（1）电路发生串联谐振时，为什么输入电压 U_i 不能太大？

（2）改变电路的哪些参数可以使电路发生谐振？R 的值是否影响谐振频率的值？

（3）计算出通频带与 Q 值，说明不同 R 值时对电路通频带与品质因数的影响。要提高 RLC 串联谐振电路的品质因数，电路参数应如何改变？

（4）根据测量数据，绘出不同 Q 值的3条幅频特性曲线：①$U_O=F(f)$；②$U_L=F(f)$；③$U_C=F(f)$。

（5）电路发生谐振时，比较输出电压 U_O 与输入电压 U_i 是否相等？U_L 和 U_C 是否相等？试分析原因。

（6）对两种不同的测量 Q 值的方法进行比较，分析误差原因。

八　实验报告

（1）根据表 4.3.1、表 4.3.2 测量数据在同一坐标上画出两条幅频特性曲线，比较两者的异同点，说明原因。

（2）结合实验思考题，计算当 R 不同时的通频带宽度和上、下限频率 f_1 和 f_2。

（3）总结 RLC 串联电路发生谐振的特点，并结合本实验结果说明 U_C-U_L 为什么不等于零。

（4）以实验为依据，从谐振频率、品质因数和通频带宽度等几方面说明元件参数对电路频率特性的影响。

4.4　单相电路参数测量及功率因数的提高

一　实验目的

（1）掌握单相功率表的使用。

（2）了解日光灯电路的组成、工作原理和线路的连接。

（3）研究日光灯电路中电压、电流相量之间的关系。

（4）理解改善电路功率因数的意义并掌握其方法。

二　实验原理

1. 日光灯电路的组成

日光灯电路是一个 RL 串联电路，由灯管、镇流器、启辉器组成，如图 4.4.1 所示。由于有感抗元件，功率因数较低，提高电路功率因数实验可以用日光灯电路来验证。

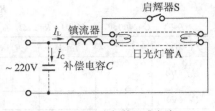

图 4.4.1 日光灯的组成电路

灯管：内壁涂上一层荧光粉，灯管两端各有一个灯丝（由钨丝组成），用以发射电子，管内抽真空后充有一定的氩气与少量水银，当管内产生辉光放电时，发出可见光。

镇流器：是绕在硅钢片铁心上的电感线圈。它有两个作用，一是在启动过程中，启辉器突然断开时，其两端感应出一个足以击穿管中气体的高电压，使灯管中气体电离而放电。二是正常工作时，它相当于电感器，与日光灯管相串联产生一定的电压降，用以限制、稳定灯管的电流，故称为镇流器。实验时，可以认为镇流器是由一个等效电阻 R_L 和一个电感 L 串联组成。

启辉器：是一个充有氖气的玻璃泡，内有一对触片，一个是固定的静触片，一个是用双金属片制成的 U 形动触片。动触片由两种热膨胀系数不同的金属制成，受热后，双金属片伸张与静触片接触，冷却时又分开，所以启辉器的作用是使电路接通和自动断开，起一个自动开关作用。

2．日光灯点亮过程

电源刚接通时，灯管内尚未产生辉光放电，启辉器的触片处在断开位置，此时电源电压通过镇流器和灯管两端的灯丝全部加在启辉器的两个触片上，启辉器的两触片之间的气隙被击穿，发生辉光放电，使动触片受热伸张而与静触片构成通路，于是电流流过镇流器和灯管两端的灯丝，使灯丝通电预热而发射热电子。与此同时，由于启辉器中动、静触片接触后放电熄灭，双金属片因冷却复原而与静触片分离。在断开瞬间镇流器感应出很高的自感电动势，它和电源电压串联加到灯管的两端，使灯管内水银蒸气电离产生弧光放电，并发射紫外线到灯管内壁，激发荧光粉发光，日光灯就点亮了。

灯管点亮后，电路中的电流在镇流器上产生较大的电压降（有一半以上电压），灯管两端（也就是启辉器两端）的电压锐减，这个电压不足以引起启辉器氖管的辉光放电，因此它的两个触片保持断开状态，即日光灯点亮正常工作后，启辉器不起作用。

3．日光灯的功率因数

日光灯点亮后的等效电路如图 4.4.2 所示。灯管相当于电阻负载 R_A，镇流器用内阻 R_L 和电感 L 等效代之。由于镇流器本身电感较大，故整个电路功率因数很低，整个电路所消耗的功率 P 包括日光灯管消耗功率 P_A 和镇流器消耗的功率 P_L。只要测出电路的功率 P、电流 I、总电压 U 以及灯管电压 U_A，就能算出灯管消耗的功率为 $P_A = I \times U_R$。

镇流器消耗的功率为 $P_L = P - P_A$，$\cos \varphi = \dfrac{P}{UI}$。

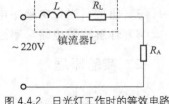

图 4.4.2 日光灯工作时的等效电路

4．功率因数的提高

日光灯电路的功率因数较低，一般在 0.5 以下，为了提高电路的功率因数，可以采用与电感性负载并联电容器的方法。此时总电流 I 是日光灯电流 I_L 和电容器电流 I_C 的相量和：$\dot{I} = \dot{I_L} + \dot{I_C}$，日光灯电路并联电容器后的相量图如图 4.4.3 所示。由于电容支路的电流 $\dot{I_C}$ 超前于电压 $\dot{U}$ 90°角。抵消了一部分日光灯支路电流中的无功分量，使电路的总电流 I 减小，从而提高了电路的功率因数。电压与电流的相位差角由原来的 φ_1 减小为 φ，故 $\cos\varphi > \cos\varphi_1$。

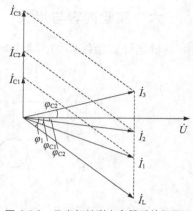

图 4.4.3　日光灯并联电容器后的相量图

当电容量增加到一定值时，电容电流 I_C 等于日光灯电流中的无功分量，$\varphi=0$。$\cos\varphi=1$，此时总电流下降到最小值，整个电路呈电阻性。若继续增加电容量，总电流 I 反而增大，整个电路变为容性负载，功率因数反而下降。

三　实验预习要求

（1）预习日光灯工作原理，并联电容器对提高感性负载功率因数的原理、意义及其计算公式。

（2）如图 4.4.1 所示电路中，日光灯管（R_A）与镇流器（R_L、L）串联后，接于 220V、50Hz 的交流电源上，点亮后，测得其电流 $I=0.35A$，功率 $P=40W$，灯管两端电压 $U_A=100V$。要求写出下列各待求量的计算式。

① 求 $\cos\varphi_1$、φ_1、R_A、R_L、L 的值，灯管消耗的功率 P_A 和镇流器消耗的功率 P_L。

② 并联 $C=3\mu F$ 后，求 I_C、I 和 $\cos\varphi$ 的值。

③ 按比例画出并联电容器后的相量图。（如图 4.4.3，计算出电压与总电流的相位差角 φ）

（3）熟悉交流电压表、电流表和单相自耦调压器的主要技术特性，并掌握其正确的使用方法。

四　实验设备与器件

交流电压表、交流电流表、功率表、自耦调压器、镇流器、电容器、启辉器、日光灯管、电流表插座。

五　实验注意事项

（1）本实验用交流市电 220V，务必注意人身和设备的安全。注意电源的火线和地线，在实际安装日光灯时，开关应接在火线上。

（2）不能将 220 V 的交流电源不经过镇流器而直接接在灯管两端，否则将损坏灯管。

（3）功率表、电压表、电流表要正确接入电路，电流表应串入电路中测量电流。

（4）电路接线正确，日光灯不能启辉时，应检查启辉器及其接触是否良好。

（5）每次改接线路，一定要在断开电源的情况下进行，以免发生意外。

六　实验内容与步骤

日光灯实验线路如图 4.4.4 所示。

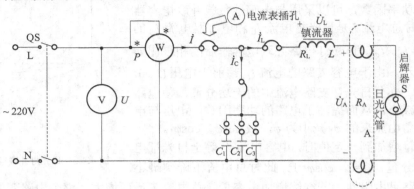

图 4.4.4　日光灯交流电路

1．日光灯电路研究和参数测量

按图 4.4.4 接线，注意功率表的接法，断开所有的电容器，经指导教师检查后接通市电交流 220V 电源，测量功率 P、电流 I、电源电压 U、镇流器电压 U_L 与日光灯电压 U_A，将数据记入表 4.4.1 正常工作值栏中，并计算出 R_A、R_L、L 填入该表。

表 4.4.1　　　　　　　　　　　日光灯电路等效参数测量

测　量　数　据							计　算　数　据		
P（W）	U（V）	I（mA）	U_L（V）	U_A（V）	$\cos\varphi$	φ	R_L（Ω）	R_A（Ω）	L（mH）

注：功率表中 $\cos\varphi$ 的读数在 pF 中显示。

2．提高感性负载功率因数实验

如图 4.4.4 所示的实验线路中，按 2.2μF、4.7μF、6.9μF 依次并上电容器 C_1、C_2、C_3。当电容变化时，分别记录功率表及电压表读数，测得 3 条支路电流 I、I_L、I_C 的值。测量数据记入表 4.4.2。

表 4.4.2　　　　　　　　　　　日光灯功率因数提高实验参数测量

电容值（μF）	测　量　数　据					计　算　值		
	P（W）	U（V）	I（mA）	I_L（mA）	I_C（mA）	$\cos\varphi$	φ	I'（mA）
0								
2.2								
4.7								
6.9								

注：表中 I' 为 I 的计算值，$\dot{I} = \dot{I}_L + \dot{I}_C$，其中 I_L 和 I_C 为上表中测量值。

七　实验思考题

（1）计算本实验中灯管消耗的功率 P_A 和镇流器消耗的功率 P_L。

（2）若要使本实验中日光灯电路完全补偿（也就是功率因数提高到1），需要并联多大容值的电容？请给出计算式并计算出最后结果。

（3）是否并联电容越大，功率因数越高？为什么？

（4）当电容量改变时，功率表有功功率的读数、日光灯的电流、功率因数是否改变？为什么？

八　实验报告

（1）结合实验思考题，完成表 4.4.1 和表 4.4.2 的数据计算。

（2）根据实验数据说明日光灯电路并联电容器后总电流变化与电容量的关系，电容量过大对电路性质有什么影响。

（3）小结本实验得到的结论和心得体会。

*（4）根据实验数据，分别绘出电压、电流相量图，验证相量形式的基尔霍夫定律。

4.5　三相交流电路电压、电流及功率的测量

一　实验目的

（1）掌握负载的星形连结、三角形连结方法。

（2）掌握三相电路星形连结、三角形连结时其线电压、相电压、线电流、相电流的测量方法以及验证它们之间的关系。

（3）观察三相对称和不对称负载星形连结时中性线的作用。

（4）观察三相不对称负载三角形连结时，其线电流与相电流之间的关系。

（5）掌握一瓦特表法测量三相电路有功功率的方法。

二　实验原理

（1）三相四线制供电：其三相电源的电动势是由一组频率相同、幅值相同、相位互差 120° 的 3 个电动势供电组成，这种电动势称作三相对称电动势。L_1、L_2、L_3 这 3 根导线称端线或火线，不经控制开关也不接熔断器的那根导线称零线或中线，一般用 N 表示，低压供电电源常采用三相四线制。端线与中线间的电压称相电压，相电压用 U_P 表示。任意两根端线间的电压称线电压，线电压用 U_L 表示。相电压对称，线电压也对称，且有 $U_L = \sqrt{3}U_P$ 的关系。整套实验装置的示意图如图 4.5.1 所示。

（2）负载的星形连结（又称 Y 接）：当负载的额定电压等于电源的相电压时，则应采用星形连结，如图 4.5.2 中的照明灯及各种单相负载。每相采用相同个数的灯泡并联，形成对称负载，每相采用不相同个数的灯泡，形成不对称负载。无论负载对称还是不对称，只要有中线（又称 Y_0 接），那么每相负载上的电压就等于电源的相电压，如果负载对称，中线上的电流为零，可去掉中线（Y 接），采用三相三线制供电。如果负载不对称，又无中线，每相负

载上的相电压不再相等，有的负载相电压可能偏高，超过额定电压，有的负载相电压偏低，使负载不能正常工作，所以负载不对称时，中线电流并不等于零，不能随意断开中线。负载对称时，线电压与相电压的数值关系为 $U_L = \sqrt{3}U_P$；如负载不对称且无中线，则线电压与相电压 $\sqrt{3}$ 倍的关系不再成立，且不能保证电源中点与负载中点的电位一致。

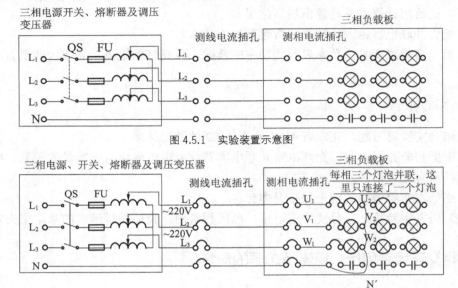

图 4.5.1 实验装置示意图

图 4.5.2 负载对称时的星形连结

（3）负载的三角形连结（又称 Δ 接）：当负载的额定电压等于电源的线电压时，应采用三角形连结。本实验同样把灯泡接成图 4.5.3 所示的三角形连结电路，每相采用相同个数的灯泡并联，形成对称负载，每相采用不相同个数的灯泡，形成不对称负载。无论负载对称还是不对称，每相负载的相电压都等于电源的线电压。负载对称时，相电流对称，线电流也对称，线电流与相电流的数值关系为 $I_L = \sqrt{3}I_P$；如负载不对称，则线电流与相电流 $\sqrt{3}$ 倍的关系不再成立。

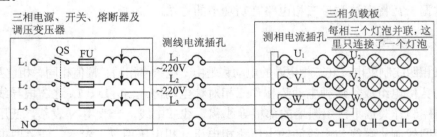

图 4.5.3 负载对称时的三角形连结

（4）对于三相四线制供电的三相星形连结的负载（即 Y_0 接法），可用一瓦特表法测量各相的有功功率 P_U、P_V、P_W，三相功率之和（$\sum P = P_U + P_V + P_W$）即为三相负载的总有功功率。

实验线路如图 4.5.4 所示，功率表的电流线圈串入所需测量的一相线内，电压线圈支路接在该相线与中性线之间，根据功率表的原理，可知 A 相的功率读数是与电压线圈两端的电压 U_{UN}、通过电流线圈的电流 I_U 以及两者间的相位差角的余弦 $\cos\varphi$ 的乘积成正比例的，即

$$P_U = U_{UN}I_U\cos\varphi_U$$

则总有功功率 $$\sum P = P_U + P_V + P_W$$

若三相负载是对称的，则只需测量一相的功率，再将该相功率乘以 3 即得总的有功功率，称为一瓦特表法。

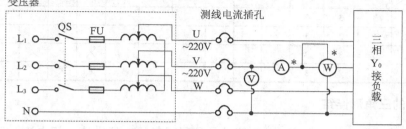

图 4.5.4　一瓦特表法测有功功率

三　实验预习要求

（1）预习三相电路中线电压、线电流、相电压和相电流的基本概念。

（2）阅读各项实验原理和内容，理解有关原理，明确实验目的。

（3）图 4.5.2 为测量三相负载星形连结的接线图，在图中设电源线电压 U_L=220V，A 相、B 相和 C 相各为 3 个额定值为 220V、40W 的灯泡并联，试计算每相负载的相电流和相电压。（灯泡可以看成是纯电阻）

（4）图 4.5.3 为测量三相负载三角形连结的接线图，在图中设电源线电压 U_L=220V，A 相、B 相和 C 相各为三个额定值为 220V、40W 的灯泡并联，试计算每相负载的相电流和线电流。（灯泡可以看成是纯电阻）

四　实验设备与器件

电工实验台、三相自耦调压器、220V/40W 灯泡组、功率表、交流电压表、交流电流表。

五　实验注意事项

（1）本实验直接采用 380/220V 三相电源供电，注意调线电压为 220V。在实验过程中，需特别注意用电安全。不可触及导电部件，防止意外事故发生。

（2）在连接电路前，先看清楚组件的布局结构，能用短线连接的尽量用短线连接，避免导线交叉，防止短路。接线应整齐有序，仔细查对，须经指导教师检查并同意通电后方可接入电源。必须严格遵守"先接线，后通电""先断电，后拆线"的实验操作原则。

（3）电路中每相的负载（3 个灯泡）采取并联形式连接。

六　实验内容与步骤

1．负载的星形连结

将灯泡组负载按图 4.5.2 接成星形连结。经指导教师检查合格后，方可合上三相电源开关，使输出的三相线电压为 220V，测量负载对称、不对称，有中线和无中线时的各项电流和电压，记录于表 4.5.1 中。注意各相的灯泡采用并联方式。

表 4.5.1　　　　　　　　　　　负载 Y 形连结的测量值

项目＼测量值	开灯盏数			线电流=相流（mA）			负载相电压（V）			负载功率（W）			中性点电压 $U_{NN'}$（V）	中性线电流 $I_{NN'}$（mA）
	L_1相	L_2相	L_3相	I_U	I_V	I_W	$U_{UN'}$	$U_{VN'}$	$U_{WN'}$	P_U	P_V	P_W		
Y_0 接平衡负载	3	3	3											
Y_0 接不平衡负载	1	2	3											
Y 接平衡负载	3	3	3							×	×	×		×
Y 接不平衡负载	1	2	3							×	×	×		×

2. 负载的三角形连结

将灯泡负载按图 4.5.3 接成三角形连结，测量线电压、线电流、相电流，记录于表 4.5.2 中。注意各相的灯泡采用并联方式。

表 4.5.2　　　　　　　　　　　负载 Δ 形连结的测量值

项目＼测量值	开灯盏数			线电压=相电压（V）			相电流（mA）			线电流（mA）		
	UV 相	VW 相	WU 相	U_{UV}	U_{VW}	U_{WU}	I_{UV}	I_{VW}	I_{WU}	I_U	I_V	I_W
Δ 形接平衡负载	3	3	3									
Δ 形接不平衡负载	1	2	3									

七　实验思考题

（1）三相负载根据什么条件做星形或三角形连结？

（2）不对称三角形连结的负载，能否正常工作？实验能否证明这一点？

（3）根据不对称负载三角形连结时的相电流做相量图，用做图法求出线电流值，然后与实验测得的线电流比较。

（4）测量功率时为什么在线路中通常都要接电流表和电压表？

八　实验报告

（1）根据实验数据说明三相负载对称时，星形连结的线电压和相电压间的关系；三角形连结的线电流和相电流间的关系。

（2）根据实验结果说明三相四线制供电时中线的作用。

（3）结合思考题（3）小结负载不对称时三角形连结线电流的求解方法。

（4）总结并分析三相电路功率测量的方法和结果。

4.6　一阶 RC 电路的暂态响应及其应用

一　实验目的

（1）研究一阶 RC 电路的暂态过程，观察电路时间常数与暂态过程的关系。

（2）掌握微分电路和积分电路的基本概念。研究 RC 电路的时间常数与矩形脉冲宽度对电路响应的影响。

（3）熟悉示波器和信号发生器的主要技术性能，并了解其正确的用法。

二 实验原理

（1）根据电路理论分析，在单一储能元件组成的一阶 RC 电路的暂态过程中暂态电流和电压是按指数规律变化的，即

$$i_C(t) = i_C(\infty) + [i_C(0_+) - i_C(\infty)]e^{-\frac{t}{\tau}}$$

$$u_C(t) = u_C(\infty) + [u_C(0_+) - u_C(\infty)]e^{-\frac{t}{\tau}}$$

式中，$u_C(0_+) = u_C(0_-)$，电路的时间常数 $\tau = RC$。电容器充放电电路如图 4.6.1 所示。

图 4.6.2 为按指数规律变化的电容器充、放电电流、电压变化曲线。

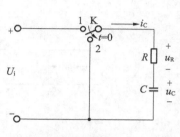

图 4.6.1 电容器充电、放电电路

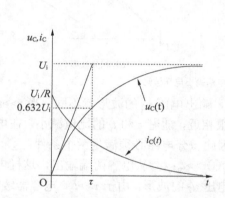

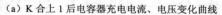

（a）K 合上 1 后电容器充电电流、电压变化曲线

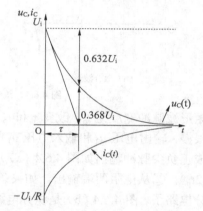

（b）K 合上 2 后电容器放电电流、电压变化曲线

图 4.6.2 电容器充放电电流、电压变化曲线

（2）一阶 RC 电路的时间常数 τ 可以从 u_C 的变化曲线上求得。对于充电曲线，幅值由零上升到终值的 63.2% 所需的时间为时间常数 τ，如图 4.6.2（a）所示。对于放电曲线，幅值下降到初始值的 36.8% 所需的时间为 τ。一般认为经过（3~5）τ 的时间，过渡过程趋于结束。

（3）微分电路和积分电路是电容器充放电现象的一种应用，其电路图如图 4.6.3 所示。微分电路中，当时间常数很小时输出电压 u_2 正比于输入电压 u_1 的微分，即

$$u_2 = iR = RC\frac{du_C}{dt} \approx RC\frac{du_1}{dt}$$

积分电路中当时间常数很大时输出电压 u_2 正比于输入电压 u_2 的积分，即

$$u_2 = \frac{1}{C}\int i dt \approx \frac{1}{RC}\int u_1 dt$$

当输入电压 u_1 的波形为矩形波时，微分、积分电路输出电压波形如图 4.6.4（a）和（b）所示。

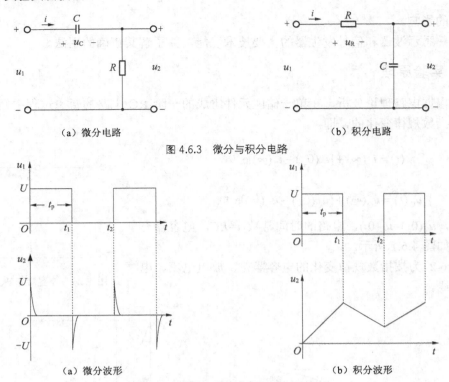

（a）微分电路　　　　　　　　　　　　　（b）积分电路

图 4.6.3　微分与积分电路

（a）微分波形　　　　　　　　　　　　　（b）积分波形

图 4.6.4　微分、积分电路输出电压波形

设矩形波脉冲宽度为 t_p，改变 τ 和 t_p 的比值，输出电压 u_2 的波形就不同。当 $\tau \gg t_p$，电容器充电很慢，输出电压 u_2 和输入电压 u_1 的波形很相近，随着 τ 和 t_p 的比值减小，在电阻两端逐步形成正负尖脉冲输出如图 4.6.4（a）所示。因此微分电路必须满足两个条件：①$\tau \gg t_p$（一般 $\tau < 0.2 t_p$）；②从电阻两端输出。如果条件变为①$\tau \gg t_p$；②从电容两端输出，这样电路就转化为积分电路了。图 4.6.4（b）是积分电路输出电压 u_2 的波形。由于 $\tau \gg t_p$，电容器缓慢充电，以后经电阻缓慢放电形成图示的锯齿波。时间常数 τ 越大，充放电越缓慢，则所得锯齿波电压的线性度就越好。

三　实验预习要求

（1）阅读各项实验内容，理解理论教材有关章节暂态分析原理，明确实验目的。

（2）利用 Multisim 软件对图 4.6.1、图 4.6.3 电路进行仿真分析。

（3）设图 4.6.5 中 R=20kΩ，C=100μF，求电路的时间常数 τ=？。

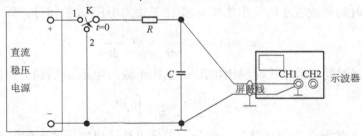

图 4.6.5　预习 3 图

（4）设图 4.6.6（a）中，RC 电路与方波发生器已接通很长时间，输入方波波形如图 4.6.6（b）中所示，其幅度为 10V，周期为 1ms，频率 1kHz，占空比 50%。

① 如果 R=10kΩ，C=10μF。试分别画出 u_R 和 u_C 的波形。

② 如果 R=5.1kΩ，C=1μF。试分别画出 u_R 和 u_C 的波形。

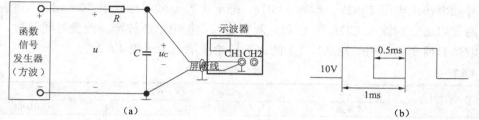

图 4.6.6 预习 4 图

（5）熟悉双踪示波器、函数信号发生器的主要技术特性并掌握其正确的使用方法。

四 实验设备与器件

双踪示波器、函数信号发生器、直流稳压电源、电阻、电容、电路实验板。

五 实验注意事项

（1）调节电子仪器各旋钮时，动作不要过猛。实验前熟读双踪示波器的使用说明。特别是观察双踪时，要注意各功能开关、旋钮的操作。

（2）信号源的接地端与示波器的接地端要连在一起（称共地），以防外界干扰而影响测量的准确性。

（3）示波器的辉度不应过亮，尤其是光点长期停留在荧光屏上不动时，应将辉度调暗以延长示波器使用寿命。

（4）在做充电实验前先把电容器的储电释放掉，在做放电实验前应把电容充足电能。

六 实验内容与步骤

1. 教师演示 RC 电路的暂态过程

① 按图 4.6.1（a）接线，图中 R=20kΩ，C=100μF，U_i=10V。

② 调整示波器，熟悉示波器 x、y 轴时标及电压幅度的读数方法。将输入耦合模式选为 DC（直接耦合），把电容器两端电压接至 y 轴输入端。

③ 观察 u_C 的波形，测定时间常数。数据记录于表 4.6.1 中。观察并记录充电波形。观察并记录放电波形。测量时间常数。

表 4.6.1   时间常数测定

实 验 参 数	R=20kΩ，C=100μF，U_i=10V（理论值 τ = ）		
波形	u_C 充电波形	u_C 放电波形	测量值 τ 充电时： τ= 放电时： τ=

注：在做充电实验前先把电容器的储电释放掉，在做放电实验前应把电容充足电能。

④ 更换电阻、电容使 $R=10\text{k}\Omega$，$C=0.1\mu\text{F}$，重复以上步骤观察并描绘响应的波形。

2．微分电路

按图 4.6.3（a）接线，先取 $R=5.1\text{k}\Omega$，$C=1\mu\text{F}$，输入信号接函数信号发生器矩形波输出，调节信号频率输出电压 $U_i=2\text{V}$，频率 $f=5\text{Hz}$。把示波器 x 轴时标置于 50ms/div，将输入信号及电阻两端电压分别输入 CH1 和 CH2，观察输入及输出电压波形。改变时间常数，观察输出电压波形有何变化，用坐标纸按 1:1 的比例描绘波形记录于表 4.6.2 中。

表 4.6.2 微分电路

实 验 参 数	$R=5.1\text{k}\Omega$，$U_i=2\text{V}$，$f=5\text{Hz}$		
	$C=1\mu\text{F}$	$C=10\mu\text{F}$	$C=100\mu\text{F}$
波形			

3．积分电路

按图 4.6.3（b）接线，先取 $R=20\text{k}\Omega$，$C=1\mu\text{F}$，输入信号接函数信号发生器矩形波输出，调节信号频率输出电压 $U_i=2\text{V}$，频率 $f=5\text{Hz}$。把示波器 x 轴时标置于 50ms/div，将输入信号及电阻两端电压分别输入 CH1 和 CH2，观察输入及输出电压波形。改变时间常数，观察输出电压波形有何变化，用坐标纸按 1:1 的比例描绘波形记录于表 4.6.3 中。

表 4.6.3 积分电路

实 验 参 数	$R=20\text{k}\Omega$，$U_i=2\text{V}$，$f=5\text{Hz}$		
	$C=1\mu\text{F}$	$C=10\mu\text{F}$	$C=100\mu\text{F}$
波形			

七 实验思考题

（1）试比较实验内容（1）中的时间常数理论值与测量值。

（2）在一阶 RC 电路中，当 R、C 的大小变化时，对电路的响应有何影响？

（3）何谓积分电路和微分电路，它们必须具备什么条件？它们在方波激励下，其输出信号波形的变化规律如何？这两种电路有何功能？

八 实验报告

（1）根据表 4.6.1 实验所得充放电电压曲线，用做图方法求出相应的时间常数。

（2）结合思考题（1）（2），根据实验曲线的结果说明电容器充放电时的电流电压变化规律及电路参数的影响。

（3）结合思考题（3），根据实验结果说明 RC 串联电路用作微分电路及积分电路时的参数条件。

4.7 继电接触控制系统

一 实验目的

（1）了解各种常用控制电器的动作原理及构造。

（2）通过实际安装接线，掌握由电气原理图接成实际操作电路的方法。

（3）加深对电气控制系统各种保护、自锁、互锁等环节的理解。

二 实验原理

继电接触控制在各类生产机械中获得广泛应用，凡是需要进行前后、上下、左右、进退等运动的生产机械，均采用传统的、典型的正、反转继电接触控制。

（1）交流接触器是继电接触控制电路的主要电器，其主要构造为电磁系统（铁心、吸引线圈和短路环）、触头系统（主触头和辅助触头）以及灭弧罩。工作原理如下：线圈通电后，铁心中产生电磁吸力，使得衔铁吸合带动触点系统的机构动作——常闭触点打开，常开触点闭合。线圈失电或线圈两端电压显著降低时，电磁吸力减小，使得衔铁释放，触点机构复位。

（2）自锁控制与互锁控制

自锁控制：如图 4.7.1 所示，在控制回路中用接触器自身的辅助动合触头与启动按钮相并联，这样接触器线圈得电动作后电机的状态就能自动保持。

互锁控制：可具体分为电气互锁和机械互锁。其作用是为了保证正、反转控制线路中两个接触器不能同时得电动作，以避免因此而造成的三相电源短路事故。在图 4.7.2 所示电路中，KM_1（KM_2）线圈支路中串接有接触器 KM_1（KM_2）动断触头，它们保证了线路工作时两个接触器不会同时得电——电气互锁；KM_1（KM_2）线圈支路中串接有复合按钮 SB_1（SB_2）的动断触头，它们同样保证了线路工作时两个接触器不会同时得电——机械互锁。通常在具有正、反转控制的线路中采用既有接触器的动断辅助触头的电气互锁，又有复合按钮机械互锁的双重互锁的控制环节，以进一步提高线路工作的可靠性。

（3）控制按钮是一种手动的主令电器，通常用以短时通、断小电流的控制回路，以实现近、远距离控制电动机等执行部件的启、停或正、反转控制。对于本实验中使用的复合按钮，其触点的动作规律是：按下时其动断触头先断，动合触头后合；松手时则复位（动合触头先断，动断触头后合）。

（4）异步电动机的旋转方向取决于三相电源接入定子绕组时的相序，故只要改变三相电源与定子绕组连接的相序即可使电动机改变旋转方向。

（5）接通电源后，按启动按钮（SB_1 或 SB_2），接触器吸合，但电动机不转且发出"嗡嗡"声响；或者虽能启动，但转速很慢。这种故障大多是主回路一相断线或电源缺相。

（6）接通电源后，按启动按钮（SB_1 或 SB_2），若接触器通断频繁，且发出连续的劈啪声或吸合不牢，发出颤动声，此类故障原因可能是：

① 线路接错，将接触器线圈与自身的动断触头串在一条回路上了。

② 自锁触头接触不良，时通时断。

③ 电源电压过低或与接触器线圈电压等级不匹配。

三 实验预习要求

（1）预习各种常用控制电器的动作原理，熟悉其构造。

（2）掌握自锁与互锁控制的实现方法。

（3）掌握继电接触控制系统保护环节的设计。

四　实验设备与器件

三相交流电源、三相鼠笼式异步电动机、继电接触控制实验装置。

五　实验注意事项

（1）本实验系强电实验，接线前（包括改接线路）、实验后都必须断开实验线路的电源，特别改接线路和拆线时必须遵守"先断电，后拆线"的原则。操作时不许用手触及各电器元件的导电部分及电动机的转动部分，以免触电及意外损伤。

（2）本实验所使用的接触器线圈的电压等级为380V，使用时切勿疏忽，否则，电压过高易烧坏线圈，电压过低，吸力不够，不易吸合或吸合频繁，也易烧坏线圈。

六　实验内容与步骤

1．异步电动机直接启动与停止控制

按图4.7.1接线，经认真检查后方可进行通电操作。

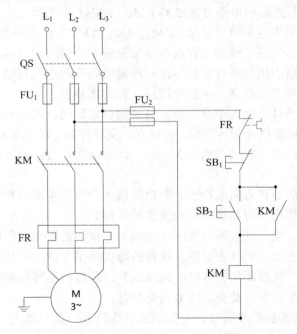

图4.7.1　异步电动机直接启动与停止控制电路

合上电源开关QS，主回路及控制回路同时引入电源电压，当按下启动按钮SB_2时，交流接触器KM线圈得电，主回路中三对主触点闭合，电动机M接通电源开始运转。与此同时，在控制回路中的一对接触器的动合辅助触点KM也闭合，以保证松开SB_2之后，KM线圈仍有电，电动机连续运行。这对动合辅助触点KM称为自锁触点。

按下停止按钮SB_1，线圈KM失电，三对主触点断开，电动机停止运行。

若图4.7.1电路中去掉自锁触点KM，就成为点动控制电路。所谓点动是指短时、间断运

行的工作状态，即按下启动按钮 SB_2，电动机运转，松开 SB_2 电动机停转。

图中熔断器 FU 起短路保护作用。热继电器 FR 起过载保护作用。

2．异步电动机正反转控制

按图 4.7.2 接线，经认真检查后方可进行通电操作。

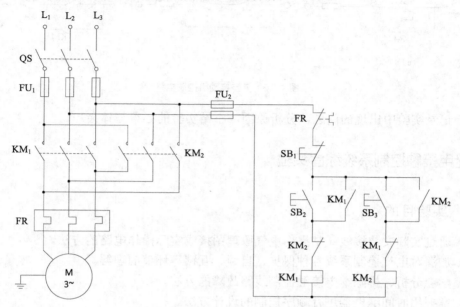

图 4.7.2　异步电动机正反转控制电路

为了实现主电路的要求，控制电路中使用了 3 个按钮，用于发出控制指令。SB_1 为停止按钮，SB_2 为正向启动按钮，SB_3 为反向启动按钮。将接触器 KM_1 的一对动断辅助触点串入 KM_2 线圈回路，而将接触器 KM_2 的一对动断辅助触点串入 KM_1 线圈回路中，以保证接触器 KM_1 和 KM_2 的线圈不会同时获电。KM_1 和 KM_2 这两副动断辅助触点被称为是互锁触点（或联锁触点）。

当按下正向启动按钮 SB_2 后，接触器 KM_1 线圈获电吸合，KM_1 主触点闭合，同时 KM_1 的联锁触点断开，自锁触点闭合，电动机正向连续运转。此时若误按反向启动按钮 SB_3，因 KM_1 的联锁触点已断开，保证了接触器 KM_2 线圈不能通电吸合。

若要反向运转电动机，必须先按停止按钮 SB_1，使 KM_1 线圈断电释放，KM_1 的主触点和自锁触点断开，KM_1 联锁触点闭合，然后再按反向启动按钮 SB_3。

当按反向启动按钮 SB_3 之后，KM_2 线圈得电，KM_2 主触点闭合，同时 KM_2 的联锁触点断开，自锁触点闭合，电动机反向连续运转。同理，此时若误按正向启动按钮 SB_2，因 KM_2 的联锁触点已断开，保证了接触器 KM_1 线圈不能通电吸合。

七　实验思考题

（1）什么是自锁和互锁作用？怎样实现自锁和互锁？

（2）在电动机正、反转控制线路中，为什么必须保证两个接触器不能同时工作？采用哪些措施可解决此问题,这些方法有何利弊?

八 实验报告

(1)图 4.7.3 所示控制电路是否能完成异步电动机启动、停机操作?简述其原因。

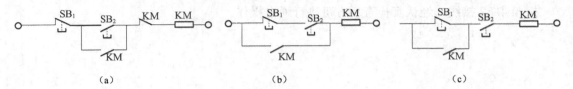

（a）　　　　　　　　　　　　（b）　　　　　　　　　　　　（c）

图 4.7.3　异步电动机控制电路

(2)记录实验中出现的问题,分析原因,小结实验的心得与体会。

4.8　继电接触控制系统综合实验

一 实验目的

(1)通过实际安装接线,掌握由电气原理图接成实际操作电路的方法。
(2)加深对电气控制系统各种保护、自锁、互锁等环节的理解。
(3)学会分析、排除继电接触控制线路故障的方法。
(4)掌握用时间继电器进行顺序控制的设计方法。

二 实验原理

(1)时间继电器是反映时间的自动控制电器,它的特点是当它接受到信号后,经一段时间延时,其触点才动作,因此通过时间继电器可以实现顺序控制。时间继电器符号如图 4.8.1 所示。

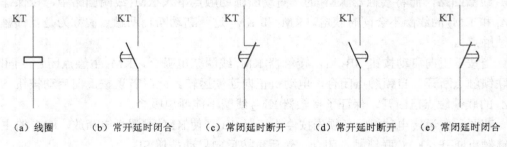

（a）线圈　　（b）常开延时闭合　　（c）常闭延时断开　　（d）常开延时断开　　（e）常闭延时闭合

图 4.8.1　时间继电器符号

这 4 种延时触点动作过程如下。

常开延时闭合触点:属于通电延时。当时间继电器线圈通电后,其平常断开的触点延迟一定时间才闭合。断电时该触点立即断开。

常闭延时断开触点:属于通电延时。当时间继电器线圈通电后,其平常闭合的触点延迟一定时间才断开。断电时该触点立即闭合。

常开延时断开触点:属于断电延时。当时间继电器线圈通电时,该触点瞬时闭合。而当线圈断电时，该触点延迟一定时间才断开。

常闭延时闭合触点：属于断电延时。当时间继电器线圈通电时，该触点瞬时断开。而当线圈断电时，该触点延迟一定时间才闭合。

（2）异步电动机的 Y-△ 降压启动控制电路。

图 4.8.2 为利用时间继电器实现电动机 Y-△ 降压启动控制电路。为了实现电动机由星形启动到三角形正常运行的延时转换，采用了时间继电器 KT 延时断开的常闭触头。控制电路的动作过程如下：

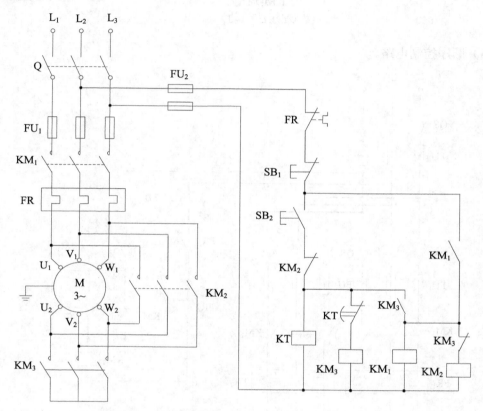

图 4.8.2 鼠笼式三相异步电动机 Y-△ 降压启动控制电路

启动时，按下启动按钮 SB₂，接触器 KM₃ 线圈得电吸合，KM₃ 主触点闭合，使电动机接成 Y 型。KM₃ 联锁触点断开，切断了 KM₂ 的线圈电路，阻止了电动机的 △ 接法。同时 KM₃ 自锁触点闭合，从而使 KM₁ 线圈得电吸合；KM₁ 主触点闭合，使电动机在星形接法下启动运转，KM₁ 自锁触点闭合，把启动按钮 SB₂ 短接，实现自锁。时间继电器 KT 线圈与 KM₃ 线圈是同时得电吸合的，KT 常闭触点延时一段时间后断开（约 5s），KM₃ 线圈失电，KM₃ 自锁触点断开，KM₃ 主触点断开，电动机绕组 U₂、V₂、W₂ 端悬空，撤销电动机的星形接法，KM₃ 联锁触点闭合，KM₂ 线圈因此得电吸合，因而 KM₂ 的 3 个主触点闭合，电动机定子绕组变为 △ 形接法继续同方向运转。同时 KM₂ 互锁触点断开，切断了 KT 和 KM₃ 的线圈电路，以保证电动机以 △ 形接法正常运行时，即使误按启动按钮 SB₂ 也不会发生 KM₂、KM₃ 线圈同时通电、电源短路的情况。

动作过程如下：

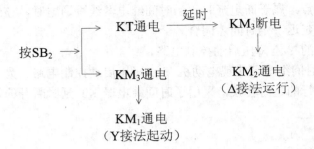

（3）顺序控制电路。

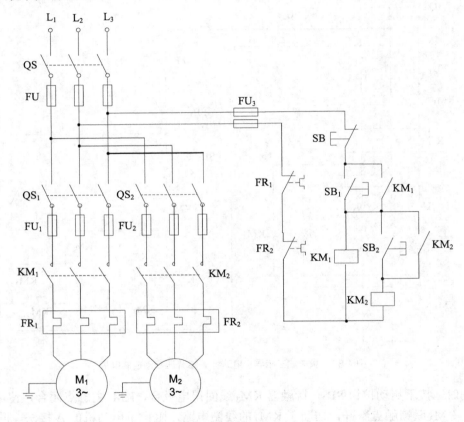

图 4.8.3　两台电动机顺序控制电路

　　有时需要多台电动机按一定顺序启动、运行。如在金属切削机床中，主轴电动机必须在润滑油泵电动机启动后才能启动。当油泵电动机停车后，主轴电动机才可停车，这就是顺序控制问题。

　　图 4.8.3 为两台电动机顺序启动和停止的一种控制电路。顺序为：电动机 M_1 启动后，电动机 M_2 才能启动，M_1、M_2 同时停车。为了实现启动的先后顺序，须在 KM_2 线圈的控制支路中串联一个 KM_1 的常开辅助触点，或如图 4.8.3 所示将 KM_2 线圈的控制支路接在 KM_1 的自锁触点后面。其工作过程如下所述。

合上电源开关 QS，然后按下电动机 M_1 的启动按钮 SB_1，交流接触器 KM_1 线圈得电，其主触点和自锁触点闭合，电动机 M_1 启动并连续运行。这时再按下电动机 M_2 的启动按钮 SB_2，KM_2 线圈得电，KM_2 自锁触点及主触点闭合，M_2 启动并连续运行。

当按下停止按钮 SB 时，KM_1、KM_2 的线圈同时断电，它们的主触点断开，电动机都停止运转。

若 M_1 电动机未运转就按 M_2 电动机的启动按钮 SB_2，由于 KM_1 自锁触点未闭合，KM_2 线圈无电流。

（4）接通电源后，按启动按钮（SB_1 或 SB_2），接触器吸合，但电动机不转且发出"嗡嗡"声响；或者虽能启动，但转速很慢。这种故障大多是主回路一相断线或电源缺相。

（5）接通电源后，按启动按钮（SB_1 或 SB_2），若接触器通断频繁，且发出连续的劈啪声或吸合不牢，发出颤动声，此类故障原因可能有：

① 线路接错，将接触器线圈与自身的动断触头串在一条回路上了；

② 自锁触头接触不良，时通时断；

③ 电源电压过低或与接触器线圈电压等级不匹配。

三 实验预习要求

（1）掌握自锁与互锁控制的实现方法。

（2）掌握继电接触控制系统保护环节的设计。

（3）对电动机的几种基本控制环节，如启动、停止、正反转、Y-△启动和顺序控制等，要求会分析，能设计。

四 实验设备与器件

三相交流电源、三相鼠笼式异步电动机、继电接触控制实验装置。

五 实验注意事项

（1）本实验系强电实验，接线前（包括改接线路）、实验后都必须断开实验线路的电源，特别改接线路和拆线时必须遵守"先断电，后拆线"的原则。操作时不许用手触及各电器元件的导电部分及电动机的转动部分，以免触电及意外损伤。

（2）本实验所使用的接触器线圈的电压等级为 380V，使用时切勿疏忽，否则，电压过高易烧坏线圈，电压过低，吸力不够，不易吸合或吸合频繁，也易烧坏线圈。

六 实验内容与步骤

教师根据教学情况由学生选做一到两项实验内容，提前画出控制电路图，并在课内完成控制要求。

（1）实现两台电机的顺序控制，电动机 M_1 启动后，电动机 M_2 才能启动，M_1、M_2 同时停车。

（2）实现三相鼠笼两台电动机的 Y-△启动。要求电动机 Y 形启动后延时 5s 后进行 △ 运转。

（3）实现两台三相鼠笼电动机 M_1、M_2 的顺序控制，要求 M_1 启动后，经过 3s 后 M_2 自行启动，M_2 启动后 M_1 自动停车，设有总停止按钮。

（4）实现两台三相鼠笼电动机 M_1、M_2 顺序控制。要求 M_1 先启动，经过 5s 后 M_2 启动，M_2 启动后，M1 才能停车。

（5）实现两台三相鼠笼电动机 M_1、M_2 顺序控制。要求 M_1 启动后 M_2 才能启动，M_2 停止后 M_1 才能停止。

七　实验思考题

（1）三相异步电动机的基本控制电路具有哪些保护环节？

（2）为什么在三相电动机顺序控制主电路中要用两个热元件保护电动机，而不能只使用一个热元件？

八　实验报告

（1）画出所做实验内容的主控回路电路图。

（2）记录实验中出现的问题，分析原因，小结实验的心得与体会。

4.9　可编程控制器基本指令编程

一　实验目的

（1）认识 PLC 外部端子的分类、编号、功能、主要技术指标及电气连接方法。

（2）了解三菱系列 FX_{2N} -48MR 可编程控制器的操作系统，熟悉 FX_{2N} -48MR 与 FPI 系列编程方法的区别，掌握常用指令、定时器和计数器的编程方法并能正确地在梯形图下编写指令语句表。

（3）练习手持编程器的使用。

二　实验原理

1. 三菱 FX_{2N} 系列与 FPI 系列 PLC 的指令区别

由于机型不同，PLC 编程指令助记符会有差异。实验中采用的是 FX_{2N} 系列编程，部分指令见表 4.9.1。

表 4.9.1　　　　　　　　　　　　　FX_{2N} 系列部分指令表

FX_{2N} 系列	LDI	LD	ANI	AND	ANB	ORI	OR	ORB	OUT	MPS	MRD	MPP	END

2. 编程元件的编号范围及功能

PLC 是采用软件编程来实现控制要求的。编程时用到的各种编程元件，如输入继电器、输出继电器、辅助继电器、定时器、计数器、数据存储器及特殊功能继电器等，它们不是"硬"继电器，而是 PLC 存储器的存储单元，它们可提供无数个动合和动断触点。当在该存储单元写入逻辑状态"1"时，表示相应的继电器线圈得电，其动合触点闭合，动断触点断开，这些继电器称之为"软"继电器。FX_{2N}-48MR 编程元件的编号范围及功能说明见表 4.9.2。

表 4.9.2   FX$_{2N}$-48MR 编程元件的编号范围及功能

元 件 名 称	字 母 表 示	编 号 范 围	功 能 说 明
输入继电器	X	X$_0$～X$_{23}$ 共 24 点	接受外部输入设备信号
输出继电器	Y	Y$_0$～Y$_{15}$ 共 16 点	输出程序执行结果并驱动外部设备
辅助继电器	M	M$_0$～M$_{499}$ 共 500 点	在程序内部使用，不提供外部输出
定时器	T	T$_0$～T$_{199}$（0.1s） T$_{200}$～T$_{245}$（0.01s）	延时定时器，触点在程序内部使用
计数器	C	C$_0$～C$_{199}$	减法计数，触点在程序内部使用
数据寄存器	D	D$_0$～D$_{199}$	数据处理用的数值存储单元

3．FX$_{2N}$-48MR 可编程控制器的面板介绍

FX$_{2N}$-48MR 可编程控制器的面板可分为 3 部分，输入部分（如图 4.9.1 上部），输出部分（如图 4.9.1 下部）和状态指示部分（如图 4.9.1 中部）。

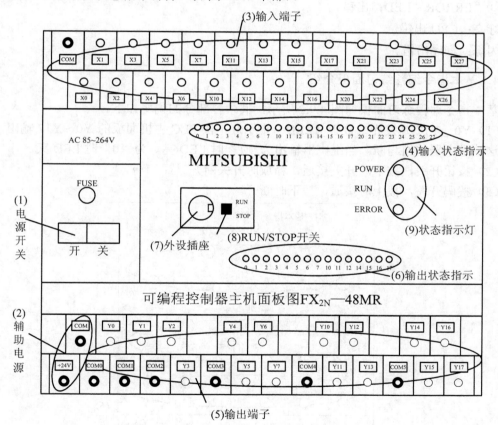

图 4.9.1   FX$_{2N}$-48MR 可编程控制器的面板图

其中各部分的名称和作用如下：

（1）电源开关。

（2）辅助电源（＋24V，COM）。

（3）输入端子（COM，X0，X1，…）共 24 点，所有输入端子的一端都连接输入公共端 COM 上。

（4）输入 LED 指示灯（输入状态指示）。若某一输入端子通电则相应的输入 LED 指示灯亮。

（5）输出端子（Y0，Y1，…）共 16 点。

（6）输出 LED 指示灯（输出状态指示）。若某一输出端子通电则相应的输出 LED 指示灯亮。

（7）外部设备插座，该插座用于 PLC 与手持编程器或计算机进行通信。（手持编程器的具体介绍见实验原理 5）

（8）RUN/STOP 开关。当 RUN/STOP 开关设置在 RUN 时，可编程控制器会投入运行，如果计算机或手持编程器与可编程控制器进行通信时，RUN/STOP 开关应放在 STOP 位置。

（9）程控器状态指示灯。

①"POWER"LED：电源状态。

②"RUN"LED：运行状态。

③"ERROR"LED：出错。

灯亮：CPU 出错。

闪烁：程序出错。

4．基本指令编程练习面板介绍

基本指令编程练习面板如图 4.9.2 所示，其中各部分的说明如下。

（1）Y0～Y17 是发光二极管（LED）指示灯，接 PLC 主机面板的 Y0～Y17 输出，用以模拟这些继电器的通与断。当继电器输出为"1"时 LED 亮，为"0"时 LED 灭。

（2）按钮开关，按下时开关接通，释放时开关断开。

（3）拨码开关，拨上时接通，拨下时断开。

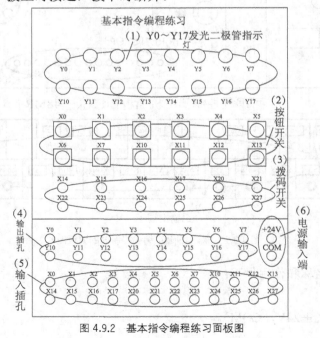

图 4.9.2　基本指令编程练习面板图

（4）与 PLC 主机对应的输出插孔 Y_i。

（5）与 PLC 主机对应的输入插孔 X_i。

（6）基本指令编程练习面板区的电源输入。

5. 手持编程器（HPP）简介

手持编程器是 PLC 的一种重要的外部设备，用于手持编程。用户可以用它输入、检查、修改、调试程序或用它监视 PLC 的工作情况。手持编程器利用专用的电缆与 PLC 连接。图 4.9.3 为 FX-20P 手持编程器面板示意图。

除手持编程器外，目前使用较多的是利用通信电缆将 PLC 与计算机连接，并利用专用的工具软件进行编程或监控。

FX-20P 手持编程器各键的作用和操作说明如下。

（1）功能键（读取／键入，插入／删除，监测／测试）。各功能键交替作用（按一次时选择键左上方表示的功能；再按一次，则选择右下方表示的功能）。

（2）其他键。在任何状态下按该键，将显示项目单选择画面。

（3）清除键。取消按 GO 键以前（即确认前）的输入，清除错误信息，恢复到原来的画面。

（4）辅助键。显示应用指令一览表；监测功能时，进行十进制和十六进制的切换，起到输入时的辅助功能。

（5）空格键。在输入时，进行指定软元件地址号、指定常数，要用到空格键。例如，指定定时器定时设置值或计数器计数设置值时需用到该键。

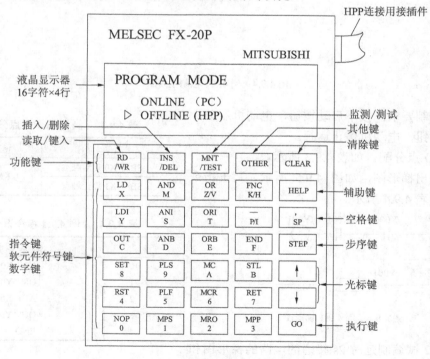

图 4.9.3　手持编程器面板示意图

（6）步序键。设定步序号时按该键。

（7）光标键。移动行光标及提示符。

（8）执行键。进行指令的确认、执行、显示后面画面的滚动以及再检索。

（9）指令键、软元件符号键、数字键。上部为指令，下部为软元件符号或数字。上、下部的功能对应于键操作的进行，通常为自动切换。下部符号中：Z/V、K/H、P/I 交替作用（反复按键时，互相切换）。

6．FX 基本指令编程举例

例 4.9.1 用 PLC 实现三相鼠笼电动机直接启动控制，其控制接线图如图 4.9.4 所示。

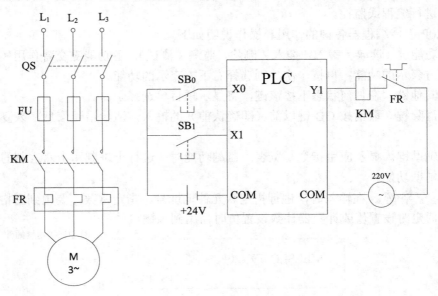

图 4.9.4　例 4.9.1 控制接线图

（1）控制要求：按下启动按钮，电动机启动，按下停止按钮，电动机停止运行。

（2）I/O 点分配，如表 4.9.3 所示。

（3）画出梯形图，如图 4.9.5 所示。写出指令语句表，如表 4.9.4 所示。

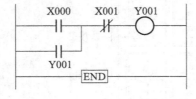

图 4.9.5　例 4.9.1 梯形图

表 4.9.3　例 4.9.1 I/O 点分配

输　　入	输　　出
SB$_0$　X0 启动触点	KM　Y1
SB$_1$　X1 停止触点	

表 4.9.4　例 4.9.1 指令语句表

地　址	指　　令
0	LD　X000
1	OR　Y001
2	ANI　X001
3	OUT Y001
4	END

例 4.9.2 试编制延时 2s 接通的电路的梯形图和指令语句表。

定时器 T0，其设定值 K 为 20，即延时 2s。梯形图如图 4.9.6 所示，指令语句表如表 4.9.5 所示。

X001
T0
K20
T0
Y000
END

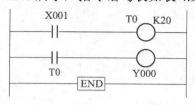

图 4.9.6　例 4.9.2 梯形图

表 4.9.5　例 4.9.2 指令语句表

地　址	指　令
0	LD　X001
1	OUT　T0
	SP'　K20
4	LD　T0
5	OUT　Y000
6	END

例 4.9.3 试用 PLC 设计一个计数器，计数 4 次后电路有输出。计数器可复位，并画出输入 X000、X002 和输出 Y000 的动作时序图。

按题意设计的梯形图、指令语句表及动作时序图分别如图 4.9.7、表 4.9.6、图 4.9.8 所示。

表 4.9.6　例 4.9.3 指令语句表

地　址	指　令	地　址	指　令
0	LD　X000		SP'　K4
1	RST　C0	7	LD　C0
3	LD　X002	8	OUT　Y000
4	OUT　C0	9	END

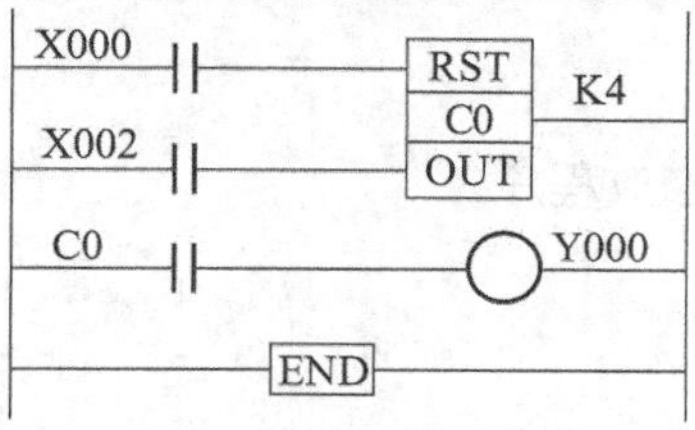

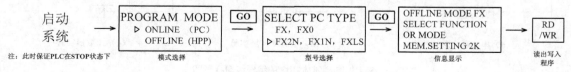

X000
RST
C0
K4
X002
OUT
C0
Y000
END

图 4.9.7　例 4.9.3 梯形图

0 1 2 3 4 5 6 7
X002
X000
Y000

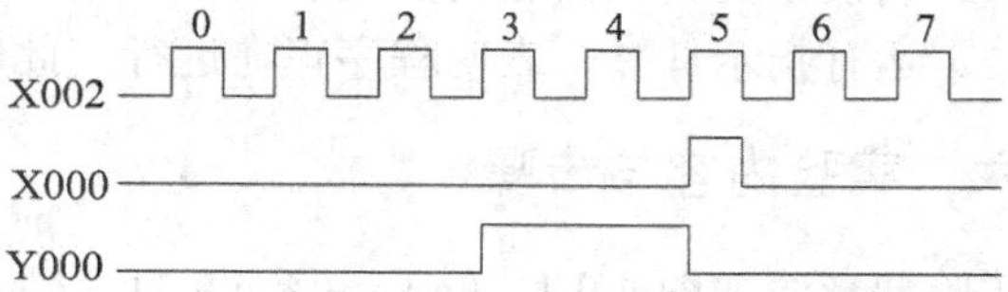

图 4.9.8　例 4.9.3 波形图

7. FX 编程操作

在 PLC 外部接线完成后，需要通过编程器键入已编写好的程序。如果是梯形图语言，需要转换为对应的指令语句表语言。

首先启动整个 PLC 系统，即打开系统电源。一般我们采用在线编程方式，所以此时将 RUN/STOP 开关打在 STOP 工作方式下。系统启动后的操作流程如图 4.9.9 所示。

启动
系统
注：此时保证PLC在STOP状态下
PROGRAM MODE
▷ ONLINE (PC)
OFFLINE (HPP)
模式选择
GO
SELECT PC TYPE
FX，FX0
▷ FX2N，FX1N，FXLS
型号选择
GO
OFFLINE MODE FX
SELECT FUNCTION
OR MODE
MEM.SETTING 2K
信息显示
RD
/WR
读出写入
程序

图 4.9.9　PLC 系统启动设置过程图

指令输入修改流程如图 4.9.10 所示。

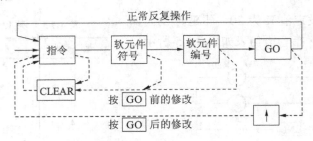

图 4.9.10　指令输入修改流程图

三　实验预习要求

（1）阅读各项实验内容，理解理论教材有关章节原理，明确实验目的。

（2）编写出图 4.9.11 中各实验梯形图的指令语句表。

（3）了解本次实验使用的三菱系列 FX_{2N} 可编程控制器实验装置。

四　实验设备与器件

三菱 FX_{2N}-48MR 微型可编程控制器实验台、三菱手持编程器。

五　实验注意事项

（1）明确哪些输入信号需要自锁。

（2）运行指示灯亮，表明程序正在运行，此时不可修改程序。

六　实验内容与步骤

实验梯形图如图 4.9.11（a）～图 4.9.11（c）所示。

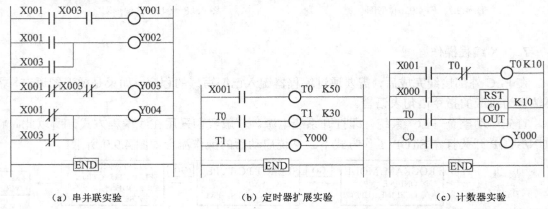

图 4.9.11　基本指令的编程练习梯形图

操作前，首先确定 PLC 的 RUN/STOP 输入端子为 STOP 状态。按图 4.9.9 所示的 PLC 系统启动设置流程启动手持编程器后，首先将 NOP 成批写入 PLC 内部的 RAM 存贮器（抹去先前所存贮的程序），检查是否为下述显示画面：

```
W    ▶  0  NOP
        1  NOP
        2  NOP
        3  NOP
```

表 4.9.7   串并联实验结果

输　　入		输　　出			
X001	X003	Y001	Y002	Y003	Y004
0	0				
0	1				
1	0				
1	1				

若不是，请再重复一次 NOP 的成批写入操作。

根据实验内容写出各梯形图所对应的指令清单，然后通过键操作将所需程序写入。图 4.9.12 为基本指令的键入示意图。

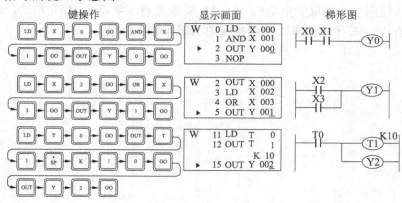

图 4.9.12　基本指令的键入示意图

1. 串并联实验

（1）按图 4.9.11（a）梯形图自编指令语句。

（2）梯形图 4.9.11（a）中的 X001、X003 分别对应于"基本指令编程练习"板的输入拨码开关 X1、X3；Y001～Y004 的状态由练习板上发光二极管 Y1～Y4 显示。将主机 Y1～Y4、COM、24V 电源的输出插口与基本指令编程练习板的输入插口 Y1～Y4、COM、24V 电源一一对应连线；将主机 COM1～COM4 连至 COM。

（3）用专用电缆连接手持编程器到 PLC 主机，输入程序（此时 STOP/RUN 按钮至"STOP"位置）。检查程序输入无误后，拨钮至"RUN"，运行指示灯亮，表明程序开始运行。运行结果由 Y1～Y4 显示。

（4）拨动输入拨码开关 X1、X3，观察 Y1、Y2、Y3、Y4 的运行结果，数据填入表 4.9.7。

2. 定时器扩展实验

按图 4.9.11（b）梯形图自编指令语句，输入、运行、调试程序，记录并分析运行结果。X001 对应于输入拨码开关 X1。

3. 计数器实验

按图 4.9.11（c）梯形图编制指令语句，输入程序。这是一个由定时器 T0 和计数器 C0 组合的电路。T0 是一个设定时间为 1s 的自复位定时器。当 X001（输入拨码开关 X1）接通时，T0 线圈获电，经 1s 延时，T0 动断触点断开，T0 定时器断开复位，待下一次扫描时，T0 的动断触点才闭合，T0 线圈又重新获电。而 T0 的动合触点每闭合一次（为一个扫描周期），计数器计一次数。

初态 X1 断开，程序运行后先按 X0 按钮复位 C0，再接通 X1。观察并分析程序运行结果，计算从 X1 接通到 Y0（对应 Y001）显示器亮所需的时间。

4. 三相异步电动机 PLC 控制电路设计

用 PLC 实现两台三相鼠笼电动机 M_1、M_2 顺序控制。今要求 M_1 先启动，经过 5s 后 M_2 启动，M_2 启动后，M_1 才能停车。控制接线图如图 4.9.13 所示。

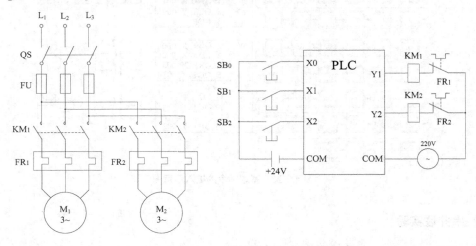

图 4.9.13　三相异步电动机 PLC 控制接线图

（1）控制要求：按下启动按钮 SB_0，电动机 M_1 启动，经过 5s 后 M_2 自行启动，M_2 自行启动后 M_1 才能停车，按下停止按钮 SB_1，电动机 M_1 停止运行。按下停止按钮 SB_2，电动机 M_2 停止运行。用 T0 定时器，取代时间继电器，定时时间为 5s。

（2）I/O 点分配，如表 4.9.8 所示。

（3）画出梯形图，如图 4.9.14 所示。写出指令语句表，如表 4.9.9 所示。

表 4.9.8　　I/O 点分配

输　　入			输　　出	
SB_0	X0	启动触点	KM₁	Y1
SB_1	X1	M1 停止触点	KM₂	Y2
SB_2	X2	M2 停止触点		

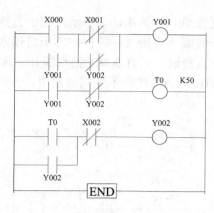

图 4.9.14　梯形图

表 4.9.9　　指令语句表

地　址	指　令	
0	LD	X000
1	OR	Y001
2	LDI	X001
3	ORI	Y002
4	ANB	
5	OUT	Y001
6	LD	Y001
7	ANI	Y002
8	OUT	T0
	SP'	K50
11	LD	T0
12	OR	Y002
13	ANI	X002
14	OUT	Y002
15	END	

注：本程序可加入总停止按钮，更为完善。

七　实验思考题

（1）试设计一个定时器，其具有接通 X0 延时 5s 后 Y0 输出的功能。

（2）试分析"计数器实验"中，计数器 C0 的工作过程，如果将 C0 的线圈电路与 C0 的复位电路顺序调换一下，即先接通 X1，再按 X0 会是什么结果？为什么？

八　实验报告

（1）根据实验内容写出梯形图所对应的指令语句表。

（2）根据实验结果画出实验内容 2、3 的电状态时序图。

4.10　PLC 设计性实验——抢答器

一　实验目的

（1）掌握辅助继电器 M 的应用。

（2）掌握七段字形的设计及编程方法，掌握 LED 数码显示控制实验。

（3）通过用可编程控制器实现抢答器系统，进一步掌握 PLC 的实际应用。

二　实验原理

（1）抢答器主要利用了自锁、互锁触点。

利用可编程控制器系统的串联指令可以实现"与"功能，并联指令可以实现"或"功能。例如在图 4.10.1 中，当 X001、X003 都接通时，Y001 线圈接通，X001 与 X003 是"与"的关系。当 X002 或 X004 有一个接通时，Y002 线圈接通，X002 与 X004 是"或"的关系。当 Y001 线圈接通后，由于互锁触点 Y001 的作用，Y002 线圈不能接通。同样，当 Y002 线圈接通后，由于互锁触点 Y002 的作用，Y001 线圈不能接通。

自锁触点的作用是保证按键松开后，线圈一直接通。如图 4.10.2 所示，由于自锁常开触点 Y001 的作用，当 X000 由通变为断开后，Y001 线圈一直接通。同样，由于自锁常开触点 Y002 的作用，当 X002 由通变为断开后，Y002 一直接通。只有 X001 触点断开时，Y001、Y002 线圈断电。这里，由于互锁触点的作用，Y001、Y002 线圈不能同时通电。

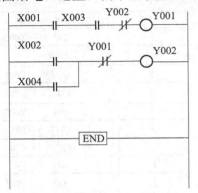

图 4.10.1 与、或以及互锁梯形图

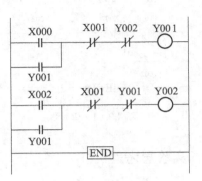

图 4.10.2 自锁与互锁梯形图

（2）实验面板，如图 4.10.3 所示。

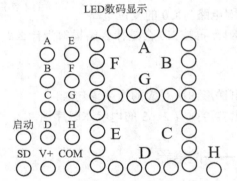

图 4.10.3 LED 数码显示控制实验面板

显示数字时，只要点亮对应段码即可。如欲显示数字 1，可以使控制 B、C 段的输出继电器线圈接通；欲显示数字 0，可以使控制 A、B、C、D、E、F 段的输出继电器线圈接通。

三　实验预习要求

（1）熟练掌握实验使用的三菱系列 FX_{2N} 可编程控制器实验装置。

（2）了解 LED 数码显示的 PLC 的外部接线。

（3）阅读并读懂设计实例，按选定的实验设计项目中的控制要求设计梯形图并写出指令语句表。

四　实验设备与器材

三菱微型可编程控制器实验装置、三菱手持编程器。

五 实验注意事项

（1）明确电路设计中哪些输入信号需要自锁，哪些要互锁。

（2）辅助继电器 M 可选用 M0～M499，该触点不能直接驱动外部负载，外部负载驱动通过输出继电器进行。

（3）时间继电器 T 选用时 T0～T199（0.1s）（FX$_{2N}$），T200～T245（0.01s）（FX$_{2N}$）。

（4）运行指示灯亮，表明程序正在运行，此时不可修改程序。

六 实验内容与步骤

先根据实验设计举例的内容完成实验，然后学生对后面的设计任务选做一个。要求写出各项目的输入、输出点及分配表，画出设计梯形图。

1. 设计举例

带数字显示的三人抢答器。有三名参赛选手和一名主持人，参赛选手号码分别是 1、2、3 号。主持人控制拨码开关，每个参赛者各控制一个按钮。主持人拨动拨码开关，使其发出高电平后，参赛选手才可以抢答。任一参赛选手抢先按下按键后，显示器显示率先按下按钮的参赛者编号（显示 1、2、3），表示该选手抢答成功。其他选手再按按钮，则不响应。按下复位开关后，进行下一轮抢答。

输入、输出点数及其分配表如下所述。

（1）输入、输出端分配

输　　入				输　　出						
主持人	选手 1	选手 2	选手 3	A	B	C	D	E	F	G
X14 （拨码）	X0 （按钮）	X1 （按钮）	X2 （按钮）	Y0	Y1	Y2	Y3	Y4	Y5	Y6

（2）七段字形显示

选用辅助继电器 M	字符	Y0	Y1	Y2	Y3	Y4	Y5	Y6
		A	B	C	D	E	F	G
M0	1	0	1	1	0	0	0	0
M1	2	1	1	0	1	1	0	1
M2	3	1	1	1	1	0	0	1

利用辅助继电器 M 可以节省 PLC 的输出继电器资源。因为 PLC 的输出继电器能直接驱动外部负载，而输出继电器数量有限，因此可利用在 PLC 内部不能直接驱动外部负载的辅助继电器 M。通用辅助继电器范围为 M0～M499。

设计举例抢答器的梯形图如图 4.10.4 所示。

根据梯形图在手持编程器上输入指令语句表，连接 LED 数码显示的 PLC 的外部接线并调试程序直至正确无误。

2. 设计任务

设计项目一：四人抢答器。有四名参赛选手和一名主持人。主持人控制拨码开关，每个参赛者控制一个按钮和对应各自指示灯。主持人拨动拨码开关，使其发出高电平后，参赛选手才可以抢答。任一选手抢先按下按键后，对应指示灯亮，同时锁住抢答器，其他组此时按键无效；按下复位开关后，进行下一轮抢答。

设计项目二：带数字显示的三人抢答器。有三名参赛选手和一名主持人，参赛选手号码分别是 1、2、3 号。主持人控制拨码开关，每个参赛者各控制一个按钮。主持人拨动拨码开关，使其发出高电平后，参赛选手才可以抢答。任一参赛选手抢先按下按键后，显示器显示率先按下按钮的参赛者编号（显示 1、2、3），表示该选手抢答成功。其他选手再按按钮，则不响应。按下复位开关后，进行下一轮抢答。

设计项目三：带数字显示的四人抢答器。有四名参赛选手和一名主持人，参赛选手号码分别是 1、2、3、4 号。主持人控制拨码开关，每个参赛者各控制一个按钮。主持人拨动拨码开关，使其发出高电平后，参赛选手才可以抢答。任一参赛选手抢先按下按键后，显示器显示率先按下按钮的参赛者编号（显示 1、2、3、4），表示该选手抢答成功。其他选手再按按钮，则不响应。按下复位开关后，进行下一轮抢答。

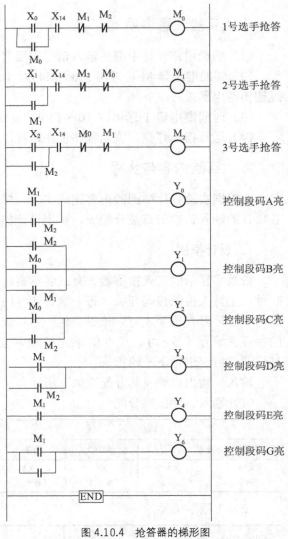

图 4.10.4　抢答器的梯形图

七　实验思考题

在 LED 数码显示控制单元依次显示字符 A、B、C、D、E。

八　实验报告

（1）根据自己的设计项目内容写出设计项目要求，以及输入、输出点数及其分配表。

（2）画出设计任务的梯形图并写出指令语句表。

（3）仔细观察实验现象，认真记录实验中发现的问题、错误、故障及解决方法。

第 **5** 章　电子技术实验

5.1　电子技术实验仪器的使用

一　实验目的

（1）了解电子电路实验中常用电子仪器的用途、主要技术指标和使用方法。

（2）初步掌握示波器显示电压波形、测量电压幅值和周期（频率）的方法和注意事项。

二　实验原理

在模拟电子电路实验中，经常使用的电子仪器有示波器、函数信号发生器、直流稳压电源、交流毫伏表等。它们和万用表一起，可以完成对模拟电子电路的静态和动态工作情况的测试。在实验中，要对各种电子仪器进行综合使用，可按照信号流向，以连线简洁，调节顺手，观察与读数方便等原则进行合理布局，各仪器与被测实验电路之间的布局及连接如图5.1.1所示。接线时，应注意防止外界干扰，各仪器的公共接地端应连接在一起，称共地。信号源和交流毫伏表的引线通常用屏蔽线或专用电缆线，示波器接线使用专用电缆线，直流电源使用普通导线接线。

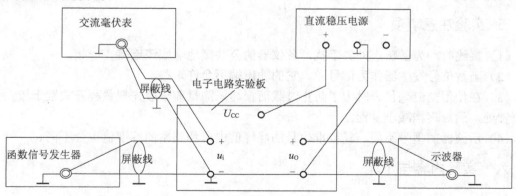

图 5.1.1　仪器的布局

1．示波器

示波器属于信号波形测量仪器，能在荧光屏上直接显示被测信号的波形，荧光屏的 x 轴（横轴）代表时间 t，y 轴（纵轴）代表信号幅度 $F(t)$。使用示波器能监测电路各点信号的波形及波形的相关参数（如幅度、周期、频率）。

示波器面板上各旋钮、按键的作用和使用方法参见 2.2 节及本实验内容。

2．函数信号发生器

函数信号发生器可以输出正弦波、方波、三角波等信号。输出信号电压幅度可由输出幅度调节旋钮进行连续调节。输出电压频率可通过频率分挡开关进行调节。函数信号发生器作为信号源，它的输出端不允许短路。使用方法参见 2.4 节。

3．交流毫伏表

交流毫伏表只能在一定频率范围内，用来测量正弦交流电压的有效值。

为了防止过载而损坏，测量前一般先把量程开关置于量程较大位置处，然后在测量过程中逐渐减小量程。为减小测量误差，读数时，应位于仪表正前方适当位置，并注意当量程开关位于 1mv 或 10～100mv 量程挡时，应读"0～10"的表盘刻度；当量程开关位于 3mv 或 30～300mv 量程挡时，应读"0～30"的表盘刻度，且满刻度值即为量程开关指示值。使用方法参见 2.5 节。

三　实验预习要求

（1）了解本实验使用的直流稳压电源、函数信号发生器、交流毫伏表和示波器等电子仪器的使用常识。

（2）阅读实验内容与步骤，明确有效值、峰峰值的概念和两者关系。

四　实验设备

交流毫伏表、示波器、函数信号发生器、直流稳压电源。

五　实验注意事项

（1）接线时，为了防止外界干扰，各仪器的公共接地端应该连接在一起。

（2）函数信号发生器作为信号源，它的输出端不允许短路。

（3）在使用交流毫伏表时为了防止过载而损坏，测量前一般先把量程开关置于较大量程的位置处，然后逐挡减小量程。

（4）示波器的型号不同，其校准信号的峰峰值电压和频率的标准值也会不同。

六　实验内容与步骤

1．测量示波器内的校准信号

示波器本身有 1kHz/3V 的标准方波校正信号，用于检查示波器的工作状态。

（1）调出校准信号波形。将示波器校准信号输出端通过专用电缆线与 CH1（或 CH2）输入接口接通，选择 AC 耦合方式，按下运行控制区域的"AUTO"按钮，示波器将自动设置垂直、水平和触发控制，将波形稳定地显示在屏幕上。亦可按下运行控制区域的"RUN/STOP"按钮使波形驻留在显示器上。

（2）校准信号幅度和频率。按下"MEASURE"按钮后，选择信源通道 CH1（或 CH2），将全部测量打开，即显示所有参数，读取校准信号的幅度和频率。记录于表 5.1.1。

表 5.1.1 校准信号的测量

	标 准 值	测 量 值
峰峰值电压（V）		
频率（kHz）		

2．直流电压的测量

（1）调节基准线。调节示波器，选择接地耦合方式，使屏幕上出现一条扫描基线，调节垂直位移，使扫描基线位于零电平基准位置。

（2）选择 DC 耦合方式，将示波器 CH1 通道接至直流稳压电源输出端，电源电压分别为表 5.1.2 所示，按下"AUTO"按钮，即可看到高于（或低于）"0V"位的一根扫描线，就是该直流电压信号，读取直流电压值。

表 5.1.2 直流电压的测量

直流电压值（V）	示波器测量值（V）
5.0	
−2.0	

3．交流电压的测量

将函数信号发生器的输出与示波器的 CH1 通道输入端及交流毫伏表输入端相连接。调节函数信号发生器令其输出频率分别为 100Hz、1kHz、10kHz，峰峰值为 5V 的正弦波形。调节示波器，选择 AC 耦合方式，按下运行控制区域的"AUTO"按钮，将波形稳定地显示在屏幕上。读取相关的数据，记入表 5.1.3 中。

表 5.1.3 交流电压参数的测量

函数信号发生器		交流毫伏表	示 波 器	
信号电压 V_{P-P}（V）	信号频率（kHz）	电压的有效值（V）	频率的测量值（kHz）	峰峰值电压的测量值（V）
5.0	0.1			
	1.0			
	10			

4．相位差的双踪法测量

用双踪法测量相位，按图 5.1.2 接线。

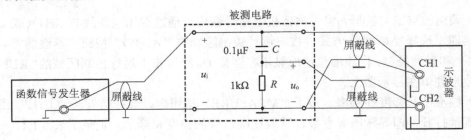

图 5.1.2　相位差测量电路

函数信号发生器产生的输入信号 u_i 是频率为 1kHz，幅值为 5V 的正弦波，经被测电路后获得频率相同，但相位不同的两个信号 u_i 和 u_O，分别导入示波器的 CH1 和 CH2 通道中，调节波形，使得两波形基准线重合，如图 5.1.3 所示。

在图 5.1.3 中，T_d 为两波形的时间轴上时间差（ms），T 为两波形的周期（ms），则两波形的相位差 $\Delta\Phi$ 有：

$\Delta\Phi = \dfrac{T_d}{T} \times 360°$。为读数和计算方便，可适当调节位移、挡位旋钮，使波形一周期占数格。请将相关测量数据填入表 5.1.4 中。

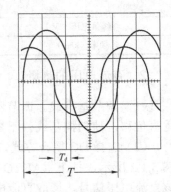

图 5.1.3　示波器双踪显示两相位不同的正弦波

表 5.1.4　　相位差的测量

测　量　值		计　算　值
T（ms）	Td（ms）	$\Delta\Phi$（°）

七　实验思考题

（1）实验中，为什么所有仪器仪表应该共地？如果不共地将会怎样？

（2）为了提高示波器测量电压的精度，在测试过程中应该注意哪些问题？

（3）示波器 y 轴通道输入端的"AC""⊥""DC"选择开关有何作用？何时选择"AC"挡、"DC"挡、"⊥"挡？

（4）总结示波器在调节波形的幅度、周期，使波形稳定时，应分别调节哪几个主要旋钮？调节时要注意什么？

八　实验报告

（1）根据实验内容，整理实验数据，分析毫伏表和示波器对同一信号测量值之间的关系。

（2）结合思考题分析实验中出现的问题，简述自己的实验心得与体会。

5.2　共发射极单管放大电路参数测试（一）

一　实验目的

（1）熟悉 Multisim 仿真软件的使用。

（2）学习共发射极单管放大电路静态工作点 Q 的测量，学会检查电路的直流工作状态是否正常。

（3）研究共发射极单管放大电路放大特性及电压放大倍数的测量。

（4）了解静态工作点对电压放大倍数的影响。

（5）学习常用仪器仪表的使用方法。

二　实验原理

图 5.2.1 为分压式偏置放大电路的实验电路图。其偏置电路由 R_W、R_{B1} 和 R_{B2} 组成，并在发射极接有电阻 R_E，R_E 对发射极电位中的直流分量起到负反馈作用，以稳定放大电路的静态工作点。当晶体管导通时，$U_{BE} \approx 0.6 \sim 0.7V$。如果满足以下条件：基极电位 $U_B = (6 \sim 10) U_{BE}$，$\dfrac{U_B}{R_{B2}} = (5 \sim 10) I_B$，则静态工作点基本上不受温度及晶体管参数的影响。要想使放大器不失真地正常放大，则其静态工作点必须调整在输出特性曲线及交流负载线的中间位置。

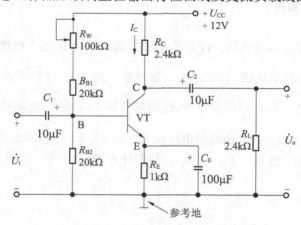

图 5.2.1　共发射极单管放大电路

当放大电路的输入端加入输入信号 u_i 后，在放大电路的输出端便可以得到一个与输入信号 u_i 相位相反，幅值被放大了的输出信号 u_o，从而实现了电压放大。A_u 是指输出电压 U_o 与输入信号电压 U_i 之比值，即 $A_u = \dfrac{U_o}{U_i}$（U_o 和 U_i 是用交流毫伏表测出的电压有效值）。

三　实验预习要求

（1）阅读理论教材中晶体管和基本放大电路等章节内容，熟悉静态工作点的设置和变化对放大器性能的影响。

（2）阅读各项实验内容，熟悉放大器各项性能指标的测试方法。

（3）复习常用电子实验仪器的使用方法。

（4）根据图 5.2.1 所给电路参数，估算实验电路的静态工作点。

（5）利用 EWB 软件对图 5.2.1 实验电路予以仿真分析，测量静态工作点，电压放大倍数，并观察静态工作点对电压放大倍数的影响。

四　实验设备与器件

Multisim 仿真软件、模拟电路实验箱（或电路板）、示波器、函数信号发生器、万用表、直流稳压电源、交流毫伏表。

五　实验注意事项

（1）实验中输入信号和输出信号的有效值可用交流毫伏表测量，也可用示波器读取。

（2）注意表 5.2.3 中数据的测量是在波形不失真的前提下测量的。

（3）为避免干扰，放大器与每个电子仪器、仪表的连接应"共地"，即把所有的"地"与放大器的"地"连在一起。

六　实验内容与步骤

1.　静态工作点的测量

按图 5.2.2 电路连接实验线路。注意先不要把输入信号 u_i 接入电路中，即函数信号发生器的输出旋钮旋至零。然后接通+12V 电源，调节电位器 R_W，使得流过 R_C 的电流 I_C=2.0mA。测量 I_C 采用间接测量法，即用万用表测量 R_E 两端电压 U_E，经过计算后得到：$I_C \approx I_E = \dfrac{U_E}{R_E}$。

如果电阻 R_E 的阻值为 1kΩ，则它两端的电压应为 2V。然后，用万用表测量晶体管的 B、C、E 管脚对参考地的直流电压值 U_E、U_C、U_E，将数据计入表 5.2.1 中，并计算出 U_{BE}、U_{CE} 的值。

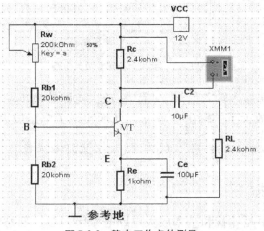

图 5.2.2　静态工作点的测量

表 5.2.1			静态工作点的测量	
测 量 值			计 算 值	
U_B（V）	U_E（V）	U_C（V）	U_{BE}（V）	U_{CE}（V）

2. 电压放大倍数的测量

调整合适的静态工作点（一般情况下，可调节 R_W 使得 I_C=2.0mA），然后如图 5.2.3 所示，在放大电路输入端加入频率为 1kHz，幅值为 5mV 的正弦信号 u_i，同时用示波器观测放大电路输出电压 u_o 的波形。用示波器观察表 5.2.2 中 3 种情况下 u_o 波形，并在表 5.2.2 中记录其中任意一组 u_i 和 u_o 的波形，注意它们的相位关系。在波形不失真的条件下用交流毫伏表测量表 5.2.2 中 3 种情况下的 U_O 有效值，并计算对应的电压放大倍数 A_u，并记入表中。

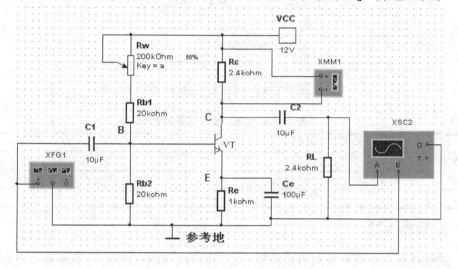

图 5.2.3　电压放大倍数的测量

表 5.2.2			电压放大倍数的测量		
实 验 条 件		测 量 值		计 算 值	观察记录一组 u_i、u_o 的波形
R_C（kΩ）	R_L（kΩ）	U_i（V）	U_o（V）	A_U（V）	
2.4	∞				
1.2	∞				
2.4	2.4				

3. 观察静态工作点对电压放大倍数的影响

置 R_C=2.4kΩ，R_L=∞，静态工作点对电压的大倍数影响的仿真电路如图 5.2.4 所示。调节 R_W 大小，用间接测量的办法使得 I_C 的大小满足表 5.2.3 中提供的数据，以确定不同的静态工作点。注意测量 I_c 时，要先将信号源输出旋钮旋至零。对每一种情况，在放大电路输入端加入频率为 1kHz，幅值为 5mV 的正弦信号 u_i，同时用示波器观测放大电路输出电压 u_o 的波形。

（注意：在 u_o 波形不失真的情况下，用交流毫伏表测量 u_i 和 u_o 的有效值 U_i 和 U_o，记录表 5.2.3 中）

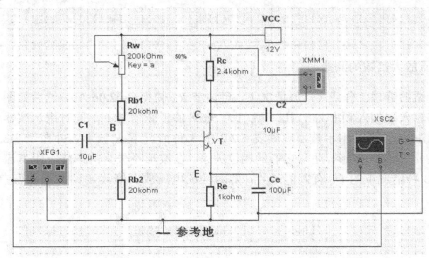

图 5.2.4　静态工作点对电压放大倍数影响的仿真电路

表 5.2.3　　　　　　　　　　　　静态工作点对电压放大倍数的影响

	I_c（mA）	0.5	1.0	1.5	2.0	2.5
测量值	U_i（V）					
	U_o（V）					
计算值	A_u					

七　实验思考题

（1）在做静态工作点对放大倍数的影响的实验时，如果已经出现了失真（如 I_C 过大，出现饱和失真），那么测得的数据会有什么不同？为什么？

（2）通过表格 5.2.2 中的数据，试说明在输出信号不失真的前提下，带负载 R_L 与不带负载（$R_L = \infty$）两种情况下，所求得的电压放大倍数 A_u 有何不同？为什么？试计算图 5.2.1 实验电路中带负载和不带负载两种情况下的电压放大倍数的表达式。

八　实验报告

（1）对实验结果进行整理和分析，填好数据表格，画出波形并计算有关数据。
（2）根据实验数据总结静态工作点对放大倍数的影响，并分析之。
（3）记录实验中出现的问题，分析原因，小结实验的心得与体会。

5.3　共发射极单管放大电路参数测试（二）

一　实验目的

（1）研究放大电路静态工作点对输出波形失真的影响。

（2）学习放大电路输入电阻输出电阻的测试方法。

二 实验原理

1. 静态工作点对输出波形失真的影响

图 5.3.1 为放大电路线性放大及失真的示意图。在输入信号大小合适的前提下，如果静态工作点合适，即静态工作点 Q 应在交流负载线中点附近，那么波形正常放大；如果静态工作点在交流负载线上靠近饱和区（如 Q_1 点），容易造成输出信号的饱和失真，产生"削底"现象；如果静态工作点在交流负载线上靠近截止区（如 Q_2 点），容易造成输出信号的截止失真，产生"缩顶"现象。（仅以 NPN 晶体管为例）

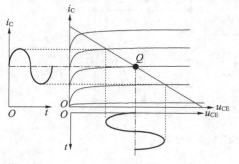
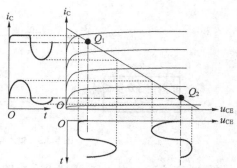

（a）线性放大时的输出波形　　　　　　　　（b）饱和失真和截止失真时的输出波形

图 5.3.1　放大电路输出波形

图 5.3.2 为实验电路图。在输入信号 u_i 接入之前，通过调节 R_W，可获得不同的静态工作点，使得放大电路可能产生线性放大和不同的失真情况，并通过示波器显示输出波形。

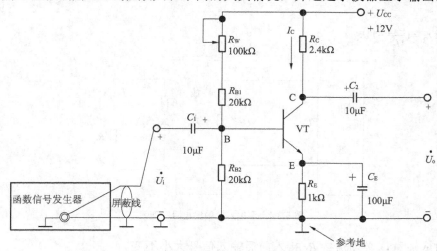

图 5.3.2　静态工作点对放大电路波形失真影响的实验电路

2. 输入电阻 r_i 和输出电阻 r_o 的测量

为了测量放大电路的输入电阻，按图 5.3.3 在被测放大电路的输入端与信号源之间串入一个已知电阻 R。在放大电路正常工作的情况下，交流毫伏表测出 U_S 和 U_i，然后根据输入

电阻的定义 $r_i = \dfrac{\dot{U}_i}{\dot{I}_i} = \dfrac{\dot{U}_i}{\dot{U}_R/R} = \dfrac{\dot{U}_i}{\dot{U}_S - \dot{U}_i} R$ 求 r_i。

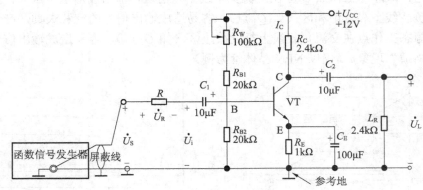

图 5.3.3 输入电阻、输出电阻的测量电路

测量时应注意：由于 R 两端没有电路公共接地点，所以测量 R 两端电压 U_R 时必须分别测出 U_S 和 U_i，然后按 $U_R = U_S - U_i$ 求出 U_R 的值。同时，电阻 R 的值不宜过大或者过小，过大易引入干扰，过小容易引起较大的测量误差，通常取 R 和 r_i 为同一数量级。

输出电阻 r_o 的测量。原理图如图 5.3.4 所示，当放大电路正常工作时，用交流毫伏表分别测出不接负载 R_L 的输出电压 U_O 和接入负载 R_L 后的输出电压 U_{OL}，根据 $U_{OL} = \dfrac{R_L}{r_L + r_O} U_O$，

则输出电阻 $r_o = \left(\dfrac{U_O}{U_L} - 1\right) R_L$。

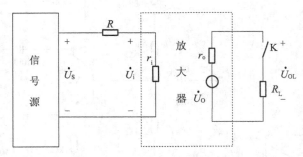

图 5.3.4 测输入、输出电阻原理图

测量时应注意，必须保持 R_L 接入前后输入信号大小不变。

三 实验预习要求

（1）复习理论教材中晶体管和基本放大电路等章节内容，熟悉静态工作点的变化对放大

电路输出波形失真的影响。

（2）阅读实验原理和实验内容，熟悉放大电路主要性能。

（3）根据所给实验电路的参数，估算输入电阻 r_i 和输出电阻 r_o 的大小。

（4）利用 Multisim 软件对实验电路的实验内容（1）、（2）、（3）予以仿真分析，仿真电路如图 5.3.5 所示。

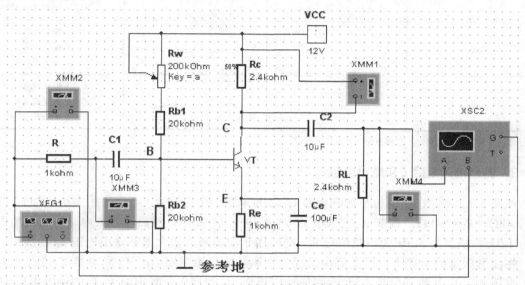

图 5.3.5　输入电阻 r_i 和输出电阻 r_o 测量的仿真电路

四　实验设备与器件

Multisim 仿真软件、模拟电路实验箱、示波器、函数信号发生器、万用表、直流稳压电源、交流毫伏表。

五　实验注意事项

（1）注意实验中静态分析时电压的测量使用万用表，而动态分析时电压的测量使用交流毫伏表。

（2）晶体管的截止失真并非突变过程，因此所谓截止失真，并不像饱和失真那样有明显分界（削底）可供判断。

六　实验内容与步骤

1. 观察静态工作点对输出波形失真的影响

在图 5.3.2 实验电路图中，置 $R_C=2.4\text{k}\Omega$，$R_L=\infty$，在不接入输入信号 u_i 的前提下，调节 R_W 使得流过 R_C 的电流 I_W 满足表 5.3.1 中设定的数值，分别测量对应的 U_{CE} 值。然后在放大电路输入端加入频率为 1kHz，幅值为 5mV 的正弦信号 u_i，同时用示波器观测放大电路输出电压 u_o 的波形，相应的波形记录在表 5.3.1 中，并对晶体管失真情况做出判定。

表 5.3.1 静态工作点对输出波形失真的影响

实 验 条 件	测 量 值	观察记录 u_o 的波形	失 真 情 况
I_C（mA）	U_{CE}（V）		
0.5			（ ）饱和失真 （ ）截止失真 （ ）无失真
2.0			（ ）饱和失真 （ ）截止失真 （ ）无失真
3.3			（ ）饱和失真 （ ）截止失真 （ ）无失真

注意：对失真情况的判定，在相应的括号内划上"√"。

2．测量输入电阻 r_i 和输出电阻 r_o

在图 5.3.5 中，在交流信号源和电容 C_1 之间串联一个电阻 R（电阻值的大小已知），并置 $R_C=2.4\text{k}\Omega$，$R_L=2.4\text{k}\Omega$，调节 R_W 使得流过 R_C 的电流 $I_C=2\text{mA}$。然后在放大电路输入端加入频率为 1kHz，幅值为 5mV 的正弦信号 u_i，同时用示波器观测放大电路输出电压 u_O 的波形。在不产生波形失真的前提下，用交流毫伏表分别测量信号源两端电压 U_S 和电容 C_1 左边点对参考地电压 U_i，以及断开负载电阻 R_L 时的输出电压 U_O 和接入负载电阻 R_L 后的输出电压 U_{OL}，数据记录入表 5.3.2 中。

表 5.3.2 输入电阻和输出电阻的测量

已 知 电 阻	测 量 值				计 算 值		理 论 值	
R（kΩ）	U_S（mV）	U_i（mV）	U_{OL}（V）	U_O（V）	r_i（kΩ）	r_o（kΩ）	r_i（kΩ）	r_o（kΩ）

七　实验思考题

（1）实验中，当输出波形出现失真时，如何来判断是什么失真？若单管放大电路分别采用 NPN 型和 PNP 型晶体三极管，电路的失真波形会有何不同？

（2）电阻 R_W、R_C 和 R_L，哪个电阻对放大电路的输入电阻产生影响？哪个电阻对放大电路的输出电阻产生影响？为什么？

八　实验报告

（1）对实验结果进行整理和分析，并计算有关输入电阻、输出电阻。把输入电阻和输出电阻的计算值和理论值进行比较，分析误差产生的原因。

（2）讨论静态工作点变化对放大电路失真的影响。

（3）小结 R_C、R_L 对放大电路输出电阻的影响。

5.4　集成运算放大器的基本运算电路

一　实验目的

（1）掌握集成运算放大器反相比例运算电路、反相加法器、差动运算放大电路和积分器电路的基本接线和运算关系、测试方法。

（2）通过实验加深对运算放大器的特性和"虚短""虚断"概念的理解。

二　实验原理

集成运算放大器是一种具有高开环放大倍数、深度负反馈的直接耦合多级放大器，是模拟电子技术领域应用最广泛的集成器件。按照输入方式可分为同相、反相、差动 3 种接法，按照运算关系可分为比例、加法、减法、积分、微分等。利用输入方式和运算关系的组合，可接成各种运算放大器电路。

1. 反相比例运算放大器

反相比例运算放大器电路是集成运放的一种最基本的接法，如图 5.4.1 所示。电路的输出电压 u_o 与输入电压 u_i 的关系式为 $u_o = -\dfrac{R_f}{R_1} u_i$ 。

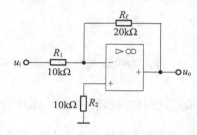

图 5.4.1　反相比例运放电路

2. 反相加法器

如果在运算放大器的反相端同时加入几个信号，接成图 5.4.2 的形式，就构成了能对同时加入的几个信号电压进行代数相加运算的反相加法器电路。如果把运算放大器看作是理想的，由于理想运放的开环电压放大倍数为无穷大，那么当输出电压为有限值时差模输入电压

$\left| u_- - u_+ \right| = \dfrac{|u_0|}{A_0}$，所以 $u_-=u_+$，即"虚短"，当同相输入端接地，即 $u_+=0$，则 $u_-=0$，反相输入

端看作"虚地"，则电路的输出电压 u_o 与输入电压 u_i 的关系式为：$u_o = -(\dfrac{R_f}{R_1} u_{i1} + \dfrac{R_f}{R_2} u_{i2})$。为保证运算放大器的两个输入端处于平衡对称的工作状态，克服失调电压、失调电流的影响，在电路中应尽量保证运算放大器两个输入端的外电路的电阻相等。因此在反相输入的运算放大器电路中，同相端与地之间要串接补偿电阻 R_3，R_3 的阻值应是反相输入电阻与反馈电阻的并联值（$R_3=R_1//R_2//R_f$）。

3. 差动运算放大电路

差动运算放大器电路如图 5.4.3 所示。根据电路分析，该电路的输出电压 u_o 与输入电压 u_i 的关系式为：$u_o = (1+\dfrac{R_f}{R_1})\dfrac{R_3}{R_2+R_3} u_{i2} - \dfrac{R_f}{R_1} u_{i1}$。该关系式说明了两个输入端的信号具有相减的关系，所以这种电路又称为减法器。同时，电路中同相输入电路参数与反相输入电路参数应保持对称，即同相输入端的分压电路也应该由电阻 R_f 和 R_1 来构成，其中 $R_3=R_f$，$R_2=R_1$。若 $R_f=R_1$，则 $u_0=u_{i2}-u_{i1}$。

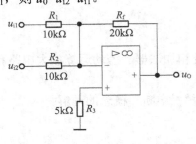

图 5.4.2 反相加法器电路

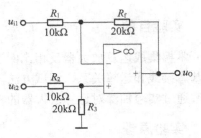

图 5.4.3 差动运算放大电路

4．积分器电路

由运算放大器构成的基本积分电路如图 5.4.4 所示，它的基本运算关系为

$$u_O = -\frac{1}{R_1C}\int_0^t u_i \mathrm{d}t$$

当 u_i 为阶跃电压时，则 $u_O = -\dfrac{1}{R_1C}U_i t$（$t \geqslant 0$），这时输出电压是随时间做直线变化的电压，

最后达到负饱和值 $-U_{o(sat)}$，其上升（或下降）的斜率是 $\dfrac{U_i}{R_1C}$，改变 U_i、R_1 或 C3 个量中的任一个

量都可以改变输出电压上升（或下降）的斜率。

积分器的反馈元件是电容器。无信号输入时，电路处于开环状态。所以运算放大器微小的失调参数就会使得运算放大器的输出逐渐偏向正（或负）饱和状态，使得电路无法正常工作。为了减小这种积分漂移现象，实际使用时应尽量选择失调参数小的运算放大器，并在积分电容两端并联一只高阻值电阻 R_f 以稳定直流工作点，构成电压负反馈，限制整个积分器电路放大倍数。但 R_f 不能太小，否则将影响电路积分线性关系。

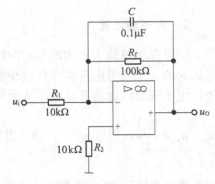

图 5.4.4 积分器电路

三 实验预习要求

（1）阅读电子技术教材中运算放大器在信号运算方面的应用等章节内容，了解实验内容的理论基础知识。

（2）阅读本实验内容和步骤，熟悉实验要求和测试方法。

（3）查阅运放芯片 LM324 管脚定义，在实验电路图上标出管脚。

（4）利用 EDA 软件对实验电路进行仿真分析。

四 实验设备

模拟电路实验箱、示波器、函数信号发生器、万用表、直流稳压电源、芯片 LM324。

五 实验注意事项

（1）运放芯片 LM324 必须接上直流稳压电源后才能正常工作。

（2）在积分器电路中积分电容应选漏电小的电容。

（3）为了不损坏集成元件，实验中应注意先接电源，再加输入信号；改接或拆除实验线路时应先拆除输入信号再断开电源。

六 实验内容与步骤

1．反相比例运算

按图 5.4.1 电路接好实验线路。将运算放大器电路接上直流电源±15V。输入直流电压 U_i 为±3V、±2V、±1V、0V。测量对应输出电压 U_O（注意正负），填入表 5.4.1 中，计算放大倍数 A_f 并与理论值比较。

表 5.4.1　　　　　　　　　　　　　　　反相比例运算

测量值	U_i（V）	−3	−2	−1	0	+1	+2	+3
	U_O（V）							
理论值	A_f							

2．反相加法运算

（1）按图 5.4.2 接好反相加法器电路的实验线路，然后合上电源开关。

（2）任取两组输入直流电压值 U_{i1}、U_{i2}，测量对应的输出电压 U_O（注意 U_O 不要超过±U_{CC}=±12V，以避免运算放大器进入饱和区），填入表 5.4.2 中，并与理论值比较。

表 5.4.2　　　　　　　　　　　　　　　反相加法运算

测　量　值			理　论　值
U_{i1}（V）	U_{i2}（V）	U_O（V）	U_O（V）
1	−2		
1	2		

3．减法运算

（1）按图 5.4.3 接好差动运算放大器电路的实验线路，然后合上电源开关。

（2）任取两组输入直流电压值 U_{i1}、U_{i2}，测量对应的输出电压 U_O，填入表 5.4.3 中，并与理论值比较。

表 5.4.3　　　　　　　　　　　　　　　减法运算

测　量　值			理　论　值
U_{i1}（V）	U_{i2}（V）	U_O（V）	U_O（V）
2	−1		
2	1		

4．积分运算

（1）按图 5.4.4 接好积分器电路的实验线路，合上电源开关。

（2）在 u_i 端分别输入幅值为 2V，频率为 500Hz 的方波信号，将积分器电路的输入信号 u_i 和输出信号 u_o 分别接入双踪示波器的 Y_1 和 Y_2，观测 u_i 和 u_o 的波形，记录表 5.4.4 中。同时将万用表接至电路的输出端，用示波器测量并记录积分开始至饱和的时间 t，用示波器测量并记录积分饱和电压值 U_{om}，验证 $U_o = -\dfrac{U_i t}{R_1 C}$ 关系（注意两路信号在时间上的对应关系）。

（3）加入同样幅值频率的三角波、正弦波观察输出 u_o 的波形，记录于表 5.4.4 中。

表 5.4.4　　　　　　　　　　积分器输出波形

	u_i 为正弦信号	u_i 为方波信号	u_i 为三角波信号
u_i 和 u_o 双踪显示的波形			

七　实验思考题

（1）断开积分器中的电阻 R_f，输出的波形会有什么不同？为什么？

（2）在反相求和运算电路中，如果 u_{i1} 是幅值为 1V 的交流正弦电压，而 u_{i2} 为 1V 的直流电压，那么输出电压 u_o 的波形会如何？试分析之。

八　实验报告

（1）把比例运算器、反相加法运算和减法运算所测得的实验数据与理论数据进行比较，分析误差原因。

（2）结合思考题（1），分析积分器输出波形不正常的原因。

（3）画出积分波形，标出积分时间 t 和饱和值 U_{om}，讨论时间常数 RC 对输出波形的影响。

低电耗四运算放大器 LM324

5.5　信号发生与变换综合实验

一　实验目的

（1）掌握滞回比较器、积分器的工作原理。

（2）学习用集成运算放大器构成方波和三角波发生电路的设计方法。

（3）学习方波和三角波转换电路主要性能指标的测试方法。

二　实验原理

波形产生电路：产生各种周期性的波形。

波形变换电路：将输入信号的波形变换成为另一种形状。

1. 滞回比较器

图 5.5.1（a）为一基本的滞回比较器电路，图 5.5.1（b）为其电压传输特性。

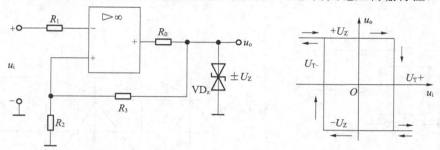

图 5.5.1　滞回比较器及其电压传输特性

电路中加入了正反馈，集成运放工作在非线性区，电路的输出电压有两种取值，即 $u_o=\pm U_z$，同相输入端电压分别为

（当 $u_o=+U_z$ 时）

$$u_+ = U_{T+} = \frac{R_2}{R_2 + R_3} \cdot U_z$$

（当 $u_o=-U_z$ 时）

$$u_+ = U_{T-} = -\frac{R_2}{R_2 + R_3} \cdot U_z$$

设某一瞬间时 $u_o=+U_z$，当输入电压 u_i 增大到 $u_i \geqslant U_{T+}$ 时，输出电压跳变到 $u_o=-U_z$，发生负向跃变。当 u_i 减小到 $u_i \leqslant U_{T-}$ 时，u_o 又跳变到 $+U_z$，发生正向跃变。如此周而复始，随 u_i 变化，u_o 为一矩形波电压。

U_{T+} 称为正向阈值电压，U_{T-} 称为负向阈值电压，两者之差 $U_{T+} - U_{T-}$ 称为回差 ΔU，并且

$$\Delta U = U_{T+} - U_{T-} = \frac{2R_2}{R_2 + R_3} U_z$$

改变正反馈系数 $\dfrac{R_2}{R_2 + R_3}$ 可同时调节正、负向阈值电压和回差，正是由于回差的存在，提高了电路的抗干扰能力。

2. 矩形波产生电路

图 5.5.2 中，运算放大器做比较器用；VD_Z 是双向稳压管，使输出电压的幅度被限制在 $+U_z$ 或 $-U_z$；R_3 和 R_2 构成正反馈电路，R_2 上的反馈电压 U_R 是输出电压幅度的一部分，即

$$U_R = \pm \frac{R_2}{R_2 + R_3} \cdot U_z$$

加在同相输入端，作为参考电压；R_1 和 C 构成负反馈电路，u_c 和 U_R 相比较而决定 u_o 的极性；R_0 是限流电阻。

电路的工作稳定后，当 u_o 为 $+U_z$ 时，U_R 也为正值，这时，$u_c < U_R$，u_o 通过 R_1 对电容 C 充电，u_c 按指数规律增长。当 u_c 增长到等于 U_R 时，u_o 即由 $+U_z$ 变为 $-U_z$，U_R 也变为负值。电容 C 通过 R_1 放电，而后反向充电，当充电到 u_c 等于 $-U_R$ 时，u_o 即由 $-U_z$ 又变为 $+U_z$。如此周期性地变化，在输出端得到的是矩形波电压，在电容器两端产生的是三角波电压，如图 5.5.3 所示。

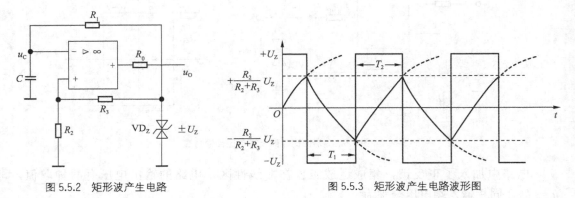

图 5.5.2 矩形波产生电路

图 5.5.3 矩形波产生电路波形图

3. 三角波产生电路

从矩形波产生电路中的电容器上的输出电压，可得到一个近似的三角波信号。由于它不是恒流充电，随时间 t 的增加 u_c 上升，而充电电流

$$i_{充} = \frac{u_o - u_c}{R}$$

随时间而下降，因此 u_c 输出的三角波线性较差。为了提高三角波的线性，只要保证电容器恒流充放电即可，即用集成运放组成的积分电路代替 RC 积分电路。电路如图 5.5.4 所示。集成运放 A1 组成滞回比较器，A2 组成积分电路。

A1 组成滞回比较器工作于非线性区，输出与输入不成线性关系，其输出端通常只有高电位和低电位两种状态，而 A2 组成积分电路工作在线性区

$$u_o = -\frac{U_z t}{R C}$$

u_{o1} 和 u_o 的波形如图 5.5.5 所示。

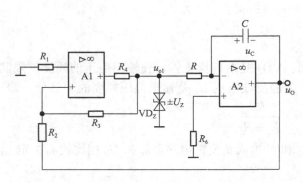

图 5.5.4 三角波产生电路

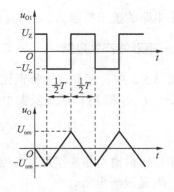

图 5.5.5 双运放三角波产生电路波形

（1）三角波的幅值

电路的工作已稳定后，u_o 幅值从滞回比较器产生突变时刻求出，比较器的参考电压为零，对应 A1 的 $U_+=U=0$ 时的 u_o 值就为幅值。可应用叠加原理求出 A1 同相输入端的电位

$$U_+ = \frac{R_3}{R_2 + R_3}u_o + \frac{R_2}{R_2 + R_3}u_{o1}$$

$$U_{om} = -\frac{R_2}{R_3}u_{o1}$$

当 $u_{o1}=+U_z$ 时， $U_{om} = -\frac{R_2}{R_3}U_z$

当 $u_{o1}=-U_z$ 时， $U_{om} = \frac{R_2}{R_3}U_z$

（2）三角波的周期

由积分电路可求出周期，其输出电压 u_o 从 $-U_{om}$ 上升到 $+U_{om}$ 所需的时间为 $T/2$，所以有

$$\frac{1}{C}\int_0^{\frac{T}{2}}i\mathrm{d}t = \frac{1}{RC}\int_0^{\frac{T}{2}}U_z\mathrm{d}t = 2U_{om}$$

$$\frac{TU_z}{2RC} = 2U_{om}, \quad T = 4RC\frac{U_{om}}{U_z}$$

$$T = \frac{4RCR_2}{R_3}, \quad f = \frac{1}{T} = \frac{R_3}{4RCR_2}$$

如此周期性地变化，A1 输出的是矩形波电压 u_{o1}，A2 输出的是三角波电压 u_o。所以图 5.5.4 也称为矩形波——三角波发生器电路。

矩形波电压 u_{o1} 的电压幅度由稳压管的稳压值决定，三角波的幅值由稳压值和电阻 R_2 和 R_3 共同决定，而振荡频率 f 与电阻 R_2、R_3、R 和 C 均有关。

三　实验预习要求

（1）掌握有关方波与三角波发生电路的工作原理。

（2）学会用集成运算放大器构成方波和三角波发生电路的设计。

（3）在正式实验前一周，根据要求完成设计，并确定相应参数。

（4）理解和领会实验内容和任务，做好实测前的准备工作。

四　实验设备与器件

模拟电路实验箱、示波器、函数信号发生器、万用表、直流稳压电源、芯片 LM324、电阻、电容、双向稳压管、二极管等。

五　实验注意事项

（1）连接电路时，应检查插线是否良好导通。

（2）运放芯片 LM324 必须接上直流稳压电源后才能正常工作。

（3）实验过程中如发现原设计参数不合理，可即时修改元件参数，更换元器件，进行调试以达到设计要求。

六 实验内容与步骤

1. 设计要求

设计集成运放组成的矩形波和三角波发生器实验电路。已知运放的工作电压为±12V，振荡频率为 100～500Hz 可调，矩形波和三角波的输出幅度分别为±6V、±3V，误差范围为±10%，设计、计算、选择器件型号和参数，画出完整、正确的实验电路图。

2. 参考电路的设计选定

参考原理图 5.5.4，矩形波电压 u_{o1} 的电压幅度由稳压管的稳压值决定，三角波的幅值由稳压值和电阻 R_2 和 R_3 共同决定，而振荡频率 f 与电阻 R_2、R_3、R 和 C 均有关，故需用电位器实现频率可调。电路如图 5.5.6 所示。

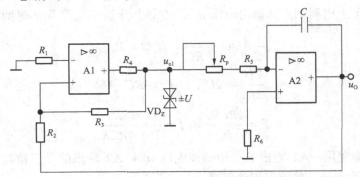

图 5.5.6 频率可调的矩形波－三角波产生电路

3. 运放型号的选择

本实验所用运放选用 LM324。

4. 稳压管型号和限流电阻的选择

根据设计要求，方波幅度为±6V，稳压管型号可选 2DW231，电阻 R_4 可选 2kΩ。

5. 分压电阻 R_2、R_3 和平衡电阻 R_1 的确定

根据设计要求：矩形波和三角波的输出幅度分别为±6V、±3V，可知：$R_3=2R_2$，平衡电阻 $R_1=R_2//R_3$。可选 $R_2=10$kΩ。

6. 积分元件 R_P、R_5、C 和平衡电阻 R_6 的确定

根据实验原理和设计要求，应有 $f = \dfrac{1}{T} = \dfrac{R_3}{4RCR_2}$，所以 $R_5 = \dfrac{R_3}{4CR_2 f_M}$，选取 C 的值，并代入已确定的 R_2 和 R_3 的值，即可求出 R_5 的值。

因为 $f_{\min} = \dfrac{R_3}{4R_2C(R_P + R_5)}$，所以 $R_P = \dfrac{R_3}{4R_2Cf_{\min}} - R_5$，可根据上式算出 R_P 阻值后，取值适当增大，以保证下限频率留有余量。平衡电阻可取 $10\text{k}\Omega$。

7．实验电路的连接

按设计好的实验电路进行连线，调整电位器 R_P 估算振荡频率。观察并描绘 u_{o1} 和 u_o 波形，测量其幅值和频率，测量 R_P 值。再改变 R_P 值的大小，观察波形、幅值及频率的变化，并把数据记录在自拟表格中。

8．实验电路的绘制

画出完整实验电路图（在实验电路图中标出器件型号、参数、管脚号、极性等）。绘制 u_{o1} 和 u_o 的波形。

七　实验思考题

（1）在方波、三角波发生电路实验中，要求保持原来设计的频率不变，现需要将三角波的输出幅值由原来的±3V 变为±2.5V，最简单的方法是什么？

（2）在三角波发生电路实验中，电位器的调整对波形产生什么影响？

八　实验报告

（1）完成用集成运放构成方波和三角波及锯齿波发生电路的设计报告一份。

（2）调试并确定合理参数达到设计要求，记录所选实验参数在实验报告的设计图上。

（3）画出所记录的波形，并标明时间和幅度。

（4）整理实验数据，与理论值进行比较。

（5）分析实验中所遇到的现象。

5.6　组合逻辑电路分析、设计与测试

一　实验目的

（1）掌握组合逻辑电路的分析与测试方法，熟悉半加器、全加器的工作原理。

（2）学习组合逻辑电路的设计、电路连接和逻辑功能的测试方法。

二　实验原理

1．组合逻辑电路的分析与测试

组合逻辑电路是最常见的逻辑电路，即通过基本的门电路（如与门、与非门、或门、或非门等）来组合成具有一定功能的逻辑电路。组合逻辑电路的分析，就是根据给定的逻辑电路，写出其输入与输出之间的逻辑函数表达式，或者列出真值表，从而确定该电路的逻辑功能。组合逻辑电路的测试，就是运用实验设备、基本门电路和仪器，搭建出实验电路，测试

输入信号和输出信号是否符合理论分析出来的逻辑关系，从而验证该电路的逻辑功能。

组合逻辑电路的分析与测试的步骤通常是：

（1）根据给定的组合逻辑电路图，列出输入量和中间量、输出量的逻辑表达式；

（2）根据所得的逻辑式列出相应的真值表或者卡诺图；

（3）根据真值表分析出组合逻辑电路的逻辑功能；

（4）运用实验设备和元器件搭建出该电路，测试其逻辑功能。

2．组合逻辑电路的设计与测试

组合逻辑电路的设计与测试，就是根据设计的功能要求，列出输入量与输出量之间的真值表，通过化简获得输入量与输出量之间的最简逻辑表达式，根据逻辑表达式用相应的门电路设计该组合逻辑电路，然后运用实验设备与元器件搭建实验电路，测试该电路是否符合设计要求。设计时应本着电路结构最简单、使用元器件最少的原则。

组合逻辑电路的设计与测试的步骤通常是：

（1）根据设计的功能要求，列出真值表或者卡诺图；

（2）化简逻辑函数，得到最简的逻辑表达式；

（3）根据最简的逻辑表达式，画出逻辑电路；

（4）搭建实验电路，测试所设计的电路是否满足要求。

三　实验预习要求

（1）复习理论教材中组合逻辑电路的分析与设计方法以及半加器、全加器的组成和工作原理，熟悉实验内容。

① 根据图 5.6.1 写出中间量（Z_1、Z_2 和 Z_3）和输出量（S 和 C）相对于输入量（A 和 B）的逻辑表达式。

中间量：Z_1=＿＿＿＿＿＿＿＿＿；Z_2=＿＿＿＿＿＿＿＿＿；Z_3=＿＿＿＿＿＿＿＿＿。

输出量：S=＿＿＿＿＿＿＿＿＿；C=＿＿＿＿＿＿＿＿＿。

② 根据逻辑表达式列出真值表，记入表 5.6.1 中，并填入表 5.6.2 关于 S 和 C 的卡诺图中，判别能否化简。

表 5.6.1　　　　　　　　　　　　　　　半加器的真值表

输　入　量		中　间　量			输　出　量	
A	B	Z_1	Z_2	Z_3	S	C
0	0					
0	1					
1	0					
1	1					

表 5.6.2　　　　　　　　　　　　　　输出量 S 和 C 的卡诺图

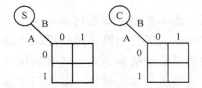

（2）查阅有关芯片管脚定义和芯片的逻辑功能。

（3）利用 Multisim 应用软件对半加器、全加器和表决器电路予以设计和仿真分析。

四 实验设备与器件

数字电路实验箱、芯片 74LS00 或 CC4011B、74LS20 或 CC4012B。

五 实验注意事项

（1）集成芯片使用的时候注意：必须先接通电源后接通信号。实验结束或者改接线路时应先撤除信号后关掉电源。

（2）芯片管脚相互不可短路，否则会损坏芯片。

（3）芯片在使用的时候，应按要求接上电源和接地，否则芯片无法正常工作。

六 实验内容与步骤

1. 半加器逻辑电路的分析与测试

用 74LS00 构成一个半加器，其逻辑电路图如图 5.6.1 所示，74LS00 的管脚排列图见图 5.6.2。在图 5.6.1 中，A 和 B 分别为被加数和加数，C 为进位端，S 为半加和端。在实验箱上搭建出半加器的逻辑电路。将 A 和 B 接到实验箱转换逻辑电平的拨码输出插口，通过拨码置 "0" 或 "1"，中间量 Z_1、Z_2 和 Z_3 和输出量 S 和 C 分别接到实验箱发光二极管逻辑电平显示输入插口。根据表 5.6.1 的要求进行逻辑功能的测试，观察半加和端 S 和进位端 C 的逻辑状态，将结果填入表 5.6.3 中，同时与表 5.6.1 进行比较，两者是否一致。

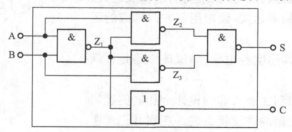

图 5.6.1 半加器的逻辑电路

注：逻辑电平输出插口和逻辑电平显示输入插口的指示灯亮，表示 "1"，而指示灯灭，表示 "0"。

表 5.6.3　　　　　　　　　　　　　由与非门组成的半加器电路测量

输　入　量		中　间　量			输　出　量	
A	B	Z_1	Z_2	Z_3	S	C
0	0					
0	1					
1	0					
1	1					

2．组合逻辑电路的设计与测试

设计项目：

（1）在某种资格审批中，有 A、B、C、D 四个评委进行投票裁定，其中评委 A、B、C 三人的裁定各计一票，而评委 D 的裁定计两票。现在要求票数超过半数（即大于或者等于 3 票）才算资格审批通过，否则资格审批不通过。试选用与非门设计满足要求的组合逻辑电路。

假设输入量 A、B、C 和 D，投票赞成，就记为"1"，投票反对记为"0"；输出量（资格审批）结果 Y 通过，就记为"1"，不通过记为"0"。

① 根据设计要求，列出并填写逻辑状态表（见表 5.6.4）。

表 5.6.4 逻辑状态表

输　入　量	输　出　量	输　入　量	输　出　量
ABCD	Y	ABCD	Y
0000		1000	
0001		1001	
0010		1010	
0011		1011	
0100		1100	
0101		1101	
0110		1110	
0111		1111	

② 根据上面的逻辑状态表，列出相应的卡诺图，填入表 5.6.5 中，化简逻辑函数，得到最简的逻辑表达式。

③ 根据最简的逻辑表达式，画出用与非门构成的逻辑电路图。

④ 在实验箱上搭建出实验电路，测试该电路是否满足设计要求。

（2）用 2 个异或门和 3 个与非门设计全加器的逻辑电路图，自行设计全加器的逻辑状态表，观察并记录逻辑状态。

表 5.6.5 输出量 Y 的卡诺图

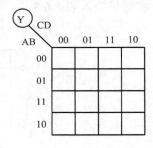

（3）设计一个保险箱的数字代码锁，该锁有规定的 4 位代码 A、B、C、D 的输入端和一个开箱钥匙孔信号 E 的输入端。锁的代码由实验者自编。当用钥匙开箱时（E=1），如果输入代码符合该锁设定，保险箱被打开（$Z_1=1$），如果不符，电路将发出报警信号（$Z_2=1$）。要求使用最少的与非门来实现，检测并记录实验结果。（提示：实验时锁被打开，由实验箱上 LED 发光二极管点亮来表示，当输入数码有错时，防盗蜂鸣器响或另一个 LED 发光二极管点亮）。

七　实验思考题

（1）针对某一个功能要求，设计出来的组合逻辑电路一定相同吗？

（2）在实验过程中，如果没有非门的芯片使用，如何通过将与非门（或者或非门）改接成非门？

八 实验报告

（1）总结组合电路的分析与测试方法。
（2）列出实验任务的设计过程，并画出设计的电路图，写出逻辑功能表。
（3）对所设计的电路进行实验测试，记录测试结果，分析讨论实验结果。

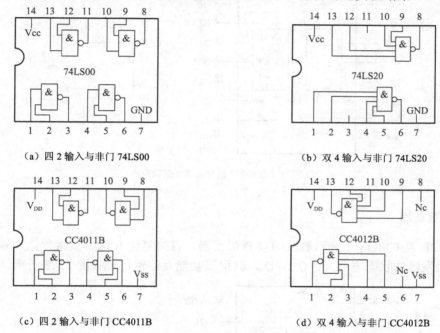

（a）四 2 输入与非门 74LS00　　　　　（b）双 4 输入与非门 74LS20

（c）四 2 输入与非门 CC4011B　　　　　（d）双 4 输入与非门 CC4012B

图 5.6.2　5.6 小节附图

5.7　触发器及其应用

一 实验目的

（1）掌握 JK 触发器、D 触发器和 T 触发器的使用方法和逻辑功能测试方法。
（2）了解触发器之间逻辑功能相互转换的方法。
（3）学习用 JK 触发器组成功能电路。

二 实验原理

触发器是组成时序逻辑电路的最基本单元，它具有两个稳定状态，用以表示逻辑状态"1"和"0"。在一定的外界信号作用下，可以从一个稳定状态翻转到另一个稳定状态；无外界信号作用时，能保持原来的稳定状态不变，是一个具有记忆功能的器件。触发器按其逻辑功能的不同可分为 RS、JK、D 和 T 触发器等，触发器可在时钟脉冲 CP 的上升沿或下降沿发生状态变化。本实验主要应用 JK 触发器和 D 触发器。

1．JK 触发器

CC4027B 是 CMOS 上升沿触发的双 JK 触发器，直接复位 R 端、直接置位 S 端为高电平有效。JK 触发器的状态方程为：$Q_{n+1} = J\overline{Q}_n + \overline{K}Q_n$，其引脚功能及逻辑符号如图 5.7.1 所示。

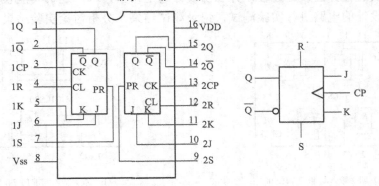

图 5.7.1　CC4027B 的引脚图及逻辑符号

2．D 触发器

CC4013B 是 CMOS 上升沿触发的双 D 触发器，直接复位 R 端、直接置位 S 端为高电平有效。D 触发器的状态方程为：$Q_{n+1} = D_n$，其引脚功能及逻辑符号如图 5.7.2 所示。

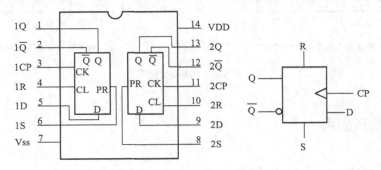

图 5.7.2　CC4013B 的引脚功能及逻辑符号

3．触发器之间的逻辑功能相互转换

在集成触发器的产品中，每一种触发器都有自己固定的逻辑功能，但可以利用转换的方法得到其他功能的触发器。例如，将 JK 触发器的 JK 两端连在一起作为 T 端，就得到 T 触发器，如图 5.7.3（a）所示。其状态方程为 $Q_{n+1} = T\overline{Q}_n + \overline{T}Q_n$。当 T=1 时，即得到 T'触发器，如图 5.7.3（b）所示。T'触发器的状态方程是 $Q_{n+1} = \overline{Q}_n$。T'触发器的逻辑功能由其状态方程决定，即每来一个时钟脉冲 CP，触发器的输出状态就翻转一次，故称之为翻转触发器，广泛用于计数电路中。

JK 触发器也可以转换为 D 触发器，如图 5.7.3（c）所示。

同样 D 触发器也可以转换成 T'触发器，如图 5.7.3（d）所示。

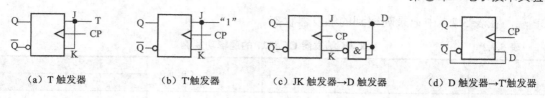

(a) T 触发器　　　　　(b) T'触发器　　　　(c) JK 触发器→D 触发器　　(d) D 触发器→T'触发器

图 5.7.3　触发器之间的逻辑功能转换

三　实验预习要求

（1）复习各种触发器的工作原理及其逻辑功能，掌握它们的特性方程。

（2）查阅 CC4027B、CC4013B、74LS00、74LS20 芯片管脚定义、排列图及其功能。

四　实验设备与器件

数字电路实验箱、示波器、芯片 CC4027B、CC4013B、74LS00、74LS20。

五　实验注意事项

（1）集成芯片使用的时候注意必须先接通电源后接通信号。实验结束或者改接线路时应先撤除信号后关掉电源。

（2）芯片管脚相互不可短路，否则会损坏芯片。

（3）在改变电路连线或插拔电路时，应切断电源，严禁带电操作。

（4）TTL 芯片管脚悬空时，相当于接入了高电平，但 CMOS 芯片输入端管脚不允许悬空。JK 触发器 CC4027B 改接为 T'触发器时，其 J 与 K 端应接 "1" 高电平。

六　实验内容与步骤

1. 测试双 JK 触发器 CC4027 的逻辑功能

（1）直接置位、直接复位功能的测试

任选 CC4027 集成块中的一个 JK 触发器，按表 5.7.1 要求改变 R、S 端的状态，观察 Q 端状态并将结果填入表 5.7.1 中。

表 5.7.1　　　　　　　　　　　**双 JK 触发器 CC4027 的置位复位功能测试**

R	S	CP	J	K	Q_{n+1}	
					$Q_n=0$	$Q_n=1$
0	1	×	×	×		
1	0	×	×	×		

（2）逻辑功能测试

将 R、S 端置低电平，按表 5.7.2 要求改变 J、K 端的状态，观察 Q 端状态并将结果填入表 5.7.2 中。

（3）将 JK 触发器转换成 T'触发器

将 J 端和 K 端并接在一起，接线方式见图 5.7.3（b），使 J＝K＝1，接入 4 个单脉冲于

CP 端，在表 5.7.3 中记录观察到的触发器状态。

表 5.7.2　　　　　　　　　　　双 **JK 触发器 CC4027 的逻辑功能测试**

R	S	J	K	CP	Q_{n+1}	
					$Q_n=0$	$Q_n=0$
0	0	0	0	$0 \to 1$		
				$1 \to 0$		
		0	1	$0 \to 1$		
				$1 \to 0$		
		1	0	$0 \to 1$		
				$1 \to 0$		
		1	1	$0 \to 1$		
				$1 \to 0$		

表 5.7.3　　　　　　　　　　　**T'触发器逻辑功能测试**

CP	T'	Q_n	Q_{n+1}
1	1		
2	1		
3	1		
4	1		

2. JK 触发器连接成如图 5.7.4 所示的二进制减法计数器

将两个触发器先清零，再加 4 个单脉冲于 CP 端，观察输出端 Q_2、Q_1 的状态，填入表 5.7.4 中。

注：逻辑电平输出插口和逻辑电平显示输入插口的指示灯亮，表示"1"，而指示灯灭，表示"0"。清零时 R 置"1"，S 置"0"；计数前 R 置"0"，S 置"0"。

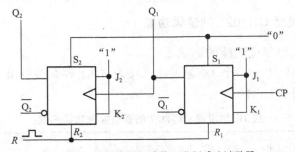

图 5.7.4　JK 触发器组成的二进制减法计数器

表 5.7.4　　　　　　　　　　　二进制减法计数器测试

CP	Q_2	Q_1
0		
1		
2		
3		
4		

在 CP 端加入 1kHz 的连续脉冲,用示波器观察并且绘出连续脉冲 CP 和 Q_2、Q_1 的波形,(CP 脉冲数要求多于 4 个,示波器观察时须注意波形翻转前后沿与上下时基须对齐)。完成表 5.7.5。

表 5.7.5　　　　　　　　　　双踪显示 CP 和输出端 Q_2、Q_1 的波形

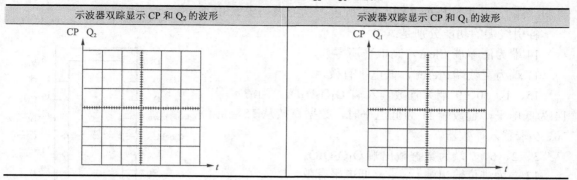

示波器双踪显示 CP 和 Q_2 的波形	示波器双踪显示 CP 和 Q_1 的波形

七　实验思考题

(1) 集成触发器一般都有直接置位端和直接复位端,它们的作用是什么?在触发器正常使用时,该两端应接 "1" 还是 "0",为什么?

(2) 如将 D 触发器转换成一个 JK 触发器,电路应如何改接?

八　实验报告

(1) 完成各触发器的功能表,小结各触发器的功能特点。

(2) 根据观察到的波形,说明 D 触发器和 JK 触发器在 CP 脉冲到来时,在触发动作的时间上有何异同?

(3) 说明实验内容 2 中由 JK 触发器构成的功能电路的逻辑功能,并画出波形图。

5.8　计数器的测试与应用

一　实验目的

(1) 了解用集成触发器构成计数器的方法。

(2) 掌握中规模集成计数器的使用、功能测试方法。

(3) 掌握用反馈置 0 法构成 N 进制加减计数器的原理和方法。

二　实验原理

计数器是一个用以实现计数功能的时序部件,还可用作数字系统的定时、分频,执行数字运算及其特定的逻辑功能。计数器的种类很多。按构成计数器的各触发器是否使用同一个时钟脉冲源来分,有同步计数器和异步计数器;根据计数制的不同,分为二进制计数器、十进制计数器和任意进制计数器;根据计数增减趋势,分为加法、减法和可逆计数器。目前,无论 TTL 还是 CMOS 集成电路,使用者只要借助于器件手册提供的功能表和工作波形图以

及引出端排列，就能正确使用这些器件。

1. 芯片 CC40192 的简介

本实验所使用的 CMOS 芯片 CC40192，是四位十进制可预置数同步加减计数器（双时钟，有清除端），其引线排列如图 5.8.1 所示，功能表如表 5.8.1 所示。

各引线端的功能分别是：

14 端为清零端 Clear，高电平清零。

11 端为置数端 $\overline{\text{Preset}}$，低电平有效。

15、1、10、9 端为置数输入端 $D_1D_2D_3D_4$。当清零端 14 为低电平，置数端 11 为低电平时，数据直接从 15、1、10、9 端置入计数器。

3、2、6、7 端为数据输出端 $Q_1Q_2Q_3Q_4$。

12 端为进位输出端 $\overline{\text{Carry}}$，低电平有效。

13 端为借位输出端 $\overline{\text{Borrow}}$，低电平有效。

4 端为减法计数脉冲输入端 ClockDown，5 端为加法计数脉冲输入端 ClockUp，皆上升沿有效。

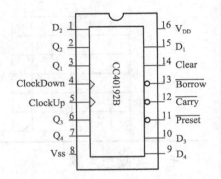

图 5.8.1 CC40192 的引线排列图

表 5.8.1 CC40192 的功能表

输 入 端								输 出 端			
Clear	$\overline{\text{Preset}}$	ClockDown	ClockUp	D_4	D_3	D_2	D_1	Q_4	Q_3	Q_2	Q_1
1	×	×	×	×	×	×	×	0	0	0	0
0	0	×	×	d	c	b	a	d	c	b	a
0	1	⤊	1	×	×	×	×	减法计数			
0	1	1	⤊	×	×	×	×	加法计数			

注：×表示任意状态。

2. 反馈置 0 法实现任意进制计数器

假设已有 N 进制计数器，而需要获得一个 M 进制计数器，只要 $M<N$，可用反馈置 0 的方法获得 M 进制计数器。图 5.8.2 为一个由 CC40192 芯片接成的六进制计数器。当输出端 $Q_4Q_3Q_2Q_1=0110$ 时，产生一个高电平的清零信号，使得输出端 $Q_4Q_3Q_2Q_1=0000$，从而实现如图 5.8.3 所示的状态循环。其中 0110 为瞬时出现的翻转过程，一旦出现 0110，计数器马上就清零，所以输出端并不显示 0110。

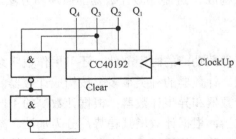

图 5.8.2 反馈置 0 法构成六进制计数器的原理图

$$0000 \longrightarrow 0001 \longrightarrow 0010 \longrightarrow 0011 \longrightarrow 0100 \longrightarrow 0101 \longrightarrow 0110 \longrightarrow \text{Clear}（清零）$$

图 5.8.3 状态循环图

3．计数器的级联

一个十进制计数器只能表示 0～9 十个数，为了扩大计数范围，常把多个十进制计数器级联后使用。同步计数器往往设有进位输出端（或借位输出端），可选用前一级计数器的进位（或借位）输出信号驱动下一级计数器。图 5.8.4 是由 CC40192 利用进位输出端（ $\overline{\text{Carry}}$ ）控制高一位的脉冲输入端（ClockUp）构成一百进制加法计数器。

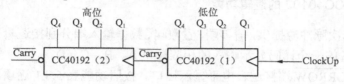

图 5.8.4 一百进制加法计数器

同样，也可以用反馈置 0 法，在一百进制基础上构成小于 100 任意进制的计数器。图 5.8.5 所示就是二十七进制的原理图。

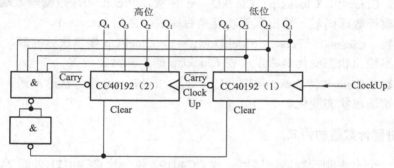

图 5.8.5 反馈置 0 法构成二十七进制的原理图

三　实验预习要求

（1）复习计数器电路的组成及工作原理。
（2）复习反馈置 0 法实现任意进制计数器的构成原理。
（3）熟悉集成计数器 CC40192 的功能、测试方法和使用方法。
（4）查阅 CC40192 芯片管脚定义、管脚排列图和功能表。

四　实验设备与仪器

数字电路实验箱、+5V 直流稳压电源、示波器、芯片 CC40192、CC4011B 或 74LS00、CC4012B 或 74LS20。

五 实验注意事项

（1）集成芯片使用的时候注意：必须先接通电源后接通信号，实验结束或者改接线路时应先撤除信号后关掉电源。

（2）在改变电路连线或插拔电路时，应切断电源，严禁带电操作。

（3）TTL 芯片管脚悬空时，相当于接入了高电平；但 CMOS 芯片输入端管脚不允许悬空。

六 实验内容与步骤

1．测试芯片 CC40192 的逻辑功能

计数脉冲由单次脉冲源提供，清零端、置数端、数据输入端分别接逻辑开关，输出端 $Q_4 \sim Q_1$ 依次接实验设备的一个译码显示输入的相应插口 A、B、C、D。

$\overline{\text{CARRY}}$ 和 $\overline{\text{BORROW}}$ 端接逻辑电平显示插口。按照功能表 5.8.1 逐项测试并判定该芯片的功能是否正常。

（1）清除。令 Clear=1，其他输入为任意态，这时 $Q_4Q_3Q_2Q_1$ ＝0000，译码器数字显示为0，清除功能完成后，置 Clear=0。

（2）置数。Clear=0，ClockUp、ClockDown 任意，$\overline{\text{Preset}}$ =0，数据输入端输入任意一组二进制数，观察计数译码显示输出预置功能是否完成，之后 $\overline{\text{Preset}}$ =1。

（3）加计数。Clear=0，$\overline{\text{Preset}}$ =ClockDown＝1，ClockUp 接单次脉冲源，清零后送入 10 个单脉冲，观察输出状态变化是否发生在 ClockUp 的上升沿。

（4）减计数。Clear=0，$\overline{\text{Preset}}$ =ClockUp＝1，ClockDown 接单次脉冲源，清零后送入 10 个单脉冲，观察输出状态变化。

2．任意进制计数器的构成

（1）设计一个七进制计数器。试用一片 CC40192 和一片 CC4012B（或 74LS20）双四输入与非门芯片设计一个七进制加法计数器，并用实验方法验证之。

（2）设计一个十三进制计数器。试用两片 CC40192 和一片 CC4012B（或 74LS20）与非门芯片设计一个十三进制加法计数器，并用实验方法验证之。

七 实验思考题

（1）四位二进制加法计数器经过怎样的改动，就可以成为四位二进制减法计数器？

（2）计数器准备计数时，如何清零？若 R 端的电平始终保持为"1"，计数器在 CP 脉冲的作用下能否计数？

八 实验报告

（1）画出七进制和十三进制计数器的原理图和状态表，说明有几个状态。

（2）使用集成计数器芯片的实验心得与体会。

5.9　时序逻辑电路的设计与测试

一　实验目的

（1）掌握时序逻辑电路的设计原理与方法。
（2）掌握时序逻辑电路的实验测试方法。

二　实验原理

该实验是基于 JK 触发器的时序逻辑电路设计，要求设计出符合一定规律的红、绿、黄三色亮灭循环显示的电路，并且在实验板上搭建实现出来。主要的设计和测试步骤如下：
（1）根据设计的循环显示要求，列出有关 $Q_3Q_2Q_1$ 状态表；
（2）根据状态表，写出各触发器的输入端 J 和 K 的状态；
（3）画出各触发器的输入端 J 和 K 关于 $Q_3Q_2Q_1$ 的卡诺图；
（4）确定各触发器的输入端 J 和 K 的最简方程；
（5）根据所得的最简方程设计相应的时序逻辑电路；
（6）在实验板上，有步骤、有次序地搭建实验电路，测试所设计的电路是否满足要求。

设计实例：

设计满足下列亮灭规律的红绿黄彩灯循环显示的时序电路，并搭建实验线路测试之。

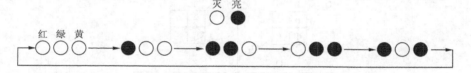

设计彩灯循环显示的步骤与要求：
（1）定义

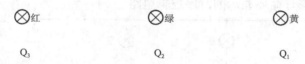

（2）列出逻辑状态表，确定各 JK 的输入端方程

计数脉冲数	$Q_3Q_2Q_1$	J_3K_3	J_2K_2	J_1K_1
0	0 0 0			
1	1 0 0			
2	1 1 0			
3	0 1 1			
4	1 0 1			
5	0 0 0			

填入满足 $Q_3Q_2Q_1$ 要求的状态循环的输入端 JK 的值，结果不唯一，但要求尽量简单。

计数脉冲数	$Q_3Q_2Q_1$	J_3K_3	J_2K_2	J_1K_1
0	0 0 0	1×	0×	0×
1	1 0 0	×0	1×	0×
2	1 1 0	×1	×0	1×
3	0 1 1	1×	×1	×0
4	1 0 1	×1	0×	×1
5	0 0 0			

注："×"表示任意态。

用卡诺图方法来确定输入端 **JK** 方程

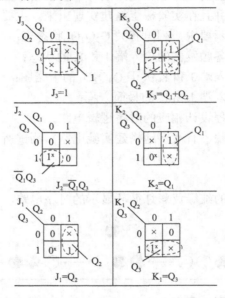

所以 $J_3=1$，　$K_3=Q_1+Q_2=\overline{\overline{Q_1}\times\overline{Q_2}}$ ；　$J_2=\overline{Q_1}Q_3$，$K_2=Q_1$；$J_1=Q_2$，$K_1=Q_3$。

（3）设计的满足彩灯循环显示的时序逻辑电路

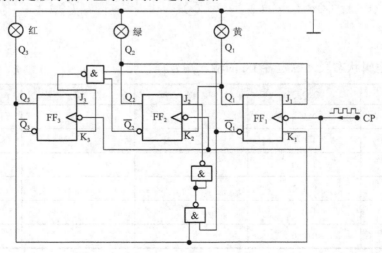

（4）完成实验实物接线图（芯片：CC4027 和 74LS00）：

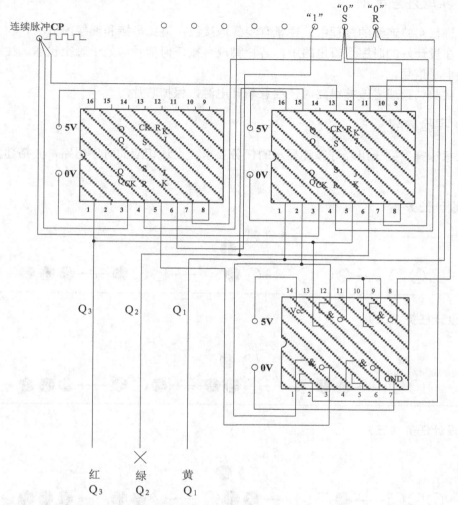

注意在实物连接时，注意有次序、有步骤地进行。

（1）连接每个芯片接上"+5V"和"0V"；

（2）将所有 JK 触发器的 R 和 S 端接在一起，给相应的电平信号；

（3）将所有 JK 触发器的 CP 端连接在一起，并输入连续脉冲；

（4）将所有 JK 触发器的输入端 J 和 K 按输入方程接相应的连线；

（5）对应地将 $Q_3Q_2Q_1$ 输出端送给定义好的红、绿、黄三色彩灯。

三 预习要求

（1）查阅芯片 CC4027B 和芯片 74LS00 的管脚定义。

（2）阅读理论教材关于时序逻辑电路的内容，掌握实验的理论基础。

四 实验设备与仪器

数字电路实验板（箱）、芯片 CC4027B、74LS00、74LS20。

五　实验注意事项

（1）进行实验连线的过程中，注意有步骤地接线，避免多接和漏接的情况。

（2）在设计好的时序逻辑电路中，若管脚没有接任何信号，处于悬空状态，注意最好给其提供高电平信号。

（3）实验结束或者改接线路时，注意断开电源，保护芯片。

六　实验内容

请任意选择下列一组彩灯循环显示的任务要求，设计相应的时序电路，并搭建实验线路测试之。

1. 设计任务（一）

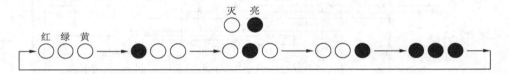

2. 设计任务（二）

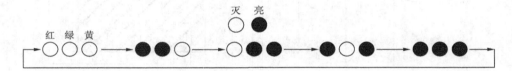

3. 设计任务（三）

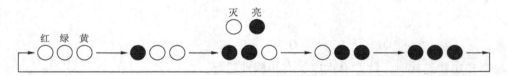

4. 设计任务（四）

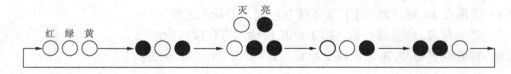

5. 设计任务（五）

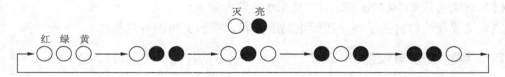

6. 设计任务（六）

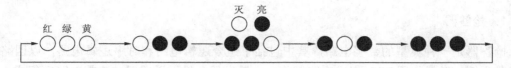

7. 设计任务（七）

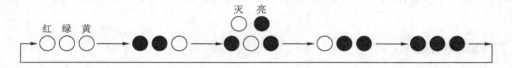

8. 设计任务（八）

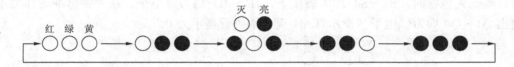

七 实验思考题

（1）实验要求设计的时序电路，可否设计成异步时序逻辑电路？这相对于同步时序逻辑电路有什么不同？

（2）能否设计一个时序逻辑电路，若初态为"000"是一个"000→001→010→011"循环的加法计数器，若初态为"111"是一个"111→110→101→100"循环的减法计数器？试设计之。

八 实验报告

（1）根据实验内容的设计要求，完成实验时序电路的设计和测试。

（2）小结时序逻辑电路的设计思路与测试方法。

（3）实验的心得与体会。

5.10 数字测试及显示综合实验

一 实验目的

（1）掌握组合逻辑电路和时序逻辑电路的设计原理与方法。

（2）掌握一些中、小规模集成芯片的使用和功能测试。

（3）熟悉抢答器的工作原理。

（4）了解简单数字系统实验、调试及故障排除方法。

二 实验原理

1．抢答器

抢答器是一种典型的数字电路，其中包括了组合逻辑电路和时序逻辑电路。以四路数显抢答器为例，考虑使用 TTL 集成电路制作，由触发器、显示译码器、清零电路等组成，用发光二极管作为显示指示灯，显示抢答的组别。有人抢答后能自动闭锁其他电路的输入，使其他组再按开关时失去作用。设计的重点在于考虑如何在第一人按下按键后封锁其他人的信号传送。

2．四路抢答器

四路抢答器由四 D 触发器、与非门及脉冲触发电路等组成，如图 5.10.1 所示。四 D 触发器的输入端接抢答人的按钮，4 个输出端接 4 个显示灯。四 D 触发器具有共同的时钟端和清除端。当无人抢答时，S1~S4 均未被按下，1D~4D 均为低电平，在时钟脉冲的作用下，4 个输出 Q1~Q4 均为低电平，指示灯 Y1 灭，数码管显示为 0。

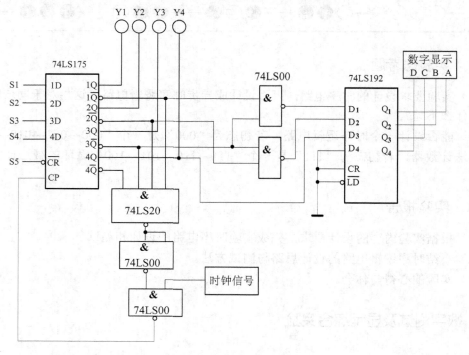

图 5.10.1 抢答器设计原理图

当有人抢答时，如 S3 被按下时，3D 输入端被变成高电平，在时钟脉冲作用下，3Q 立即变为高电平，对应的指示灯 Y3 发光，同时数码显示为 3，$3\overline{Q}$ 则变为低电平 0，经过与非门后将时钟脉冲封锁，此时送给 D 触发器的时钟端不再有脉冲信号，所以 D 触发器输出也不再变化，其他抢答者再按下按钮也不起作用，从而实现了抢答。若要清除，则由主持人按 S5 按钮清零完成，并为下一次抢答做好准备。

3．数码显示部分

前面所述抢答结果通过发光二极管显示，选手相应指示灯亮表示抢答成功。若要显示选手编号，则需要通过与非门和 74LS192 芯片以及七段字形译码器来实现。将输出信号的数码显示转换值填入表 5.10.1 中。

表 5.10.1　　　　　　　　　　　　　输出信号的数码显示转换

1 号选手	2 号选手	3 号选手	4 号选手	输出数码显示			
Y1	Y2	Y3	Y4	A	B	C	D
1				1	0	0	0
	1			0	1	0	0
		1		1	1	0	0
			1	0	0	1	0

将 74LS192 芯片置为置数功能，这样则由数据输入端决定输出，数据输入端满足：

$D1 = \overline{\overline{Y1} \cdot \overline{Y3}}$；$D2 = \overline{\overline{Y2} \cdot \overline{Y3}}$；$D3 = Y4$；$D4 = 0$

三　预习要求

（1）查阅芯片 74LS175（74 LS74）、74LS192 和芯片 74LS00、74LS20 的管脚定义。
（2）阅读理论教材关于组合逻辑电路和时序逻辑电路的内容，掌握实验的理论基础。

四　实验设备与仪器

数字电路实验板（箱）、芯片 74LS175（74LS74）、74LS192、74LS00、74LS20。

五　实验注意事项

（1）连接电路时，应检查插线是否良好导通。实验连线的过程中，注意有步骤地接线，并逐段进行测试，避免多接和漏接的情况。
（2）本实验中采用的是按钮开关，即常开按钮，按下按钮则开关闭合，松开则断开。这样可避免按钮一直闭合时信号的干扰。
（3）注意多余管脚的处理。
（4）实验结束或者改接线路时，注意断开电源，保护芯片。

六　实验内容与步骤

（1）测试芯片 74LS175（74LS74）、74LS00、74LS20 功能。设计一个抢答器可供 4 名参赛选手使用。选手编号分别为 1～4 号，各队分别用一个开关控制（分别为 S1～S4），并设置一个实现系统清零和抢答控制的开关 S5。该开关由主持人控制。当主持人控制开关闭合时，抢答器清零，断开则允许抢答，输入抢答信号由抢答开关 S1～S4 实现。
（2）设计的抢答器应具有数据锁存功能，并将锁存数据用发光二极管指示灯显示出来。
（3）测试芯片 74LS192 功能，设计有七段字型显示的数显电路。有抢答信号输入（开关 S1～S4 中任意一个开关被按下）时，由数码显示管显示出相对应的组别号码。此时再按任何一个抢答按钮均无效，指示灯仍保持第一个开关按下时所对应的状态不变。

（4）重复实验步骤（1）～（3）的内容，改变 S1～S4 任一个开关的状态，观察抢答器的工作情况。

（5）试用 8D 触发器和八输入与非门电路实现多位选手抢答电路。

七　实验思考题

（1）本实验中抢答开关若采用拨码开关，和按钮开关有何区别？

（2）抢答器的效果由振荡频率决定，分析频率高低对抢答效果的影响。

（3）抢答的显示方式还可以采取什么形式？

八　实验报告

（1）完成电路设计报告一份。

（2）画出实验电路接线图，并注意在电路图上标出所用芯片的型号和管脚。

（3）分析实验中所遇到的现象。

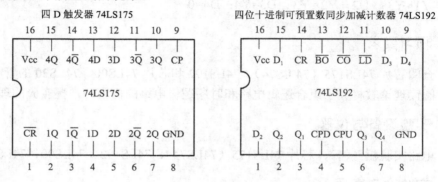

图 5.10.2　5.10 小节附图

第三篇
电工技术实训

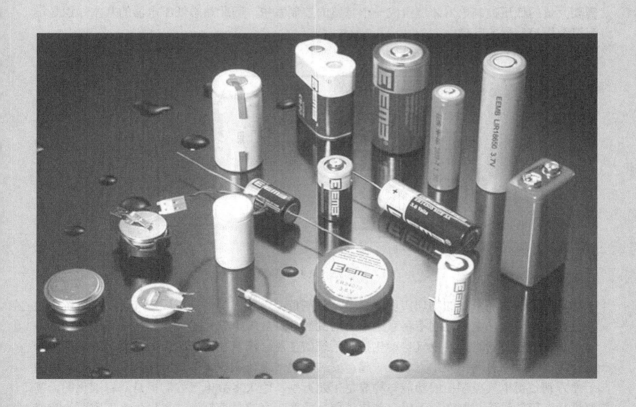

第 6 章　低压电器控制线路的安装与调试

在工矿企业的电气控制设备中，采用的基本上都是低压电器。常用低压电器、可编程控制器和执行电器构成在一个完整的机械设备控制系统，如图 6.0.1 所示。因此，低压电器是电气控制中的基本组成元件，控制系统的优劣和低压电器的性能有直接的关系。作为工程技术人员，应该熟悉低压电器的结构、工作原理和使用方法。可编程控制器在电气控制系统中需要大量的低压控制电器才能组成一个完整的控制系统，因此熟悉低压电器的基本知识是学习可编程控制器的基础。

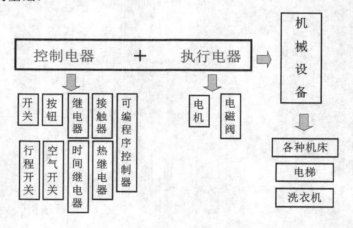

图 6.0.1　机械设备电气组成示意图

机械设备控制系统的物理实现即是电气控制柜。电气控制柜是工厂电气自动化系统中最常见的主体装置，电气控制柜将系统中所用到的各种传统电气元器件、现代智能化控制设备等组装在一起，同时也将电气自动化控制系统的控制、测量、信号、保护、调节等功能组合在一起、将各种自动化技术集成在一起，安装在生产现场或控制室内。由于工业控制对象的千差万别使得电气控制柜的功能与构成也千差万别，绝大多数电气控制柜是非标准化的，需要进行专门的设计与制造。不仅自动化工程公司要为客户量身打造，主机生产厂家要为自己的产品配套生产电气控制柜，就是工厂用户自己也常因为生产工艺更新生产设备升级需要改造原有电控柜或组装新的电气控制柜。因此，初步掌握设计、组装、调试、使用与维护电气控制柜成为从事专业技术人员必须具备的职业能力。

本章讲述的实训项目所使用的实训展板，可以看成是一套简单的电气控制柜系统。介绍常用低压电器、电气原理图的绘制与识图、电气故障检修方法以及低压电器控制线路的安装与调试实训。

6.1　常用低压电器

低压电器是指额定电压等级在交流 1200V、直流 1500V 以下的电器。在我国工业控制电路中最常用的三相交流电压等级为 380V，只有在特定行业环境下才用其他电压等级，如煤矿井下的电钻用 127V，运输机用 660V，采煤机用 1140V 等。单相交流电压等级最常见的为 220V，机床、热工仪表和矿井照明等采用 127V 电压等级，其他电压等级如 6V、12V、24V、36V 和 42V 等一般用于安全场所的照明、信号灯以及作为控制电压。直流常用电压等级有 110V、220V 和 440V，主要用于动力；6V、12V、24V 和 36V 主要用于控制；在电子线路中还有 5V、9V 和 15V 等电压等级。常用低压电器产品如图 6.1.1 所示。

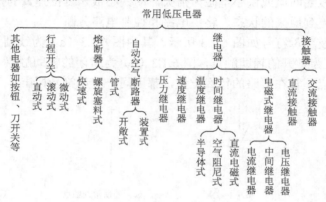

图 6.1.1　常用低压电器产品

6.1.1　接触器

接触器是一种通过电磁机构动作控制触点闭合或断开，频繁地接通和断开有负载主电路的远距离操作、自动切换电器。它的控制容量大，具有欠压保护功能，在电力拖动系统中应用广泛，按其主触头通过的电流种类的不同，分为交流接触器和直流接触器两类。

本章将介绍交流接触器，直流接触器结构及工作原理与交流接触器基本相同。交流接触器主要由电磁系统、触头系统、灭弧系统等部分组成，其实物、结构及原理示意如图 6.1.2 所示。

交流接触器的电磁系统由线圈、静铁心、动铁心（衔铁）和弹簧等组成，作用是操纵触点的闭合和分断，实现接通或断开电路的目的。为了消除铁心的颤动和噪声，在铁心端面的一部分套有短路环。触点系统由静触点和桥式动触点组成，根据用途不同，交流接触器的触点分主触点和辅助触点两种。主触点面积较大，能通过的电流大，常接于主回路中控制三相负载；辅助触点由常开和常闭触点组成，面积较小，用于接通和分断较小电流，常接在控制回路中。为了减轻切断较大感性负载时电弧对触点的烧蚀，主触点之间必须采用灭弧装置。

（a）实物图

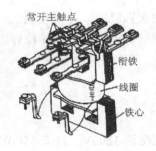
（b）结构图

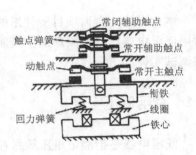
（c）原理示意图

图 6.1.2　交流接触器的实物及结构图

当交流接触器的线圈通电后产生的电磁吸力将动铁心吸下，动铁心带动桥式动触点下移，与下铁心吸合，使常闭触点断开，而常开触点闭合，主触头将主电路接通，辅助触头则接通或分断与之相连的控制电路。

当交流接触器线圈断电或铁心电磁力消失，动铁心依靠复位弹簧的作用恢复到原来的位置，触点系统也恢复到原来的状态，将主电路和控制电路分断。

接触器的图形及字母符号如图 6.1.3 所示。其中图 6.1.3（a）为线圈，图 6.1.3（b）为主触点，图 6.1.3（c）为常开的辅助触点，图 6.1.3（d）为常闭的辅助触点。绘制电路图时，同一接触器的线圈触点不管在电路的什么位置，都用同一字母符号标出。

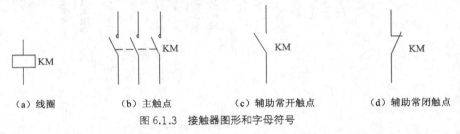

（a）线圈　　　　　（b）主触点　　　　　（c）辅助常开触点　　　　　（d）辅助常闭触点

图 6.1.3　接触器图形和字母符号

选用接触器时，应注意其线圈的电源种类（交流还是直流）及额定电压、主触点控制电源的种类（交流还是直流）及额定电压电流、辅助触点的种类（常开还是常闭）数量等。目前国产的交流接触器主要有 CJ10、CJ12、CJ20、3TB 等系列，电磁线圈的额定电压有 110V、127V、220V、380V，主触点的额定电流有 5A、10A、20A、40A、60A、100A、150A 等。

6.1.2　继电器

继电器是一种根据特定输入信号（如电流、电压、时间、温度和速度等）而动作的自动控制电器，它一般不直接控制主电路，而是通过接触器或其他电器对主电路进行控制。常用的有中间继电器、热继电器、时间继电器等。

1．中间继电器

中间继电器通常用来传递信号和同时控制多个电路，也可直接用来控制小容量电动机或其他电气执行元件。中间继电器的结构和工作原理与交流接触器基本相同，主要区别是交流接触器的主触点可以通过大电流，而中间继电器的触点数目多，无主辅触点之分且触点容量小，只允许通过小电流，一般不超过 5A。所以中间继电器一般只能用于控制电路中。选用中间继电器时，主要考虑电磁线圈额定电压等级及常开、常闭触点的数量。图 6.1.4 (a) 为 JZ7 电磁式中间继电器的外形图，图 6.1.4 (b)、(c) 分别为线圈和触点的符号。

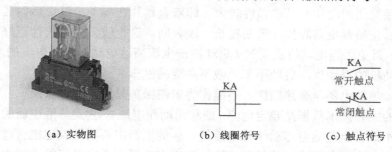

（a）实物图   （b）线圈符号   （c）触点符号

图 6.1.4 中间继电器的实物图、图形和字母符号

2．热继电器

热继电器主要用于电动机的过载保护、短相保护、电流不平衡运行的保护及其他电气设备发热状态的控制。

热继电器的实物、结构及图形文字符号如图 6.1.5 所示。主要由发热元件、双金属片、触点、复位按钮和整定电流装置等组成。

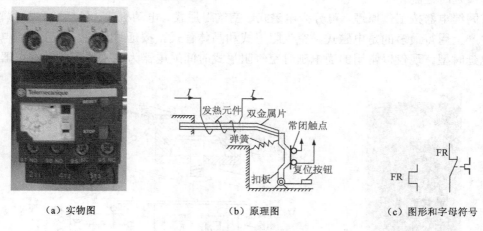

（a）实物图   （b）原理图   （c）图形和字母符号

图 6.1.5 热继电器原理性结构图和符号

热继电器是利用电流的热效应而动作的。热元件串联于电动机的主回路中，是一段阻值不大的电阻丝，将它绕在双金属片上。双金属片是由两种具有不同膨胀系数的金属辗压而成，下层金属膨胀系数大，上层金属膨胀系数小。双金属片一端是固定的，另一端为自由端。而置于双金属片的自由端扣板上的常闭触点串联于控制回路中。当电动机正常工作时，通过热元件的电流小，金属片不膨胀，常闭触点不会动作。若电动机长时间过载时，主回路电流增大，热元件上通过的电流大，从而产生的热量大，双金属片被烤热，受热膨胀向上弯曲而使自由端脱扣，扣板在弹簧的拉力下，使常闭触点断开，从而断开控制回路，使线圈失电，电动机停转。

热继电器动作后的复位，必须等待双金属片冷却后，按一下复位按钮，使双金属片和扣板恢复原始状态。

一个热继电器可能有 2 个或 3 个热元件，分别接在电动机的 2 根或 3 根电源线中。由于双金属片是间接受热而动作，其热惯性较大，即双金属片在电动机过载后到其温度升至产生弯曲运动，最后使热继电器脱扣，需要较长一段时间，这个较大的热惯性正好符合电动机过载保护的要求，避免了当电动机启动时（启动冲击电流高达电动机额定电流的 4～7 倍）或短时间过载时电动机的误动作：启动不了或做不必要的停车。

应当注意，热继电器具有热惯性，不能作为短路保护只能作为过载保护。

热继电器的主要技术数据是整定电流（或称为动作电流），它是热继电器的热元件能够长期通过、但又不致引起热继电器动作的电流值。热继电器主要根据整定电流选用，使用时通过调节它的整定电流调节旋钮，使热继电器的整定电流稍大于电动机的额定电流。当电动机的电流超过额定电流的 20% 时，热继电器应在 20min 内动作；当超过 50% 额定电流时，热继电器应小于 2min 动作。

3．时间继电器

时间继电器是一种利用电磁原理或机械动作原理实现触点延时接通或断开的自动控制电器。它的特点是当它接受到信号后，经一段时间延时，其触点才动作，因此通过时间继电器可以实现延时控制。

时间继电器按工作原理，可分为电磁式、空气阻尼式、电动机式、钟摆式和晶体管式等，目前生产上用得最多的是电磁式、空气阻尼式和晶体管式。按延时类型，可分为通电延时型和断电延时型。现仅以常用的通电延时空气阻尼式时间继电器为例来说明时间继电器的工作原理。

 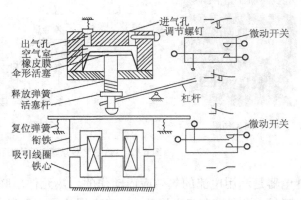

（a）实物图　　　　　　　　　　　（b）结构原理图

图 6.1.6　通电延时的空气式时间继电器

图 6.1.6 是通电延时空气阻尼式时间继电器的实物和结构原理图。它利用空气的阻尼作用达到动作延时的目的，当线圈通电后将衔铁向下吸合，使衔铁与活塞杆之间有一段距离，在释放弹簧的作用下，活塞杆向下移动。由于伞形活塞的表面固定有一层橡皮膜，当活塞下移时，膜上面将会造成空气稀薄的空间。受到下面空气的压力，活塞不能迅速下移，当空气由进气孔进入，活塞才逐渐下移。移到位时，杠杆使微动开关动作。延时时间即从线圈通电

到微动开关作的时间间隔，可通过调节进气孔螺钉来改变进气量，从而调节延时时间的长短。时间继电器在吸引线圈断电后，依靠恢复弹簧的恢复作用而使动铁心弹起，微动开关中的触点复原，空气由出气孔被迅速排出。

时间继电器有两个延时触点，一个是延时断开的常闭触点，一个是延时闭合的常开触点，另外还有两个瞬时动作的常开触点和常闭触点。时间继电器也可以做成断电延时型的，只要把通电延时型的铁心倒装，通电延时继电器就能成为断电延时继电器。（读者可以查看相关资料。）

时间继电器的图形符号及文字符号如图 6.1.7 所示。

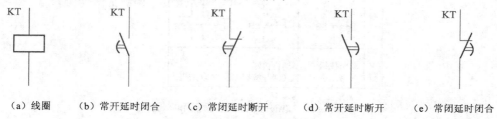

KT	KT	KT	KT	KT
（a）线圈	（b）常开延时闭合	（c）常闭延时断开	（d）常开延时断开	（e）常闭延时闭合

图 6.1.7　时间继电器图形和字母符号

使用时间继电器应注意下面几点：

（1）根据控制线路要求的延时范围和精度选择时间继电器的类型和系列。在延时精度要求不高的场合，一般选择价格较低的空气阻尼时间继电器；反之，对精度要求较高的场合，可选用晶体管式时间继电器。

（2）根据控制电路的工作电压来选择时间继电器吸引线圈的电压。

（3）根据控制线路的要求选择时间继电器的延时方式（通电延时或断电延时）。同时，还必须考虑线路对瞬动触点的要求。

（4）时间继电器应按说明书规定的方向安装。无论是通电延时型还是断电延时型，都必须使继电器在断电后，释放时动铁心的运动方向垂直向下，其倾斜度不超过 5°。

6.1.3　按钮

按钮是一种主令电器，是可以自动复位的手动控制开关。在一般情况下不直接控制主电路的通断，而是在控制电路中发出"指令"去控制接触器或继电器的动作。另外，一些短时或点动方式工作的设备常用按钮控制。实物如图 6.1.8 所示。

图 6.1.8　各式按钮开关

按钮由按钮帽、复位弹簧、桥式动触点、静触点和外壳等组成，其触点导电容量很小，不能控制大电流通断。

在实际应用过程中，按钮可分为动断（NC）按钮（常闭按钮）、动合（NO）按钮（常开按钮）及复合按钮（动断、动合组合为一体的按钮）。按钮开关的结构如图 6.1.9 所示。

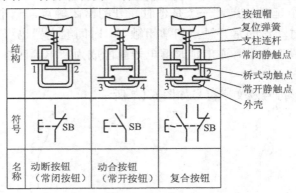

图 6.1.9　按钮开关结构图、图形和字母符号

复合按钮的动作过程如下：按下按钮帽，动触点（桥式）下移，动断触点先断开，动合触点后闭合。松开按钮帽，在复位弹簧作用下动触点上移复位，动合触点先断开，动断触点后闭合。

在按钮触点切换过程中，总是原先闭合的触点先断开，而原先断开的触点后闭合，这种"先断后合"的特点，可以用来实现控制电路中联锁的要求。

在接线前，需要先用万用表电阻挡测量来判别动合及动断触点，在按钮未被按下的情况下，电阻为"0"是动断触点，电阻为"∞"的是动合触点。

6.1.4　空气开关

空气开关又叫断路器，它主要由触点、灭弧装置、操作机构和保护装置（各种脱扣器）等组成，空气开关的实物如图 6.1.10 所示，工作原理图如图 6.1.11 所示，电气符号如图 6.1.12 所示。

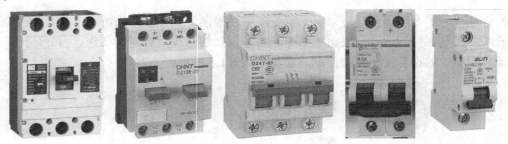

图 6.1.10　各种空气开关（断路器）

空气开关除开关作用外，还具有短路、过载和欠压等多种保护功能，动作后不需要更换元件，其过载保护采用与热继电器相类似的热结构，短路保护采用电磁结构，脱扣器动作电流可按需要整定，工作可靠，安装方便，分断能力较强，因此它被广泛应用于各种动力配电设备的电源开关、线路总电源开关和机床设备中。

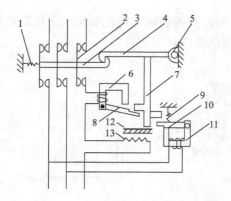

图 6.1.11 空气断路器的工作原理图

图 6.1.12 空气开关图形和字母符号

1、9——弹簧;2——主触点;3——锁键;4——自由脱扣机构;
5——轴;6——过电流脱扣器;7——杠杆;8、10——衔铁;
11——欠电压脱扣器;12——双金属片;13——热脱扣器

空气开关适用于交流电压 500V、直流电压 440V 以下的电气装置,额定电流有 40A、60A、100A、250A、600A 等。当电路发生短路、严重过载以及失压时,它能自动切断电路,这样在电压重新建立时必须重新合闸,以防负载因突然来电而造成事故,有效地保护电气设备。在正常情况下,空气开关也可用于不频繁接通和断开电路及控制电动机。

选用空气开关的主要技术参数如下所述。

(1)开关的额定电压和额定电流应当不小于电路的正常工作电压和实际的工作电流。

(2)热脱扣器的额定电流应与所控制负载的额定电流一致。

(3)电磁脱扣器的瞬时动作整定电流应当大于负载电路正常工作时可能出现的峰值电流,如电动机的启动电流。

6.1.5 刀开关

刀开关主要用于电路的隔离、转换及接通和分断,常用的主要有胶盖闸刀开关、铁壳开关和组合开关。

1. 胶盖闸刀开关

胶盖闸刀开关又叫开启式负荷开关,一般用于不频繁操作的低压电路中,用作接通切断电源,或用来将电路与电源隔离,有时也用来控制小容量电动机(380V,5.5kW)的启动与停止。胶盖闸刀开关由闸刀(动触点)、静插座(触点)、手柄和陶瓷绝缘底板等组成,胶盖用来防止切断电路时产生的电弧短路,还可以防止电弧烧伤操作人员。其外形结构及文字、图形如号如图 6.1.13 所示。闸刀开关按极数分为单极、双极、三极 3 种,每种又有单投与双投之分。

安装闸刀开关时,电源线应接在开关的静触点上,负荷线接闸刀下侧熔丝的出线端,以确保闸刀开关切断电源后闸刀和熔丝不带电。在垂直安装时,手柄向上合为接通电源,向下拉为断开电源,不能反装,否则闸刀松动自然落下而误将电源接通。

选用胶盖闸刀开关主要考虑电路额定电压和极数、额定电流、负载性质等因素。一般其额定电压应等于或大于电流额定电压;额定电流应等于或大于其所控制的最大负荷电流。用于直接起停 5.5kW 及以下的三相异步电动机时，闸刀开关的额定电流必须大于电动机额定电流的 3～5 倍。用于单相电路选择两极开关，三相电路选择三相开关。

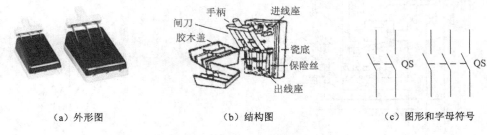

（a）外形图 　　　　（b）结构图 　　　　（c）图形和字母符号

图 6.1.13　刀开关的结构与符号

由于闸刀开关没有专门的灭弧装置，因此不宜用于频繁操作的电路。

2．组合开关

组合开关又称转换开关，是一种转动式闸刀开关，主要用于手动不频繁接通或切断电路、换接电源和控制小型（5kW 以下）鼠笼式三相异步电动机的启动、停止、正反转或用于局部照明线路中，主要要用于机床控制电路中。组合开关的外形、结构和图形、文字符号如图 6.1.14 所示。

组合开关的内部有 3 个静触点，分别用三层绝缘垫板相隔，各自附有连线的接线柱。3 个动触点相互绝缘，与各自的静触点相对应，套在共同绝缘杆上，绝缘杆的一端装有操作手柄。转动手柄，动触点随转轴旋转而变通、断位置，即可完成 3 组触点之间的开合或切换。开关内装有速断弹簧，以提高分断速度。

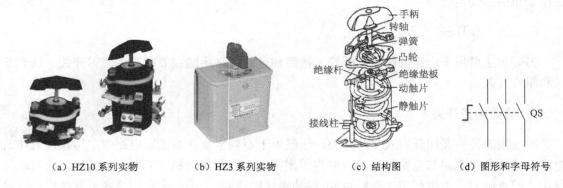

（a）HZ10 系列实物 　（b）HZ3 系列实物 　（c）结构图 　（d）图形和字母符号

图 6.1.14　组合开关的结构

组合开关按通、断开类型可分为同时通断和交替通断两种；按转换极数分为单极、双极、三极、四极。常用组合开关有 HZ 系列，其额定电压为 380V，额定电流有 10A、25A、60A 和 100A 等多种。选用组合开关应根据电源种类、电压等级、所需触点数、接线方式和负载容量来选择。用于直接控制异步电动机的正、反转时，开关额定电流一般取电动机额定电流的 1.5～2.5 倍。与刀开关相比，组合开关具有体积小、使用方便、通断电路能力强等优点。

6.1.6　熔断器

熔断器又称保险丝，在低压线路中是简单常用的短路保护装置。熔断器一般将熔体装在绝缘材料制成的管壳内，里面充填灭弧材料，两端用导电材料连接而成。熔断器中的熔片或熔丝一般由熔点低、易熔断、导电性能好的铅锡合金材料或用截面积很小的导体铜、银等制成。当电路发生短路或严重过载时，电流变大，熔体发热使温度达到熔断温度而自动熔断，从而切断电源。熔断器的最大特点是结构简单，使用方便，价格低廉，很有实用意义。

图 6.1.15　熔断器的图形及字母符号

常用的熔断器有：插入式熔断器、螺旋式熔断器、管式熔断器及填料式熔断器。图 6.1.15 为熔断器电路符号图。图 6.1.16 为各种熔断器实物图。

（a）RT0 有填料封闭管式刀形触头熔断器　　（b）RL1 螺旋式熔断器实物图　　（c）快速熔断器实物图

（d）玻璃管熔断器及座

图 6.1.16　各种熔断器实物图

熔体额定电流的选择方法如下。

（1）对于照明等没有冲击电流的负载，熔体的额定电流 I_N 等于或稍大于线路负载电流 I，即 $I_N \geq I$；

（2）单台鼠笼式三相异步电动机，为防止启动过程中较大的启动冲击电流将熔丝熔断，产生误动作，熔体额定电流 $I_N \geq \dfrac{I_{st}}{2 \sim 2.5}$，式中 I_{st} 为电动机的启动电流。熔丝电流大小可根据经验按电动机额定功率的 4～5 倍直接估算。例如，一台三相异步电动机的功率为 4kW，可选择 16～20A 的熔丝。

（3）几台电动机合用时熔体额定电流 $I_N \geq$（1.5～2.5）倍容量最大电动机的额定电流＋其余电动机的额定电流之和。

6.1.7　行程开关

行程开关也称位置开关，其作用与按钮开关相同，只是触点的动作不靠手动控制，而是用生产机械运动部件的碰撞使触点动作来实现接通或断开控制电路，达到一定的控制目的。通常，行程开关被用来限制机械运动的位置或行程，使运动机械按一定位置或行程自动停止、反向运动、变速运动或自动往返运动等。

行程开关实物如图 6.1.17 所示，其电路符号、结构如图 6.1.18 所示。行程开关由操作头、触点系统和外壳组成。它有一对动断触点和一对动合触点。当机械运动部件撞击推杆时，推杆下移将动断触点断开，动合触点闭合。撞击力去掉（运动部件离去），在复位弹簧作用下，推杆回到原来位置，触头恢复常态。

图 6.1.17　各种行程开关实物图

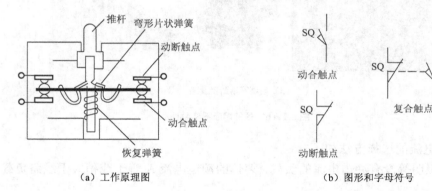

（a）工作原理图　　　　　　　　　　（b）图形和字母符号

图 6.1.18　行程开关工作原理图、图形和字母符号

6.2　电气控制系统的绘图、识图及故障检修

电气控制系统是由许多电器元件按一定要求连接而成的。为了表达电气控制系统的结构组成、原理等设计意图，同时也为了便于系统的安装、调试、使用和维修，将电气控制系统中的各电器元件的连接用一定的图形表达出来，这种图就称为电气控制系统图。

常用的电气控制系统图有 3 种，即电气原理图、电器布置图和安装接线图。

（1）电气原理图是用来表示电路中各电器元件的导电部件的连接关系和工作原理。它是为了便于阅读与分析控制线路，根据简单、清晰的原则，采用电器元件展开的形式绘制而成的图。电气原理图并不按照电器元件的实际位置绘制，也不反映电器元件的大小，其作用是便于详细了解工作原理，指导系统或设备的安装、调试与维修。

（2）电器布置图主要是用来表明电气设备上所有电器元件的实际位置，为设备的安装及维修提供必要的资料。布置图可根据系统的复杂程度集中绘制或分别绘制。常用的有电气控制箱中的电器元件布置图和控制面板布置图等。

（3）电气安装接线图主要用于电器的安装接线、线路检查、维修和故障处理。通常接线图与电气原理图及元件布置图一起使用。接线图中需表示出各电器项目的相对位置、项目代号、端子号、导线号和导线型号等内容。图中的各个项目（如元件、部件、组件、成套设备等）可采用其简化外形（如正方形、矩形、圆形）表示，简化外形旁应标注项目代号，并与电气原理图中的标注一致。

6.2.1　电气原理图的绘制原则

电气原理图遵循下述原则绘制：

（1）电气原理图中，同一电器元件的各个部件按其在电路中所起的作用，用同一个文字符号表示，它们的图形符号可以不画在一起，但在图形符号旁代表同一元件的文字符号必须相同。

（2）电气原理图中所有电器触点均按没有通电或没有外力作用时的状态绘制，行程开关均按挡块碰撞前的状态绘制。

（3）电气原理图中应将电源电路、主电路、控制电路和信号电路分开绘制。电源电路绘成水平线，相序 L1、L2、L3 由上而下排列，中线 N 和保护地线 PE 放在相线下面；主电路画左侧，并用粗线垂直电源电路画出；控制电路和信号电路画右侧并垂直画在水平电源线上，用细线。

（4）控制触点应连接在电源水平线与耗电元件之间。

（5）绘制电气原理图时，各种电气元件必须采用国家近期颁布的文字符号和图形符号。

（6）电路或元器件应按功能布置，尽可能按动作顺序依次排列，尽可能减少线条和避免交叉线。

（7）有机械联系的元件用虚线连接。

（8）事故、备用、报警开关应表示在设备正常使用时的位置，如在特定位置时，则在图上应有说明。

6.2.2　电气原理图的读图方法

如果对一台设备进行安装、调试、维修或改造。必须要首先看懂其电气图，其中最主要的是电气原理图。在阅读电气原理图以前，必须对控制对象的功能、操作及工艺要求有所了解，尤其对机、液（或气）和电配合得比较密切的生产机械，单凭电气线路图往往不能完全看懂其控制原理，只有了解了有关的机械传动和液压（或气压）传动的工艺过程和控制要求后，才能搞清全部控制过程。常用的分析方法有查线读图法和逻辑代数法两种。

1．查线读图法

（1）了解电气图的名称及用途栏中有关内容：凭借有关的电路基础知识，对该电气图的类型、性质和作用等内容有大致了解。

（2）分析主电路：通常从下往上看，即从电动机和电磁阀等执行元件开始，经控制元件，顺次往电源看。要搞清执行元件是怎样从电源取电的，电源经过哪些元件到达负载的。在主电路中，还可以看出有几台电动机，各有什么特点，是哪一类的电动机，采用什么方法启动，是否要求正反转，有无调速和制动要求等。

（3）分析控制电路：如果控制电路比较简单，可根据主电路中各电动机和电磁阀等执行电器的控制要求，逐一找出控制电路中的控制环节即可分析清楚其工作原理。如果控制电路比较复杂，一般可以分拆成几部分来分析，把整个控制电路"化整为零"分成一些基本的单元电路，分析起来就比较方便。

（4）分析辅助电路：辅助电路如电源显示、工作状态显示、照明和故障报警等部分，大多由控制电路中的元件控制，所以在分析时，还要对控制电路与辅助电路的联系进行分析。

（5）分析联锁和保护环节：机床对于安全性和可靠性有很高的要求，为了实现这些要求，除了合理地选择拖动和控制方案外，在控制线路中还设置了一系列电气保护和必要的电气联锁，这些联锁和保护环节必须弄清楚。

（6）总体检查：经过"化整为零"的局部分析，逐步分析了每一个局部电路的工作原理及各部分之间的控制关系之后，还必须用"集零为整"的方法，检查整个控制线路，看是否有遗漏。特别要从整体角度去进一步检查和理解各控制环节之间的联系，以理解电路中每个电气元件的名称及其作用。

2．逻辑代数法

由接触器、继电器组成的控制电路中，电器元件只有两种状态，线圈通电或断电，触点闭合或断开。而在逻辑代数中，变量只有"1"和"0"两种取值。因此，可以用逻辑代数来描述这些电器元件在电路中所处的状态和连接方法。

（1）电器元件的逻辑表示：继电器、接触器线圈通电状态为"1"，断电状态为"0"，继电器、接触器、按钮、行程开关等电器元件触点闭合时状态为"1"，断开时状态为"0"。元件线圈、常开触点用原变量表示，如接触器用 KM、继电器用 KA、行程开关用 SQ 等，而常闭触点用反变量表示，如 $\overline{KM}$、$\overline{KA}$、$\overline{SQ}$ 等。若元件为"1"状态，则表示线圈通电，常开触点闭合或常闭触点断开；若元件为"0"状态，则相反。

（2）电路的逻辑表示：电路中，触点的串联关系可用逻辑"与"表示，即逻辑乘（•）；触点的并联用逻辑"或"表示，即逻辑加（+）。需要说明的是，实际电路的逻辑关系往往比本例复杂得多，但都是以"与""或""非"为基础的。有些复杂电路，通过对其逻辑表达式的化简，可使线路得到简化。

6.2.3　电气故障检修

1．检修前的故障调查

当机械发生电气故障后，切忌盲目随便动手检修。在检修前，通过问、看、听、摸来了解故障前后的操作情况和故障发生后出现的异常现象，以便根据故障现象判断出故障发生的部位，进而准确地排除故障。

问：询问操作者故障前后电路和设备的运行状况及故障发生后的症状，如故障是经常发生还是偶尔发生；是否有响声、冒烟、火化、异常振动等征兆；故障发生前有无切削力过大和频繁的启动、停止、制动等情况；有无经过保养检修或改动线路等。

看：察看故障发生前是否有明显的外观征兆，如各种信号；察看指示装置的熔断器的情况；保护电气脱扣动作；接线脱落；触点烧蚀或熔焊；线圈过热烧毁等。

听：在线路还能运行和不扩大故障范围、不损坏设备的前提下，可通电试车，细听电动机、接触器和继电器等电器的声音是否正常。

摸：在刚切断电源后，尽快触摸检查电动机、变压器、电磁线圈及熔断器等，看是否有过热现象。

2．逻辑分析法确定并缩小故障范围

检修简单的电气控制线路时，对每个电器元件、每根导线逐一进行检查，一般能很快找到故障点。但对复杂的线路而言，往往有上百个元件，成千条连线，若采取逐一检查的方法，不仅需耗费大量的时间，而且也容易漏查。在这种情况下，若根据电路图，采用逻辑分析法，对故障现象作具体分析，划出可疑范围，提高维修的针对性，就可以收到又准又快的效果。分析电路时，通常先从主电路入手，了解工业机械各运动部件和机构采用了几台电动机拖动，与每台电动机相关的电器元件有哪些，采用了何种控制，然后根据电动机主电路所用电器元件的文字符号、图区号及控制要求，找到相应的控制电路。在此基础上，结合故障现象和线路工作原理，进行认真分析排查，即可迅速判定故障发生的可能范围。

当故障的可疑范围较大时，不必按部就班地逐级进行检查，这时可在故障范围内的中间环节进行检查，判断故障究竟是发生在哪一部分，从而缩小故障范围，提高检修速度。

3．故障范围进行外观检查

在确定了故障发生的可能范围后，可对可能范围内的电器元件及连接导线进行外观检查，例如，熔断器的熔体熔断，导线接头松动或脱落；接触器和继电器的触点脱落或接触不良，线圈烧坏使表层绝缘纸烧焦变色，烧化的绝缘漆流出，弹簧脱落或断裂；电气开关的动作机构受阻失灵等，都能明显地表明故障点所在。

4．试验法进一步缩小故障范围

经外观检查未发现故障点时，可根据故障现象，结合电路图分析故障原因，在不扩大故障范围、不损伤电气和机械设备的前提下，进行直接通电试验，或除去负载通电试验，以分清故障可能是在电气部分还是在机械部分；是在电动机上还是在控制设备上；是在主电路上还是在控制电路上。一般情况下先检查控制电路，具体做法是：操作某一只按钮或开关，线路正常时有关的接触器、继电器将按规定的动作顺序进行工作。若依次动作至某一电器元件时，发现动作不符合要求，即说明该电器元件或其相关电路有问题。再在此电路中进行逐项分析和检查，一般便可发现故障。待控制电路的故障排除恢复正常后，再接通主电路，检查控制电路对主电路的控制效果，观察主电路的工作情况有无异常等。

在通电试验时，必须注意人身和设备的安全。要遵守安全操作规程，不得随意触动带电部分，要尽可能切断电动机主电路电源，只在控制电路带电的情况下进行检查；如需电动机运转，则应使电动机在空载下运行，以避免工业机械的运动部分发生误动作和碰撞；要暂

时隔断有故障的主电路，以免故障扩大，并预先充分估计到局部线路动作后可能发生的不良后果。

5. 测量法确定故障点

测量法是维修工作中用来准确确定故障点的一种行之有效的检查方法。常用的测试工具和仪表有校验灯、测电笔、万用表、钳形电流表、兆欧表等，主要通过对电路进行带电或断电时的有关电量如电压、电阻、电流等的测量，来判断电器元件的好坏、设备的绝缘情况以及线路的通断情况。随着科学技术的发展，测量手段也在不断更新。

在用测量法检查故障点时，一定要保证各种测量工具和仪表完好，使用方法正确，还要注意防止感应电、回路电及其他并联支路的影响，以免产生误判。

下面介绍几种常用的测量方法。

（1）电压分段测量法

首先把万用表的转换开关置于交流电压 500V 的挡位上，然后按如下方法进行测量。以正反转控制电路为例。

先用万用表测量如图 6.2.1 所示 0-1 两点间的电压，若为 380V，则说明电源电压正常。然后一人按下启动按钮 SB2，若接触器 KM1 不吸合，则说明电路有故障。这时另一人可用万用表的红、黑两根表棒逐段测量相邻两点 1-2、2-3、3-4、4-5、5-0 之间的电压，根据其测量结果即可找出故障点，如表 6.2.1 所示。

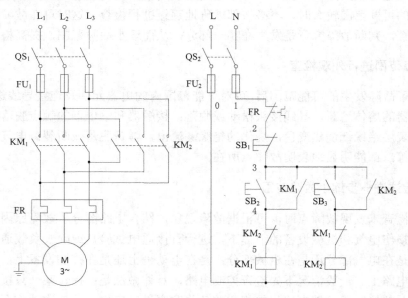

图 6.2.1　正反转控制

（2）电阻分段测量法

测量检查时，首先切断电源，然后把万用表的转换开关置于倍率适当的电阻挡，并逐段测量如图 6.2.1 正反转控制所示相邻号点 1-2、2-3、3-4（测量时由一人按下 SB2）、4-5、5-0 之间的电阻。如果测得某两点间电阻值很大，趋于无穷，即说明该两点间接触不良或导线断路，如表 6.2.2 所示。

表 6.2.1 　　　　　　　　　　　　电压分段测量法所测电压值及故障点

故障现象	测试状态	1-2	2-3	3-4	4-5	5-0	故 障 点
按下 SB2 时，KM1 不吸合	按下 SB2 不放	380V	0	0	0	0	FR 动断触点接触不良
		0	380V	0	0	0	SB1 触点接触不良
		0	0	380V	0	0	SB2 触点接触不良
		0	0	0	380V	0	KM2 动断触点接触不良
		0	0	0	0	380V	KM1 线圈断路

表 6.2.2 　　　　　　　　　　　　电阻分段测量法查找故障点

故 障 现 象	测 试 点	电 阻 值	故 障 点
按下 SB2 时，KM1 不吸合	1-2	无穷大	FR 动断触点接触不良或误动作
	2-3	无穷大	SB1 触点接触不良
	3-4	无穷大	SB2 触点接触不良
	4-5	无穷大	KM2 动断触点接触不良
	5-0	无穷大	KM1 线圈断路

电阻分段测量法的优点是安全，缺点是测量电阻值不准确时，容易造成判断错误，为此应注意以下几点。

① 用电阻测量法检查故障时，一定要先切断电源。

② 所测量电路若与其他电路并联，必须将该电路与其他电路断开，否则所测电阻不准确。

③ 测量高电阻电器元件时，要将万用表的电阻挡转换到适当挡位。

6. 检查是否存在机械、液压故障

在许多电气设备中，电器元件的动作是由机械、液压来推动的，或与它们有着密切的联动关系，所以在检修电气故障的同时，应检查、调整和排除机械、液压部分的故障，或与机械维修工配合完成。

以上所述检查分析电气设备故障的一般顺序和方法，应根据故障的性质和具体情况灵活选用，断电检查多采用电阻法，通电检查多采用电压法或电流法。各种方法可交叉使用，以便迅速有效地找出故障点。

思 考 题

6-1 常用低压电器有哪些？其中哪些是用于主回路，哪些用于控制回路？

6-2 接触器和中间继电器的区别是什么？

6-3 简述交流接触器的工作原理。

6-4 交流接触器为什么具有失压保护作用？

6-5 如果将额定电压为 220V 的交流接触器误接入 380V 到电源中去，会出现什么现象？

6-6 热继电器为什么不能做短路保护使用？

6-7 空气开关和刀开关的用途有何不同？

6-8 熔断器用作过载保护时为何是不灵敏的？

6-9 行程开关和按钮具有复位功能吗？

6-10 复合按钮具有"先断后合"的特点的目的是什么？

6-11 电气原理图的绘制原则是什么？

6-12 电气故障检修分哪几步？

实训一　三相异步电动机的直接启动控制

一　实训目的

（1）掌握三相异步电动机直接启动的控制方法。

（2）认知常见的低压电器。

（3）理解电气线路，掌握电器元件安装、接线方法。

二　实训器材

（1）电动机控制线路接线柜（含电气元件）。

（2）电工常用工具 1 套。

（3）三相异步电动机 1 台。

（4）导线若干。

三　基础知识

对于小功率电动机控制的方法有很多种。最简单的是在电动机与供电电源之间用一只刀开关（或断路器）来连接与控制，优点是成本低，缺点是这种方法仅适用于小功率电动机的近距离控制，不适合远距离控制，安全保护比较简单。在工业控制场合基本不采用这种方法。最常用的是采用空气断路器、交流接触器、热继电器、按钮构成的继电—接触控制电路，这种控制电路具有较完善的短路保护和过负荷保护功能。

1．具有自锁的单向旋转控制线路

具有自锁的正转控制线路如图 6.3.1 所示。

线路的动作原理如下：

合上电源开关 QS，

启动：按 SB_2 → KM 线圈得电 → KM 动合辅助触头闭合自锁

　　　　　　　　　　　　　　　　　→ KM 主触头闭合 → 电动机 M 启动运转

松开启动按钮 SB_2，由于接在按钮 SB_2 两端的 KM 动合辅助触头闭合自锁，控制回路仍保持接通，电动机 M 继续运转。

停止：按 SB_1 → KM 线圈断电释放 → KM 动合辅助触头断开 → 自锁解锁

　　　　　　　　　　　　　　　　　　→ KM 主触头断开 → 电动机 M 停止运转

2．具有过载保护的单向旋转控制线路

电动机在运转过程中，如果长期负载过大、或频繁操作等都会引起电动机绕组过热，影响电动机的使用寿命，甚至会烧坏电动机。因此，对电动机要采用过载保护，一般采用热继电器作为过载保护元件，其控制线路如图 6.3.2 所示。

线路动作原理为：电动机在运行过程中，由于过载或其他原因，使负载电流超过额定值时，经过一定时间，串接在主回路中的热继电器的双金属片因受热弯曲，使串接在控制回路中的动断触头断开，切断控制回路，接触器 KM 的线圈断电，主触头断开，电动机 M 停转，达到了过载保护的目的。

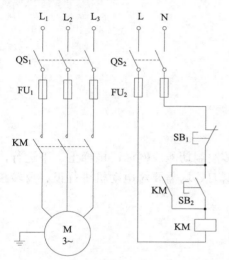

图 6.3.1　直接启动控制线路

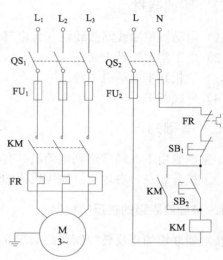

图 6.3.2　带过载保护直接启动控制线路

四　实训任务

（1）在电动机控制线路接线柜上安装具有自锁的单向旋转控制线路。经检查无误后，接上电动机进行通电试运转。

（2）在电动机控制线路接线柜上安装具有过载保护的单向旋转控制线路。经检查无误后，接上电动机进行通电试运转。

接线时注意接线方法，先接主电路，后接控制电路，先接串联电路，后接并联电路。各接点要牢固、接触良好，同时，要注意文明操作，保护好各电器。

五　实训报告

（1）画出实训任务中 2 个控制线路的原理图及接线图，并分析动作原理。

（2）记录电器及电动机的动作、运转情况。

（3）分析具有自锁的正转控制线路的失电压（或零电压）与欠电压保护作用。

（4）总结实训时碰到故障的检修及解决方法。

（5）心得及体会。

实训二　三相异步电动机的正、反转控制

一　实训目的

（1）掌握三相异步电动机正、反转的控制方法。
（2）熟悉常用低压电器。
（3）掌握电气线路安装接线方法。

二　实训器材

（1）电动机控制线路接线柜（含电气元件）。
（2）电工常用工具 1 套。
（3）三相异步电动机 1 台。
（4）导线若干。

三　基础知识

在生产应用中，经常遇到电动机具有正、反转控制功能。例如，电梯上、下运行，行车的上、下提升和左、右运行，数控机床的进刀、退刀等均需要对电动机进行正、反转控制。

1. 接触器联锁的正反转控制

接触器联锁的正反转控制线路如图 6.4.1 所示。

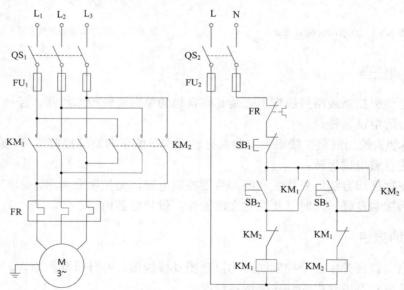

图 6.4.1　接触器联锁的正反转控制线路

线路中采用 KM_1 和 KM_2 两个接触器，当 KM_1 接通时，三相电源的相序按 L_1—L_2—L_3 接入电动机；当 KM_2 接通时，三相电源按 L_3—L_2—L_1 接入电动机。所以当两个接触器分别工作时，电动机的旋转方向相反。

线路要求接触器 KM₁ 和 KM₂ 不能同时通电，否则它们的主触头同时闭合，将造成 L₁、L₃ 两相电源短路，为此在 KM₁ 和 KM₂ 线圈各自的支路中相互串接了对方的一副动断辅助触头，以保证 KM₁ 和 KM₂ 不会同时通电。KM₁ 和 KM₂ 这两副动断辅助触头在线路中所起的作用称为联锁（或互锁）作用。

线路的动作原理如下：

合上电源开关 QS，

正转控制：

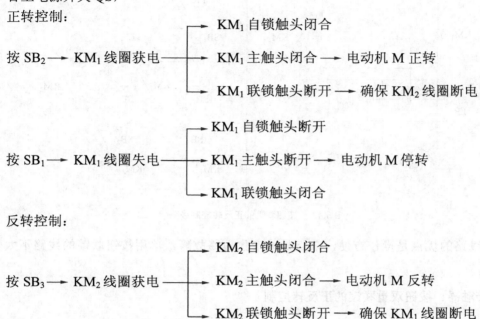

反转控制：

这种线路的缺点是操作不方便，要改变电动机转向，必须先按停止按钮 SB₁，再按反转按钮 SB₃，才能使电动机反转。

2. 按钮联锁的正反转控制

按钮联锁的正反转控制线路如图 6.4.2 所示。

线路的动作原理如下：

合上电源开关 QS，

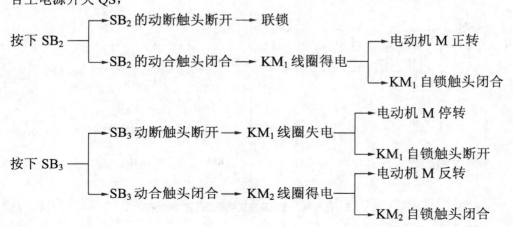

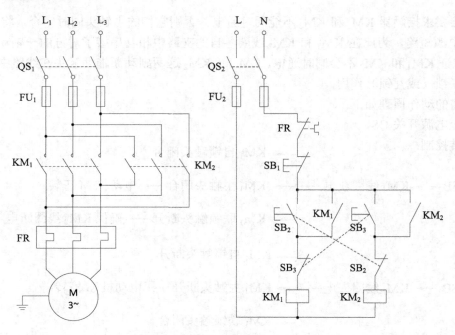

图 6.4.2　按钮联锁的正反转控制线路

这种线路的优点是操作方便，缺点是易产生短路故障，单用按钮联锁的线路不太安全可靠。

3．接触器、按钮双重联锁的正反转控制

这种线路安全可靠，操作方便，较常用。其原理图如图 6.4.3 所示，动作过程分析略。

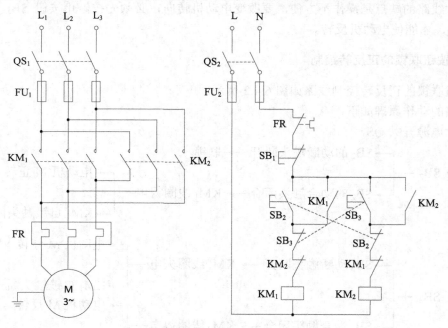

图 6.4.3　接触器、按钮双重联锁的正反转控制线路

四　实训任务

（1）在电动机控制线路接线柜上安装接触器联锁的正反转控制线路。经检查无误后，接上电动机进行通电试运转。

（2）在电动机控制线路接线柜上安装接触器、按钮双重联锁的正反转控制线路。经检查无误后，接上电动机进行通电试运转。

接线时注意接线方法，先接主电路，后接控制电路，先接串联电路，后接并联电路。各接点要牢固、接触良好，同时，要注意文明操作，保护好各电器。

五　实训报告

（1）画出实训任务中 2 个控制线路的原理图及接线图，并分析动作原理。

（2）记录电器及电动机的动作、运转情况。

（3）说明联锁的含义。

（4）总结实训时碰到故障的检修及解决方法。

（5）心得及体会。

实训三　三相异步电动机 Y-△减压启动控制

一　实训目的

（1）掌握三相异步电动机降压启动的的控制方法。

（2）了解不同降压启动控制方式的差别及应用场合。

（3）理解常用低压电器的用法及接线。

（4）掌握电气原理图的识图方法，并根据原理图熟练接线布线。

二　实训器材

（1）电动机控制线路接线柜（含电气元件）。

（2）电工常用工具 1 套。

（3）三相异步电动机 1 台。

（4）导线若干。

三　基础知识

由电机及拖动基础可知，三相交流异步电动机启动时电流较大，一般是额定电流的 5～7 倍。故在工业应用场合，对于较大功率电动机常采用星形－三角降压启动控制方式。启动时，定子绕组首先接成星形，待转速上升到接近额定转速时，再将定子绕组的接线换成三角形，电动机便进入全电压正常运行状态。电动机 Y-△减压启动控制方法只适用于正常工作时定子绕组为三角形（△）连结的电动机，这种方法既简单又经济，使用较为普遍，但其启动转距只有全压启动时的 1/3，因此，只适用于空载或轻载启动。

1. 手动控制 Y-△减压启动

手动控制 Y-△减压启动线路如图 6.5.1 所示。

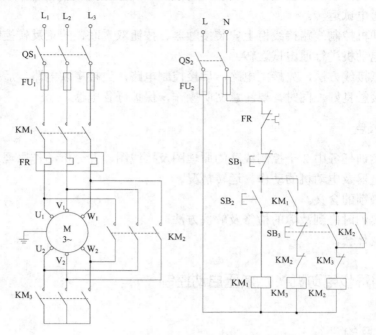

图 6.5.1　手动控制 Y-△减压启动控制线路

线路的动作原理如下。

电动机 Y 连接减压启动：

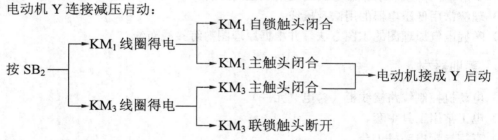

电动机△连接全压运行：

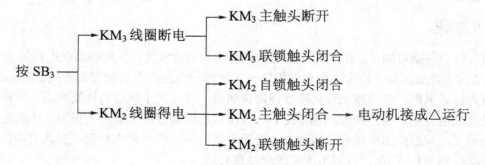

2. 自动控制 Y-△减压启动

利用时间继电器可以实现 Y-△减压启动的自动控制,典型线路如图 6.5.2 所示。

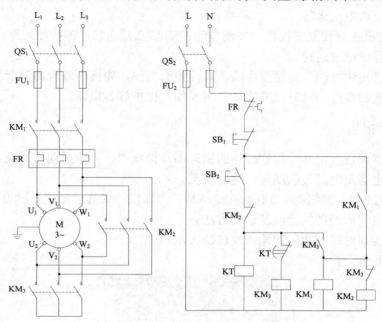

图 6.5.2 自动控制 Y-△减压启动控制线路

线路的动作原理如下:

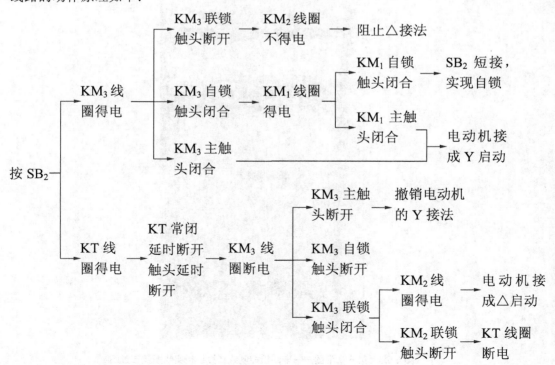

四 实训任务

（1）在电动机控制线路接线柜上安装手动控制 Y-△减压启动的控制线路。经检查无误后，接上电动机进行通电试运转。

（2）在电动机控制线路接线柜上安装自动控制 Y-△减压启动的控制线路。经检查无误后，接上电动机进行通电试运转。

接线时注意接线方法，先接主电路，后接控制电路，先接串联电路，后接并联电路。各接点要牢固、接触良好，同时，要注意文明操作，保护好各电器。

五 实训报告

（1）画出实训任务中 2 个控制线路的原理图及接线图，并分析动作原理。

（2）记录电器及电动机的动作、运转情况。

（3）自动控制 Y-△减压启动电动机线路是否可以设计成其他形式，试设计一种。

（4）总结电气原理图的绘制及读图方法。

（5）总结实训时碰到故障的检修及解决方法。

（6）心得及体会。

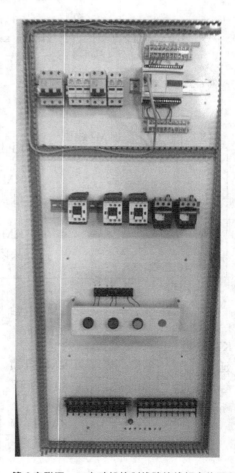

图 6.5.3　第 6 章附图——电动机控制线路接线柜实物图及布置图

PLC（Programmable Logic Controller）是可编程控制器的缩写，它以微处理器为核心，是微型计算机技术与传统的继电接触器控制技术相结合的产物。PLC 是专门为工业现场应用而设计的，是一种新型的工业控制器，具有高可靠性，抗干扰能力强，功能强大、灵活，易学易用，体积小，重量轻，价格便宜的特点，已经广泛应用于国民经济的各个领域。

日本三菱和德国西门子是目前国内使用最多的 PLC，其次是美国罗克韦尔、日本欧姆龙、法国施耐德为主；我国的本土品牌，分别是无锡信捷、利时和深圳合信，它们已成为市场中不可忽视的新生力量。

PLC 技术是一门实践性较强的技术，本章先将电动机基本控制电路和施耐德 Twido 系列 PLC 相结合进行讲解和实训，再以三菱 FX$_{2N}$ PLC 为蓝本，以实际应用出发，全面地介绍 PLC 的编程方法及实训操作。

7.1　PLC 基础知识

7.1.1　PLC 工业控制系统组成

PLC 采集输入部分的信号，经过运算、控制输出部分的执行机构。监控计算机与 PLC 采用通信方式交换数据，对现场工况进行监控和调整。人机界面（HMI）与 PLC 连接，为现场的操作者提供可视化的操作界面。PLC 可采用 I/O 或通信方式对变频器进行控制，另外 PLC 可采用通信方式连接其他智能仪表，如温控器、测重仪表等。PLC 系统工作示意如图 7.1.1 所示。

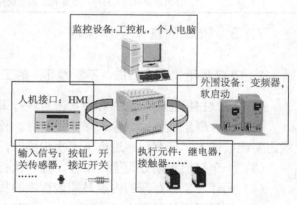

图 7.1.1　PLC 系统工作示意图

7.1.2　PLC 系统组成及各部分的功能

PLC 由硬件和软件两大系统组成。其中硬件系统主要由中央处理器（CPU）、存储器、输入单元、输出单元、通信接口、扩展接口、电源等部分组成，如图 7.1.2 所示。软件系统主要包括系统程序和用户程序。系统程序的功能是时序管理、存储空间分配、用户程序编译和系统自检；用户程序是用户根据现场控制的需要，用 PLC 的编程语言编制的程序。PLC 主要组成部分的功能如表 7.1.1 所示。

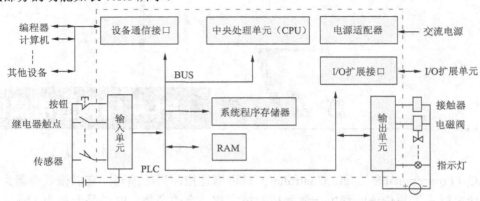

图 7.1.2　PLC 硬件系统结构图

表 7.1.1　　　　　　　　　　　　　　**PLC 主要组成部分的功能表**

系 统 组 成	各部分的作用
CPU	PLC 的核心，运算和控制中心，起"心脏"作用，指挥 PLC 有条不紊地进行工作
存储器	主要有两种：一种是可读/写操作的随机存储器 RAM，另一种是只读存储器 ROM、PROM、EPROM 和 EEPROM。在 PLC 中，存储器主要用于存放系统程序、用户程序及工作数据
输入/输出接口	通过输入接口电路把外部的开关信号转化成 PLC 内部所能接受的数字信号；通过输出接口电路把内部的数字电路化成一种信号使负载动作或不动作。输入单元与输出单元是连接现场输入/输出设备与 CPU 之间的接口电路
通信接口	一般都带有通信处理器。PLC 通过这些通信接口可与监视器、打印机、其他 PLC、编程器、上位计算机等外设实现通信
编程器	编辑、调试、输入用户程序，也可在线监控 PLC 内部状态和参数，与 PLC 进行人机对话。编程器分为两种，一种是手持编程器，另一种是通过 PLC 的 RS232 口，与计算机相连，通过专用编程软件包 NSTP-GR 向 PLC 内部输入程序。三菱 PLC 编程软件为 GX-developer

7.1.3　PLC 的基本工作原理

1．PLC 采用"顺序扫描，不断循环"的工作方式

（1）每次扫描过程：集中对输入信号进行采样，集中对输出信号进行刷新。

（2）输入刷新过程：当输入端口关闭时，程序在进行执行阶段时，输入端有新状态，新状态不能被读入。只有程序进行下一次扫描时，新状态才被读入。

（3）一个扫描周期分为输入采样、程序执行、输出刷新。

（4）元件映象寄存器的内容是随着程序的执行变化而变化的。

（5）扫描周期的长短由 3 条决定：①CPU 执行指令的速度；②指令本身占有的时间；③指令条数。

（6）由于采用集中采样、集中输出的方式，存在输入/输出滞后的现象，即输入/输出响应延迟。

2．PLC 与继电器控制系统、微机区别

（1）PLC 与继电器控制系统区别：前者工作方式是"串行"，后者工作方式是"并行"；前者用"软件"，后者用"硬件"。

（2）PLC 与微机区别：前者工作方式是"循环扫描"，后者工作方式是"待命或中断"；前者较后者编程容易。

3．PLC 编程方式

PLC 最突出的优点采用"软继电器"代替"硬继电器"，用"软件编程逻辑"代替"硬件布线逻辑"。PLC 编程有 5 种标准化编程语言：顺序功能图（SFC）、梯形图（LD）、功能模块图（FBD）3 种图形化语言和语句表（IL）、结构文本（ST）2 种文本语言。最常用的是梯形图和指令语句表。

梯形图语言是 PLC 程序设计中最常用的编程语言，它是与继电器线路类似的一种编程语言。由于电气设计人员对继电器控制较为熟悉，因此，梯形图编程语言得到了广泛的欢迎和应用。指令语句表编程语言是与汇编语言类似的一种助记符编程语言，和汇编语言一样由操作码和操作数组成。在无计算机的情况下，适合采用 PLC 手持编程器对用户程序进行编制。同时，指令语句表编程语言与梯形图编程语言图——对应，在 PLC 编程软件下可以相互转换。

梯形图编程规则：

（1）外部输入/输出继电器、内部继电器、定时器、计数器等器件的接点可多次重复使用，无需用复杂的程序结构来减少接点的使用次数。

（2）梯形图每一行都是从左母线开始，线圈接在右边。接点不能放在线圈的右边，在继电器控制的原理图中，热继电器的接点可以加在线圈的右边，而 PLC 的梯形图是不允许的。

（3）线圈不能直接与左母线相连。如果需要，可以通过一个没有使用的内部继电器的常闭接点或者特殊内部继电器的常开接点来连接。

（4）同一编号的线圈在一个程序中使用两次称为双线圈输出。双线圈输出容易引起误操作，应尽量避免。

（5）梯形图程序必须符合顺序执行的原则，即从左到右，从上到下地执行，如不符合顺序执行的电路就不能直接编程。

（6）在梯形图中串联接点使用的次数是没有限制，可无限次地使用。

（7）两个或两个以上的线圈可以并联输出。

7.1.4　PLC 结构分类

根据 PLC 结构形式的不同，PLC 主要可分为整体式和模块式两类。

整体式是把 PLC 各组成部分安装在一起或少数几块印刷电路板上，并连同电源一起装在机壳内形成一个单一的整体，称之为主机或基本单元。具有这种结构的 PLC 结构紧凑，体积小、价格低。小型、超小型 PLC 一般采用这种结构，如图 7.1.3 所示。本文中三菱 FX$_{2N}$ PLC 即为整体式结构。

模块式是把 PLC 各基本组成做成独立的模块。输入/输出点数较多的大、中型和部分小型 PLC 采用这种方式，便于维修，如图 7.1.4 所示。

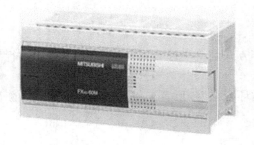

图 7.1.3　整体式 PLC

图 7.1.4　模块式 PLC

7.1.5　PLC 控制系统设计方法

PLC 控制系统是由 PLC 与用户输入、输出设备连接而成，因此 PLC 控制系统的基本内容包括以下几点：

（1）选择用户输入设备、输出设备以及由输出设备驱动的控制对象。

（2）PLC 的选择。选择 PLC 应包括机型、容量、I/O 点数的选择，电源模块以及特殊功能模块的选择等。

（3）分配 I/O 点，绘制电气连接接口图，考虑必要的安全保护措施。

（4）设计 PLC 控制程序。包括梯形图、语句表或控制系统流程图。

（5）用编程器将程序键入到 PLC 的用户存储器中，并检查键入的程序是否正确，对程序进行调试和修改。

（6）必要时还需设计控制台。待控制台及现场施工完成后，进行联机调试。

（7）编制系统的技术文件，包括说明书、电气图及电气元件明细表等。

7.2　Twido PLC 的使用

用 PLC 代替继电接触控制系统是 PLC 产生的基础，其目的是采用 PLC 的软件结构代替原来的继电接触控制结构，是在继电接触控制结构的基础上进行 PLC 程序设计。因而 PLC 采用的梯形图的编程语言是以电气控制原理图为基础的形象编程语言。

Twido 系列 PLC 是法国施耐德电气公司生产的一款小型 PLC，是一种紧凑型可编程控制器，具有灵活的配置、紧凑的结构、强大的功能、丰富的通信方式和 CPU 的 Firmware 可不断升级等优点，因此广泛的应用在以下范围：

（1）简单独立安装的场合：照明管理、暖通空调、简易控制以及监控等；

（2）重复操作的集成化机型：物流派送、起重、自动售货机等。

Twido PLC 其 I/O 点数从 10 点至 40 点多型号，最大可扩展到 264 点，具有高速计数、脉冲输出、网络通信、客户化功能块等先进功能。Twido 系列 PLC 基本单元分为一体式（如图 7.2.1 所示）和模块式（如图 7.2.2 所示）两种模式。本文以一体型 TWDLCDA24DRF 为例，介绍 Twido PLC 的相关知识。

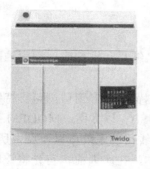

图 7.2.1 Twido 一体型

图 7.2.2 Twido 模块型

7.2.1 Twido PLC 基本结构

Twido PLC 的基本结构如图 7.2.3 所示。

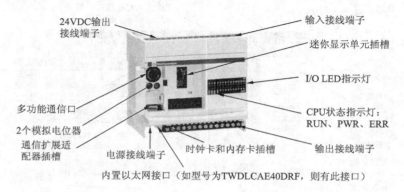

图 7.2.3 Twido PLC 的基本结构

TWDLCDA24DRF 端子连接如图 7.2.4 所示。

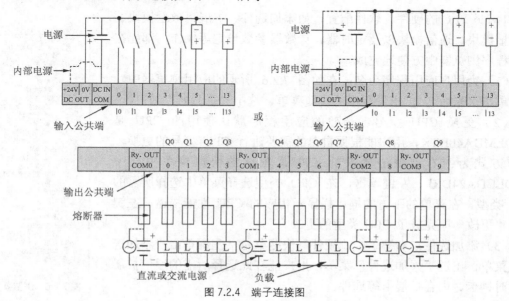

图 7.2.4 端子连接图

7.2.2　TwidoSoft 编程软件的使用

TwidoSoft 是一个用于 Twido 可编程控制器的配置、编写和维护应用程序的图形化开发环境。TwidoSoft 是一款 32 位的基于 Windows 的程序。

TwidoSoft 是标准的 Windows 界面，有应用程序浏览器和多窗口浏览支持编程、调试和配置，可与控制器进行多种方式的通信，如串行口、USB、以太网、MODEM 拨号等。为了能快捷高效地开发应用程序，TwidoSoft 软件提供了在线帮助系统，以便获取所需要的信息。

本实训装置使用的编程软件是 TwidoSoft V3.5 版本，在实训前，首先将该软件根据软件安装的提示安装到计算机上，然后用编程线将计算机和 PLC 连接到一起。

1. 硬件、软件配置方法

TwidoSoft 运行后，新建一个程序，界面如图 7.2.5 所示。

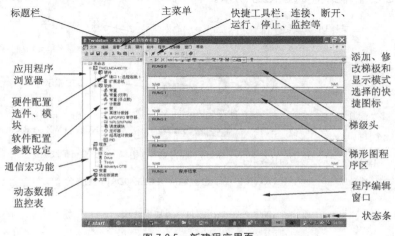

图 7.2.5　新建程序界面

Twido PLC 的硬件、软件配置，如添加选件、扩展离散量模块、模拟量模块、通信模块以及定时器、计数器参数设定等操作，都能在应用程序浏览器中方便地完成。

（1）为用户应用程序命名：在如图 7.2.6 所示的应用浏览器中，右键单击"未命名"，出现所示的快捷菜单，选中"重命名"即可。

（2）更换 CPU 型号：新建的应用程序默认使用的 CPU 是 TWDLMDA40DTK，用户能根据自己的需要进行 CPU 型号的更换，操作方式为：右键单击原来的 CPU，出现的快捷菜单中选中 TWDLCDA24DRF，左键单击，在 CPU 类型选择菜单中选择所需的 CPU 类型，在菜单的下方的描述栏显示相应的 CPU 性能描述，左键单击"更改"即完成了 CPU 类型的更改。

（3）添加选件：右键单击"硬件"快捷菜单，左键单击"添加选件"菜单，出现"添加选件"菜单，用户能在此选择所需的通信扩展卡、时钟卡、内存扩展卡等选件。

图 7.2.6　浏览器操作

（4）配置选件、删除选件：右键单击需要进一步配置的选件如"端口 2"，出现如图 7.2.7 所示的快捷菜单，左键单击"通信配置"菜单，出现如图 7.2.7 的"PLC 通信配置"菜单；左键单击"删除"菜单，则删除当前选中的选件。

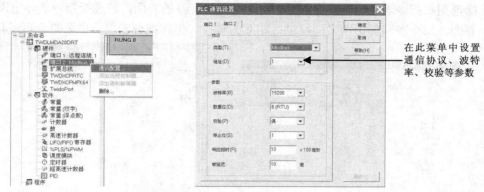

图 7.2.7　配置设置

配置通信口完成后，单击"确定"按钮退出时，出现配置总结界面如图 7.2.8 所示，如接受此配置，则单击"对勾"图标；如不接受此配置，则单击"叉"图标。

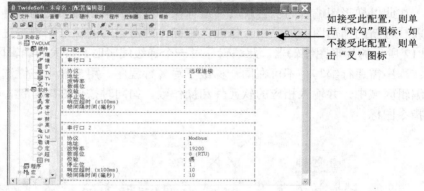

图 7.2.8　配置修改

软元件的配置是指为定时器、计数器、常量字等进行参数设定，对于这些参数的设定可以在梯形图编程时进行；也可在应用程序浏览器中，对"软件"项目下的所有软元件进行批量的设定或检查，如图 7.2.9 所示。同理，所有软元件设定完毕，也出现参数配置结果总结表，也要单击屏幕右上角的"对勾"按钮使设定被接受。

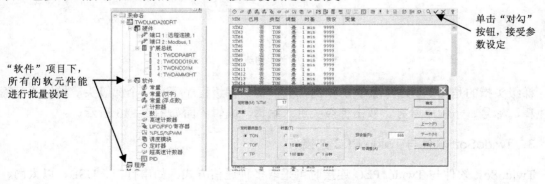

图 7.2.9　定时器批量设定界面举例

2. 编写梯形图

在硬件、软件配置完成后,右键单击应用程序浏览器中的"程序",可选择编程语言——梯形图和指令表,若选择梯形图,出现如图 7.2.10 的界面,若选择指令表,出现如图 7.2.11 的界面。指令表和梯形图之间能进行相互的转换,但在指令表编辑中要符合可逆化编程的规则。

图 7.2.10　梯形图编程界面

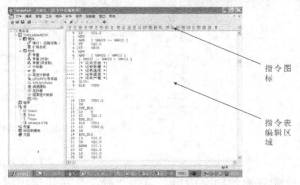

图 7.2.11　指令表编程界面

在此以梯形图编程为例讲解具体编程操作方法。单击梯形图编程界面的"添加"图标,插入一行新的梯形图;如单击"修改"图标,则对当前的梯形图程序进行修改,并弹出如图 7.2.12 所示的梯形图编辑器。此编辑器对一个梯级编辑时,最大的编辑区域为 7 行 11 列。注意:程序需逐行编写,不可在同一梯级下写多行程序。用户能用左键选取指令图标,并放置在编辑区域中,并输入相应的软元件和操作数。如同时按住 CTRL 键,能一次输入多个相同的指令图标。

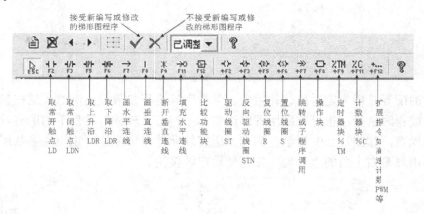

图 7.2.12　梯形图编辑器

梯级头指的是图 7.2.13 中箭头所指的部分。每一梯级程序都有一个梯级头,梯级头可输入注释、标号、子程序号等,双击梯级头进入编辑,编辑界面如图 7.2.13 所示。

3. TwidoSoft 软件与 Twido PLC 连接

TwidoSoft 软件与 Twido PLC 连接时可采取多种通信方式,如串行口、USB、以太网、

MODEM+电话线，因此在 TwidoSoft 与 Twido PLC 连接前，用户需根据实际使用的硬件连接方式，在 TwidoSoft 的连接管理菜单中做相应的设定。

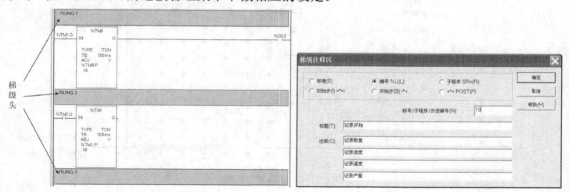

图 7.2.13　梯形图梯级头

在"文件"菜单中单击"首选项"菜单，显示如图 7.2.14 所示的"首选设置"界面，然后单击"连接管理"按钮，显示如图 7.2.15 所示的"连接管理"界面。

图 7.2.14　首选设置界面

连接管理界面用于添加、设定 TwidoSoft 与 Twido PLC 的硬件连接方式，左键单击"添加"按钮，TwidoSoft 自动添加一行连接，用户能进一步对此新增的连接设定参数，如图 7.2.15 所示。

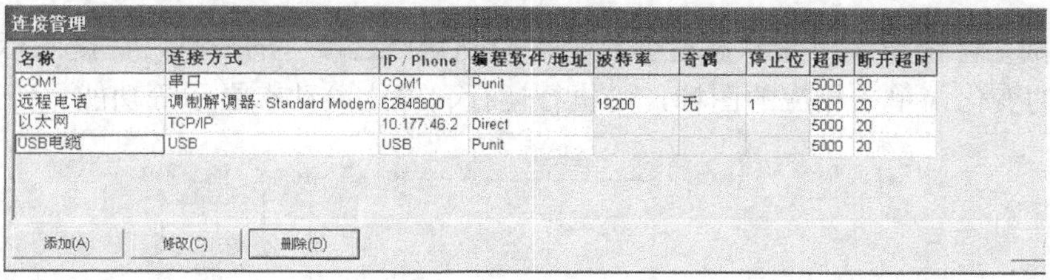

名称	连接方式	IP / Phone	编程软件/地址	波特率	奇偶	停止位	超时	断开超时
COM1	串口	CQM1	Punit				5000	20
远程电话	调制解调器: Standard Modem	62848800		19200	无	1	5000	20
以太网	TCP/IP	10.177.46.2	Direct				5000	20
USB电缆	USB	USB	Punit				5000	20

添加(A)　修改(C)　删除(D)

图 7.2.15　连接管理设置界面

单击"确定"按钮，"连接管理"设定完成，如图 7.2.16 所示的"首选设置"界面，单击"连接"栏下拉按钮，出现已配置的各种硬件连接类型，选中 USB 电缆的硬件类型，单击"确定"按钮退出。

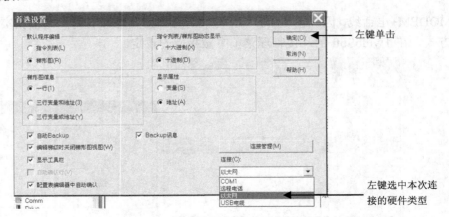

图 7.2.16　硬件选定界面

4．程序下载、备份，运行程序，停止程序等操作

在完成软硬件配置、程序编写及连接管理设定后，就可以开始下载和调试程序了。单击"连接"图标或在"控制器"菜单中选择"连接"按钮，若控制器中的程序和计算机中的程序不相同，则出现如图 7.2.17 所示的菜单，"不等号"图标表示控制器中的程序和计算机中的程序不相同，用户能通过单击"PC=>控制器"或"控制器=>PC"按钮来选择程序的下载或上载，然后完成连接；若控制器中的程序和计算机中的程序相同，则立即完成连接，不出现如图 7.2.17 所示的菜单。

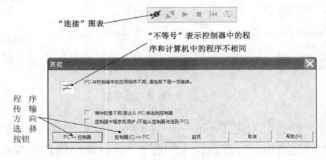

图 7.2.17　程序的下载或上载界面

连接完成后，屏幕左下角状态栏会显示"控制器已连接"的信息，快捷图标栏会有如图 7.2.18 所示的变化，单击相应的图标，可执行运行、停止、动态显示等功能。

图 7.2.18　运行功能显示

当程序下载到 Twido PLC 中时，用户程序只是存放在 RAM 中，此 RAM 由一内置锂电

池供电，为防止由于锂电池耗尽电力导致 RAM 中用户程序的丢失，我们还需要把 RAM 中的程序备份到 Twido PLC 内部的 EEPROM 中。

考虑到 EEPROM 的寿命问题，只有当用户程序最终调试完毕，不再要修改了，我们才需要执行一次把 RAM 中的程序备份到 EEPROM 的操作。具体操作方法如下：在"控制器"菜单中单击"BACKUP"菜单，如图 7.2.19 所示。在执行"BACKUP"操作时，要求停止 PLC 程序，屏幕左下角显示"备份控制器程序"，完成后显示"备份完成"。

在程序全部调试完成后，最好设定 PLC 为"自动运行"的工作模式，然后再下载程序并备份到 EEPROM 中。操作方式如下：在"程序"菜单中单击"扫描方式"菜单，出现如图 7.2.20 所示的"扫描方式"界面，在"自动运行"前打勾，然后单击"确定"。

图 7.2.19　备份程序　　　　　　　　　　图 7.2.20　扫描方式界面

5、程序校验功能和交叉表引用

TwidoSoft 具有程序校验功能和交叉表引用，程序编制完成后，可让 TwidoSoft 的校验功能检查用户程序是否有语法等错误。交叉表引用功能以表格方式列出有哪些软元件用过，用于何种指令，用于程序的哪一部分等信息，便于用户调试程序。具体操作如下：

（1）在"程序"菜单中，单击"分析程序"菜单，汇总了错误和警告信息。单击确定显示每一条错误、警告信息。

（2）在"程序"菜单中，单击"交叉引用"菜单，可在此选择要汇总的软元件型号等选项，然后单击"确定"按钮生成"交叉引用表"。在交叉引用列表中，用户能查找用过的软元件，该软元件所在程序行号及相关指令，此时如单击某软元件出现过得程序行号，TwidoSoft 会自动打开指令表编辑器显示此行程序，便于用户编程和调试、修改。

7.2.3　Twido PLC 指令系统

1. Twido PLC 触点及线圈指令

Twido PLC 触点及线圈指令见表 7.2.1。

表 7.2.1　　　　　　　　　　　　**Twido PLC 触点及线圈指令**

指令名称	梯形图	助记符	功能
动合触点	─┤├─	LD	动合触点接母线

指 令 名 称	梯 形 图	助 记 符	功 能
动合触点	—┤ ├—	AND	动合触点与前面逻辑串联
	└┤ ├—	OR	动合触点与前面逻辑并联
动断触点	┤/├—	LDN	动断触点接母线
	—┤/├—	ANDN	动断触点与前面逻辑串联
	└┤/├—	ORN	动断触点与前面逻辑并联
输出线圈	—( )	ST	输出前面逻辑结果
	—(/)	STN	取反输出前面逻辑结果
赋值指令	—(S)	S	使线圈置位为 ON
	—(R)	R	使线圈复位为 OFF
异或指令	—┤ ├XOR├—	XOR	与前面触点进行异或逻辑运算
	—┤├XORN├—	XORN	与前面触点进行异或逻辑运算，并将结果取反
	—┤├XORR├—	XORR	触点上升沿与前面触点进行异或逻辑运算
	—┤├XORF├—	XORF	触点下升沿与前面触点进行异或逻辑运算
块指令	%I0.0 %I0.2 %Q0.0 —┤├——┤/├——( )— %I0.1 %I0.3 —┤├——┤├—	AND（）	LD %I0.0 OR %I0.3 OR %I0.1 ） AND（N %I0.2 ST %Q0.0
	%I0.0 %I0.2 %Q0.0 —┤├——┤├——( )— %I0.1 %I0.3 —┤├——┤├—	OR（）	LD %I0.0 AND %I0.3 ANDN %I0.2 ） OR（ %I0.1 ST %Q0.0

2. 堆栈指令 MPS、MRD 和 MPP

当梯形图出现母线分支时，需采用 MPS、MRD 和 MPP 指令来实现对应的语句表指令转换。这 3 条指令，称为堆栈操作指令。堆栈指令梯形图如图 7.2.21 所示。

MPS：压入堆栈。将累加器的内容压入本栈中存储，并执行下一步指令。

MRD：读出堆栈。将本栈中由 MPS 指令存储的值读出，需要时可反复读出。本栈中的内容不变。

MPP：弹出堆栈。将栈中由 MPS 指令存储的值读出，并清除栈中的内容。

Twido 系列 PLC 中有 8 个栈存储器，故 MPS 和 MPP 嵌套使用必须少于 8 次，并且 MPS 和 MPP 必须成对使用。

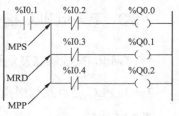

图 7.2.21　堆栈指令梯形图

3．定时器功能块指令%TMi

定时器功能块指令%TMi 即是在继电—接触器系统中的时间继电器。Twido 系列 PLC 的定时器指令是以功能块（BLK）的方式描述的，具有强大的功能，同样采用功能块方式描述的指令还有计数器模块、移位寄存器模块和步进计数器等功能模块，在学习和使用时应特别注意。

（1）定时器功能块指令的编程格式

定时器功能块指令的编程格式如图 7.2.22 所示。参数说明如下：

（a）%TM0 梯形图　　　　　　　　　　（b）%TM0 参数设置窗口

图 7.2.22　定时器功能块指令的编程格式图

① %TM0 表示默认的第 0 个定时器功能块，在 Twido 系列 PLC 中，定时器功能块共有 128 个，即%TM0～%TM127。

② IN 定时器启动控制信号，每当 IN 由 0 变 1（由 OFF 变 ON）时，定时器定时器启动。

③ Q 定时器输出信号，即输出时%TMi.Q 为 1。其后可以继续连接逻辑触点或线圈指令，也可以不接。

④ TYPE 表示定时器的类型。类型有通电延时闭合型 TON、断开延时断开型 TOF 和脉冲输出型 TP 3 种，默认为 TON 型。

⑤ TB 表示定时器的分辨率。定时分辨率有 1min、1s、100ms、10ms 和 1ms 5 种可选项，系统默认为 1min。其中只有%TM0～%TM5 可实现 1min 定时。

⑥ ADJ 表示定时器预设值是否可改变，若允许改变设置为 Y，此时%TMi.P 的值能够通过 TwidoSoft 编程软件中的活动表编辑器进行修改，此项功能一般在调试过程中使用；否则设置为 N，系统默认为 Y。

⑦ %TMi.P 表示定时器的预设值，默认为 9999，可在 0～9999 之间任选。

（2）定时器功能块指令%TMi 的基本功能

① 通电延时闭合定时器 TON 的功能。当定时器启动控制信号 IN 由 OFF 变为 ON 时，定时器开始以 TB 为时基进行计时，当定时器当前值%TMi.V 达到定时器的预设值%TMi.P 时，定时器输出%TMi.Q 由 OFF 变 ON；当定时器启动控制信号 IN 由 ON 变为 OFF 时，定时器%TMi 复位，即当前值%TMi.V 置 0，输出位%TMi.Q 变 OFF。即使当前值%TMi.V 没有达到预设置%TMi.P，定时器%TMi 也复位。

② 断开延时断开定时器 TOF 的功能。当定时器启动控制信号 IN 由 OFF 变为 ON 时，定时器输出%TMi.Q 由 OFF 变 ON，定时器当前值%TMi.V 置 0；当定时器启动控制信号 IN

由 ON 变为 OFF 时，定时器开始以 TB 为时基进行计时，当定时器当前值%TMi.V 达到定时器的预设值%TMi.P 时，定时器输出%TMi.Q 由 ON 变 OFF。

③ 脉冲输出定时器 TP 的功能。当定时器启动控制信号 IN 由 OFF 变为 ON 时，定时器开始以 TB 为时基进行计时，同时定时器输出%TMi.Q 由 OFF 变 ON，当定时器当前值%TMi.V 达到定时器的预设值%TMi.P 时，定时器输出%TMi.Q 由 ON 变 OFF，此时若 IN 为 ON，则保持%TMi.V 等于%TMi.P，若 IN 为 OFF，则%TMi.V 等于 0；定时器一旦启动，在设定值时间内不论 IN 发生多少次 ON / OFF 改变，均不会影响定时器的输出 Q。

4．计数器功能模块指令%Ci

计数器功能模块指令是 PLC 中重要的功能模块，可以同时进行加和减计数。

（1）计数器功能块指令的编程格式

计数器功能块指令的编程格式如图 7.2.23 所示。它有 4 个输入信号和 3 个输出信号，另还有 2 个参数需要设置。

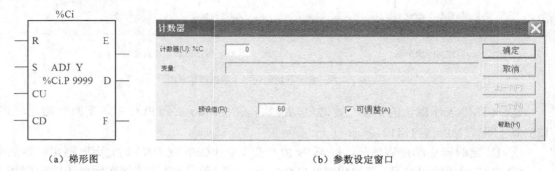

（a）梯形图　　　　　　　　　（b）参数设定窗口

图 7.2.23　计数器功能块的编程格式图

各参数说明如下。

① %Ci 表示第 i 个计数器功能块，在 Twido 系列 PLC 中，计数器功能块共有 128 个，即%C0～%C127。

② R 为计数器复位输入信号，输入 R 由 0 变 1（由 OFF 变 ON）时，计数器的当前值%Ci.V 被置 0。

③ S 为计数器置位输入信号，输入 S 由 0 变 1（由 OFF 变 ON）时，计数器的当前值%Ci.V 被置 1。

④ CU 为计数器的加计数输入信号，当 CU 输入信号上升沿出现时，计数器进行加计数操作。

⑤ CD 为计数器的减计数输入信号，当 CD 信号上升沿出现时，计数器进行减计数操作。

⑥ E 为计数器下溢出标志输出位，当减计数器%Ci 从 0 变为 9999 时，%Ci.E＝1。

⑦ D 为计数器的输出位，当计数器的当前值%Ci.V＝预设值%Ci.P 时，%Ci.D＝1。

⑧ F 为计数器上溢出标志输出位，当加计数器%Ci 从 9999 变为 0 时，%Ci.F＝1。

⑨ ADJ 表示定时器预设值是否可改变，若允许改变设置为 Y，系统默认为 Y。

⑩ %Ci.P 表示计数器的预设值，默认为 9999，可在 0～9999 之间任选。

（2）计数器功能块%Ci 的基本功能

计数器功能块指令%Ci 具有加计数器、减计数器及加/减计数器的功能。

① 加计数器。当加计数器的输入条件 CU 出现一个上升沿时，计数器的当前值%Ci.V 将加 1。当%Ci.V=%Ci.P 时，计数器%Ci.D 将由 0 变为 1。当%Ci.V 达到 9999 后再加 1，则%Ci.V 将变为 0 时，%Ci.F 将置 1。在%Ci.F 置 1 以后，若计数器继续增加，则%Ci.D 复位。

② 减计数器。当减计数器的输入条件 CD 出现一个上升沿时，%Ci.V 将减 1。当%Ci.V=%Ci.P 时，计数器%Ci.D 将由 0 变 1。当%Ci.V 达到 0 后再减 1，则%Ci.V 将变为 9999 时，%Ci.E 将置 1。%Ci.E 置 1 后，若计数器继续减少，则%Ci.D 复位。

③ 加 / 减计数器。若同时对加计数输入 CU 和减计数输入 CD 编程，则将组成一个加/减计数器。加 / 减计数器分别对加计数输入 CU 和减计数输入 CD 信号进行加 / 减计数处理，若 CU、CD 同时输入，则计数器当前值保持不变。

④ 计数器复位。当复位输入 R 由 0 变 1 时，%Ci.V 被强置为 0，其他各位也被强置为 0。

⑤ 计数器置位。当复位输入 S 由 0 变 1 时，%Ci.V 被强置与%Ci.P 相等，且%Ci.D 置 1。

7.3　三菱 FX$_{2N}$ PLC 编程基础

三菱 FX$_{2N}$ PLC 是具有小形化、高速度和高性能的程序装置，除输入出 16～25 点的独立用途外，还可以适用于多个基本组件间的连接、模拟控制、定位控制等特殊用途，是一套可以满足多样化广泛需要的 PLC。

7.3.1　三菱 FX$_{2N}$ 主机结构及内部器件简介

三菱 FX$_{2N}$ 属于整体式 PLC，它的部件均集成在主机体上。PLC 可以采用手持编程器编程，随着计算机的日益普及，越来越多的用户使用基于 PC 的编程软件。关于 PLC 实验台面板各部分的作用以及编程器的具体使用请参见本书第 4 章的 4.9 节，本节主要介绍 FX$_{2N}$ 上位机编程软件 GX Developer。

7.3.2　GX Developer 编程软件的使用

1．编程软件的简介

三菱 PLC 编程软件有好几个版本，早期的 FXGP/DOS 和 FXGP/WIN-C、现在常用的 GPP For Windows 和最新的 GX Developer（简称 GX），实际上 GX Developer 是 GPP For Windows 升级版本，相互兼容，但 GX Developer 界面更友好，功能更强大，使用更方便。

这里介绍的 GX Developer，它适用于 Q 系列、QnA 系列及 FX 系列的所有 PLC。GX 编程软件可以编写梯形图程序和状态转移图程序（全系列），它支持在线和离线编程功能，并具有软元件注释、声明、注解及程序监视、测试、故障诊断、程序检查等功能。此外，具有突出的运行写入功能，而不需要频繁操作 STOP/RUN 开关，方便程序调试。

GX 编程软件可在 Windows 操作系统中运行。该编程软件简单易学，具有丰富的工具箱，直观形象的视窗界面。此外，GX 编程软件可直接设定 CC-link 及其他三菱网络的参数，能方便地实现监控、故障诊断、程序的传送及程序的复制、删除和打印等功能。

2. GX 编程软件的使用

在计算机上安装好 GX 编程软件后，运行 GX 软件，其界面如图 7.3.1 所示。

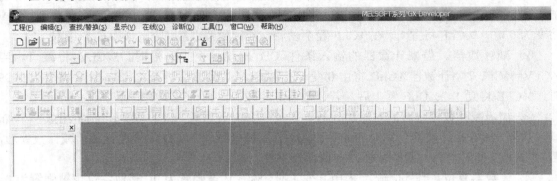

图 7.3.1　运行 GX 后的界面

可以看到该窗口编辑区域是不可用的，工具栏中除了新建和打开按钮可见以外，其余按钮均不可见，单击图 7.3.1 中的 按钮，或执行"工程"菜单中的"创建新工程"命令，可创建一个新工程，出现如图 7.3.2 所示画面。

按图 7.3.2 所示选择 PLC 所属系列和型号，此外，设置项还包括程序的类型，即梯形图或 SFC（顺控程序），设置文件的保存路径和工程名等。注意 PLC 系列和 PLC 型号两项是必须设置项，且须与所连接的 PLC 一致，否则程序将可能无法写入 PLC。设置好上述各项后出现如图 7.3.3 所示窗口，即可进行程序的编制。

图 7.3.2　建立新工程画面

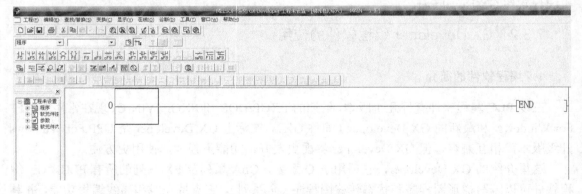

图 7.3.3　程序的编辑窗口

3．梯形图程序的编制

下面介绍一个具体实例，用 GX 编程软件在计算机上编制图 7.3.4 所示的梯形图程序。

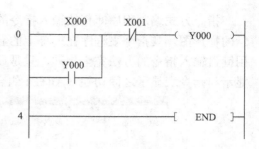

图 7.3.4　梯形图

在用计算机编制梯形图之前，首先单击图 7.3.5 程序编制画面中的位置（1）⬚ 按钮或按 F2 键，使其为写入模式（查看状态栏），然后单击图 7.3.5 中的位置（2）⬚ 按钮，选择梯形图显示，即程序在编写区中以梯形图的形式显示。下一步是选择当前编辑的区域如图 7.3.5 中的位置（3），当前编辑区为蓝色方框。梯形图的绘制有两种方法，一种方法是用键盘操作，即通过键盘输入完成指令，如在图 7.3.5 中（4）的位置输入 L-D-空格-X-0-按 Enter 键（或单击确定），则 X0 的常开触点就在编写区域中显示出来，然后再输入 OR Y0、ANI X1、OUT Y0，即绘制出如图 7.3.6 所示图形。另一种方法是用鼠标和键盘操作，即用鼠标选择工具栏中的图形符号，再键入其软元件和软元件号，输入完毕按 Enter 键即可。梯形图程序编制完成后，在写入 PLC 之前，必须进行变换，单击图 7.3.6 中"变换"菜单下的"变换"命令，或直接按 F4 键完成变换，此时编写区不再是灰色状态，可以存盘或传送。

图 7.3.5　程序编制画面

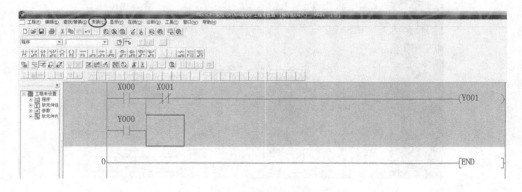

图 7.3.6　程序变换前的画面

4．指令方式编制程序

指令方式编制程序即直接输入指令的编程方式，并以指令的形式显示。对于图 7.3.4 所示的梯形图，其指令表程序在屏幕上的显示如图 7.3.7 所示。输入指令的操作与上述介绍的用键盘输入指令的方法完全相同，只是显示不同，且指令表程序不需要变换。并可在梯形图显示与指令表显示之间切换（Alt+F1 组合键）。

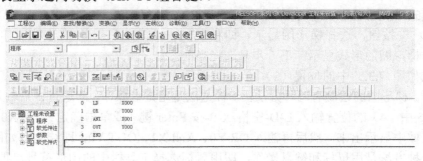

图 7.3.7　指令方式编制程序的画面

5．程序的传输

要将在计算机上用 GX 编好的程序写入到 PLC 中的 CPU，或将 PLC 中 CPU 的程序读到计算机中，一般需要以下几步。

（1）PLC 与计算机的连接

正确连接计算机（已安装好了 GX 编程软件）和 PLC 的编程电缆（专用电缆），特别是 PLC 接口方向不要弄错，否则容易造成损坏。

（2）进行通信设置

程序编制完成后，单击"在线"菜单中的"传输设置"后，出现如图 7.3.8 所示的窗口，设置好 PC/F 和 PLC/F 的各项设置，其他项保持默认，单击"确认"按钮。

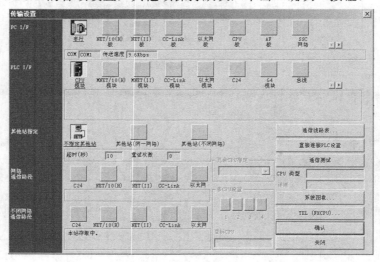

图 7.3.8　通信设置画面

（3）程序写入、读出

若要将计算机中编制好的程序写入到 PLC，单击"在线"菜单中的"写入 PLC"，则出现如图 7.3.9 所示的窗口，根据出现的对话窗进行操作。选中主程序，再单击"执行"按钮即可。若要将 PLC 中的程序读出到计算机中，其操作与程序写入操作相似。

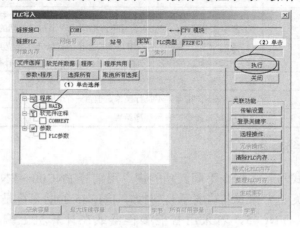

图 7.3.9　程序写入画面

7.4　三菱 FX₂ₙ PLC 指令系统

每写出一条指令就等于（创建）联接了一个对应的电气元件，不同的指令就是不同的电气元件和不同的连接方式，可组成电气工程上所需要的各种复杂程度的控制系统（控制电路）。FX 系列 PLC 有基本逻辑指令 27 条、步进指令 2 条、功能指令 100 多条（不同系列有所不同）。本节以 FX₂ₙ 为例，介绍其基本逻辑指令、功能指令和步进指令及其应用。

7.4.1　基本逻辑指令系统

FX₂ₙ 共有 27 条基本逻辑指令，这 27 条指令功能十分强大，已经能解决一般的继电接触控制问题。在此，介绍本实训主要用到的基本逻辑指令，见表 7.4.1。

表 **7.4.1**　　　　　　　　　　　　　　　　　基本逻辑指令

序号	基本逻辑指令	功 能 说 明
1	触点取用与线圈输出指令	（1）LD（取指令）　　　（2）LDI（取反指令）　　　（3）OUT（输出指令）
2	单个触点串联指令	（1）AND（与指令）　　　（2）ANI（与反指令）
3	单个触点并联指令	（1）OR（或指令）　　　（2）ORI（或非指令）
4	串联电路块的并联	ORB（块或指令）用于两个或两个以上的触点串联连接的电路之间的并联
5	并联电路块的串联	ANB（块与指令）用于两个或两个以上触点并联连接的电路之间的串联
6	多重输出电路	（1）MPS（进栈指令）将运算结果送入栈存储器的第一段，同时将先前送入的数据依次移到栈的下一段（2）MRD（读栈指令）将栈存储器的第一段数据（最后进栈的数据）读出且该数据继续保存在栈存储器的第一段，栈内的数据不发生移动（3）MPP（出栈指令）将栈存储器的第一段数据（最后进栈的数据）读出且该数据从栈中消失，同时将栈中其他数据依次上移

续表

序号	基本逻辑指令	功能说明
7	主控及主控复位指令	（1）MC（主控指令）用于公共串联触点的连接。执行 MC 后，左母线移到 MC 触点的后面（2）MCR（主控复位指令）是 MC 指令的复位指令，即利用 MCR 指令恢复原左母线的位置
8	脉冲输出	（1）PLS（上升沿微分指令）在输入信号上升沿产生一个扫描周期的脉冲输出（2）PLF（下降沿微分指令）在输入信号下降沿产生一个扫描周期的脉冲输出
9	自保持与解除	（1）SET（置位指令）的作用是使被操作的目标元件置位并保持（2）RST（复位指令）使被操作的目标元件复位并保持清零状态
10	逻辑反指令	INV（反指令）执行该指令后将原来的运算结果取反
11	空操作指令	NOP（空操作指令）不执行操作，但占一个程序步
12	程序结束指令	END（结束指令）表示程序结束

7.4.2　功能指令系统

功能指令表示格式与基本指令不同。功能指令用编号 FNC00～FNC294 表示，并给出对应的助记符（大多用英文名称或缩写表示）。例如，FNC45 的助记符是 MEAN（平均），若使用手持编程器时键入 FNC45，若采用智能编程器或在计算机上编程时也可键入助记符 MEAN。有的功能指令没有操作数，而大多数功能指令有 1～4 个操作数。如图 7.4.1 所示为一个计算平均值指令，它有 3 个操作数，[S]表示源操作数，[D]表示目标操作数，如果使用变址功能，则可表示为[S·]和[D·]。当源或目标不止一个时，用[S1·]、[S2·]、[D1·]、[D2·]表示。用 n 和 m 表示其他操作数，它们常用来表示常数 K 和 H，或作为源和目标操作数的补充说明，当这样的操作数多时可用 n1、n2 和 m1、m2 等来表示。

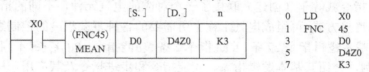

图 7.4.1　功能指令表示格式

图 7.4.1 中源操作数为 D0、D1、D2，目标操作数为 D4Z0（Z0 为变址寄存器），K3 表示有 3 个数，当 X0 接通时，执行的操作为[（D0）+（D1）+（D2）]÷3→（D4Z0），如果 Z0 的内容为 20，则运算结果送入 D24 中。本节以移位指令为例，详细讲解功能指令的使用方法。

1．循环移位指令

右、左循环移位指令（D）ROR（P）和（D）ROL（P）编号分别为 FNC30 和 FNC31。执行这两条指令时，各位数据向右（或向左）循环移动 n 位，最后一次移出来的那一位同时存入进位标志 M8022 中，如图 7.4.2 所示。

2．带进位的循环移位指令

带进位的循环右、左移位指令（D）RCR（P）和（D）RCL（P）编号分别为 FNC32 和 FNC33。执行这两条指令时，各位数据连同进位（M8022）向右（或向左）循环移动 n 位，如图 7.4.3 所示。

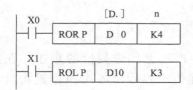

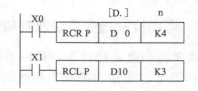

图 7.4.2 右、左循环移位指令的使用　　　图 7.4.3 带进位右、左循环移位指令的使用

使用 ROR/ROL/RCR/RCL 指令时应该注意：

目标操作数可取 KnY、KnM、KnS、T、C、D、V 和 Z，目标元件中指定位元件的组合只有在 K4（16 位）和 K8（32 位指令）时有效。

用连续指令执行时，循环移位操作每个周期执行一次。

3. 位右移和位左移指令

位右、左移指令 SFTR（P）和 SFTL（P）的编号分别为 FNC34 和 FNC35。它们使位元件中的状态成组地向右（或向左）移动。$n1$ 指定位元件的长度，$n2$ 指定移位位数，$n1$ 和 $n2$ 的关系及范围因机型不同而有差异，一般为 $n2 \leqslant n1 \leqslant 1024$。位右、左移指令使用如图 7.4.4 所示。

移位指令是对 $n1$ 位（移位寄存器的长度）的位元件进行 $n2$ 位的位左移或位右移的指令。每当采用脉冲执行型指令，驱动输入由 OFF 变为 ON 时，进行 $n2$ 位移位，但是每当采用连续执行型指令，各扫描周期出现移位。（进行 1 位移位时，$n2$ 为 K1）

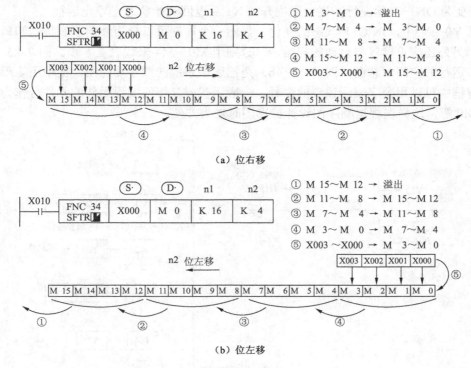

图 7.4.4 移位指令说明

使用位右移和位左移指令时应注意：源操作数可取 X、Y、M、S，目标操作数可取 Y、M、S。

7.4.3　顺序控制指令系统及其编程

所谓顺序控制就是针对顺序控制系统，按照生产工艺预先规定的顺序，在各个输入信号的作用下，根据内部状态和时间的顺序，在生产过程中各个执行机构自动地有秩序地进行操作。

如果一个控制系统可以分解成几个独立的控制动作或工序，且这些动作或工序必须严格按照一定的先后次序执行才能保证生产的正常进行，这样的控制系统称为顺序控制系统。其控制总是一步一步按顺序进行。

1．顺序控制设计法

顺序控制设计法就是根据系统的工艺过程绘出顺序功能图，再根据顺序功能图设计出梯形图的方法。它是一种先进的设计方法，很容易被用户所接受，程序的调试修改及阅读都很容易，设计周期短，设计效率高。

（1）步

顺序控制设计法最基本的思想是将系统的一个工作周期划分为若干个顺序相连的阶段，这些阶段称为步（Step），可以用编程元件（如内部辅助继电器 M 和状态继电器 S）来代表各步。

送料小车开始停在左侧限位开关 X1 处（如图 7.4.5 所示），按下启动按扭 X0，Y2 变为 ON，打开贮料斗的闸门，开始装料，同时用定时器 T0 定时，10s 后关闭贮料斗的闸门，Y0 变为 ON，开始右行，碰到限位开关 X2 后停下来卸料（Y3 为 ON），同时用定时器 T1 定时；5s 后 Y1 变为 ON，开始左行，碰到限位开关 X1 后返回初始状态，停止运行。

根据 Y0～Y3 的 ON/OFF 状态的变化。显然一个周期可以分为装料、右行、卸料和左行这 4 步，另外还应设置等待启动的初始步，分别用 M0～M4 来代表这 5 步。图 7.4.5（a）是运料小车运行的空间示意图，图 7.4.5（b）是描述该系统的顺序功能图，图中用矩形方框表示步，方框中可以用数字表示该步的编号，一般用代表该步的编程元件的元件号作为步的编号，如 M0 等，这样在根据顺序图设计梯形图时较为方便。

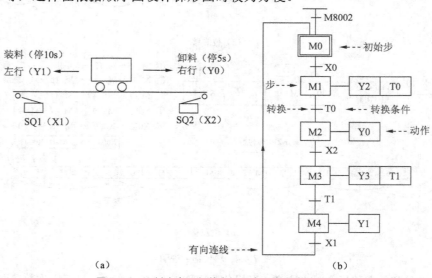

（a）　　　　　　　　　　　　　　　　（b）

图 7.4.5　运料小车运行的空间示意图和顺序功能图

（2）初始步

与系统的初始状态相对应的步称为初始步，初始状态一般是系统等待启动命令的相对静止的状态。初始步用双线方框表示，每一个顺序功能图至少应该有一个初始步。

（3）活动步

当系统正处于某一步所在的阶段时，该步处于活动状态，称该步为"活动步"。步处于活动状态时，相应的动作被执行；处于不活动状态时，相应的非存储型动作被停止执行。

2．顺序功能图的基本结构

顺序功能图来描述顺序控制过程，有单序列、选择序列和并行序列 3 种。

单序列是由一系列相继激活的步组成，每一步的后面仅有一个转换，每一个转换的后面只有一个步。如图 7.4.6（a）所示。

如图 7.4.6（b）所示，选择序列的开始称为分支，转换符号只能标在水平连线之下。如果步 2 是活动步，并且转换条件 $c=1$，将发生有步 2→步 3 的进展。如果步 2 是活动步，并且 $h=1$，将发生由步 2→步 5 的进展。如果当 c 和 h 同时为 ON 时，将优先选择 c 对应的序列，一般只允许同时选择一个序列，即选择序列中的各序列是互相排斥的，其中的任何两个序列都不会同时执行。选择序列的结束称为合并，如图 7.4.6（b）所示，几个选择序列合并到一个公共序列时，用需要重新组合的序列相同数量的转换符号和水平连线来表示，转换符号只允许标在水平连线之上。如果步 4 是活动步，并且转换条件 $e=1$，将发生由步 4→步 6 的进展。如果步 6 是活动步，并且 $j=1$，将发生由步 6→步 7 的进展。

如图 7.4.6（c）所示，并行序列的开始也称为分支，当转换条件实现时会导致几个序列同时激活，这些序列称为并行序列。当步 2 是活动步，并且转换条件 $c=1$，3 和 6 这两步同时变为活动步，同时步 2 变为不活动步。为了强调转换的同步实现，水平连线用双线表示。步 3、步 6 被同时激活后，每个序列中活动步的进展将是独立的。在表示同步的水平双线之上，只允许有一个转换符号。并行序列用来表示系统的几个同时工作的独立部分的工作情况。并行序列的结束称为合并，如图 7.4.6（c）所示，在表示同步的水平双线之下，只允许有一个转换符号。当直接连在双线上的所有前级步（步 4、步 7）都处于活动状态，并且转换条件 $e=1$ 时才会发生步 4、步 7 到步 5 的进展，即步 4、步 7 同时变为不活动步，而步 5 变为活动步。

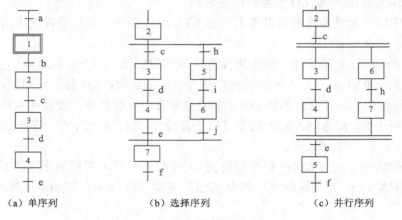

|（a）单序列|（b）选择序列|（c）并行序列|

图 7.4.6　单序列、选择序列和并行序列

3．顺序控制梯形图的编程方法（以单序列为例）

根据控制系统的顺序功能图设计梯形图的方法，称为顺序控制梯形图的编程方法。主要有使用起保停电路的编程方法、以转换为中心的编程方法、使用步进梯形指令（STL）的编程方法。本文以使用步进梯形指令（STL）为例介绍顺序控制梯形图的编程方法。

（1）步进梯形指令

许多 PLC 都有专门用于编制顺序控制程序的步进梯形指令及编程元件。FX_{2N} 中有两条步进指令：STL（步进触点指令）和 RET（步进返回指令）。利用这两条指令，可以很方便地编制顺序控制梯形图程序。

步进梯形指令 STL 只有与状态继电器 S 配合才具有步进功能。S0～S9 用于初始步，S10～S19 用于自动返回原点。使用 STL 指令的状态继电器的常开触点称为 STL 触点，用符号"⊣├—"或 "⊣STL├—" 表示，没有常闭的 STL 触点。

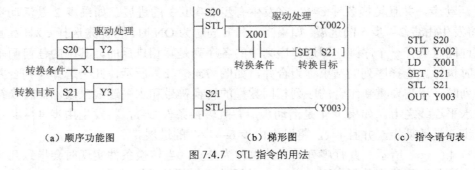

（a）顺序功能图　　　　　　　（b）梯形图　　　　　　（c）指令语句表

图 7.4.7　STL 指令的用法

STL 指令的用法如图 7.4.7 所示，从图中可以看出顺序功能图与梯形图之间的关系。用状态继电器表示顺序功能图的步，每一步都具有 3 种功能：负载的驱动处理、指定转换条件和指定转换目标。

使用 STL 指令使新的状态置位，前一状态自动复位。STL 触点接通后，与此相连的电路被执行；当 STL 触点断开时，与此相连的电路停止执行。与 STL 触点相连的起始触点要使用 LD、LDI 指令。使用 STL 指令后，LD 触点移至 STL 触点右侧，一直到出现下一条 STL 指令或者出现 RET 指令使 LD 触点返回左母线。

梯形图中同一元件的线圈可以被不同的 STL 触点驱动，也就是说使用 STL 指令时允许双线圈输出。

STL 指令和 RET 指令是一对步进梯形（开始和结束）指令。在最后一条步进梯形指令 STL 之后，加上 RET 指令，表明步进梯形指令功能的结束，LD 触点返回到原来母线。

SET：置位指令，使操作保持 ON 的指令。RST：复位指令，使操作保持 OFF 的指令。SET 指令可用于 Y、M 和 S，RST 指令可用于复位 Y、M、S、T、C，或将字元件 D、V 和 Z 清零。

在主机的状态开关由 STOP 状态切换到 RUN 状态时，可用初始化脉冲 M8002 来将初始状态继电器置为 ON，可用区间复位指令 ZRST（FNC40）来将除初始步以外的其余各步的状态继电器复位。

（2）步进梯形指令的编程方法

如前图 7.4.5 所示的运料小车自动循环的控制过程，小车运动系统一个周期由 5 步组成。它们可分别对应 S0、S20～S23，步 S0 代表初始步。顺序功能图和梯形图如图 7.4.8 所示。

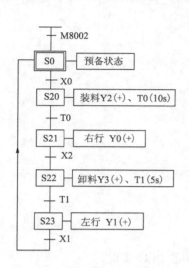

（a）顺序功能图

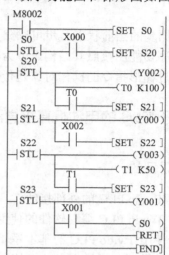

（b）梯形图

图 7.4.8　运料小车 STL 指令编程

图 7.4.8 的梯形图对应的指令语句如下：

地　址	指　　令		地　址	指　　令		地　址	指　　令	
0	LD	M8002	9	SET	S21	18	SET	S23
1	SET	S0	10	STL	S21	19	STL	S23
2	STL	S0	11	OUT	Y000	20	OUT	Y001
3	LD	X000	12	LD	X002	21	LD	X001
4	SET	S20	13	SET	S22	22	OUT	S0
5	STL	S20	14	STL	S22	23		RET
6	OUT	Y002	15	OUT	Y003	24		END
7	OUT	T0 K100	16	OUT	T1 K50			
8	LD	T0	17	LD	T1			

思 考 题

7-1　PLC 分哪几类？各适用于什么场合？

7-2　PLC 的工作方式是什么？分为哪几个阶段？

7-3　PLC 与继电器控制系统、微机相比，有何优势？

7-4　PLC 由哪几部分构成？各有什么功能？

7-5　PLC 有哪些编程语言？

7-6　Twido PLC 的优势及应用范围是什么？

7-7　实训使用的 Twido PLC 的型号为 TWDLCDA24DRF，它是什么模式？输入、输出分别是多少点？

7-8　FX$_{2N}$ PLC 编程时用到哪些编程元件？各有什么用途？

7-9　手持式编程器有什么优点？GX Developer 编程软件有什么优点？

7-10　电路块串联指令与触点串联指令有什么区别？电路块并联指令与触点并联指令有什么区别？

7-11　根据步的当前状态，步可以分为哪几种？

7-12　顺序功能图按照其结构可分为哪几种？

7-13　步进梯形指令的操作对象是什么？

实训一　基于 PLC 的电动机直接启动控制

一　实训目的

（1）掌握 Twido PLC 的外部接线。

（2）练习 Twido PLC 编程软件的使用。

（3）学会使用 Twido PLC 的基本逻辑指令。

（4）理解并掌握三相异步电动机的启动停止控制的 PLC 实现。

二　实训器材

（1）电动机控制线路接线柜。

（2）安装有 TwidoSoft 编程软件的计算机一台。

（3）USB-Twido PLC 下载电缆一根。

（4）实训导线若干。

（5）三相异步电动机一台。

三　基础知识

基于 PLC 的电动机直接启动控制主电路的动作原理请参阅第 6 章实训一的基础知识部分。

理解下列例题，上机调通程序。

【例 1】该程序是一自锁程序，梯形图及指令列表如图 7.5.1 所示。

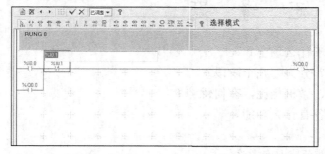

地址	指令	
0	LD	%I0.0
1	OR	%Q0.0
2	ANDN	%I0.1
3	ST	%Q0.0

图 7.5.1　梯形图输入举例 1

四　实训任务

该任务请用 Twido PLC 实现电动机直接启动运行控制，并与第 6 章实训一的继电接触器实现的电动机直接启动控制进行比较。

五　实训步骤

1.　主电路

主电路中采用了 3 个电气元件，分别为空气断路器 Q、交流接触器 KM 和热继电器 FR。主电路具有高电压、大电流的特点，是 PLC 不能取代的，接线方法（如图 7.5.2 所示）与实训一一致。其中，KM 的线圈可以与 PLC 的输出点连接，KM 和 FR 的辅助触点可以与 PLC 的输入点连接。

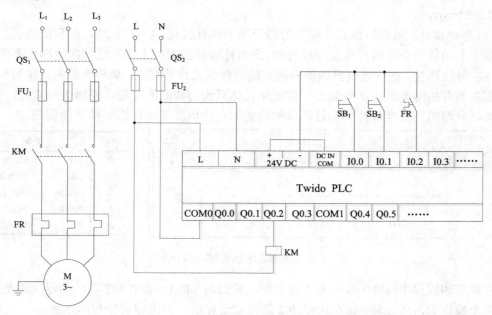

图 7.5.2　控制电路接线图

2.　确定 I/O 点总数及地址分配

在 PLC 控制系统中按钮均是作为输入点，这样整个控制系统总的输入点为 3 个，输出点数为 1 个。为了将输入/输出控制元件与 PLC 的输入/输出点一一对应接线，需要对以上输入/输出点进行地址分配。I/O 地址分配如表 7.5.1 所示。

表 7.5.1 　　　　　　　　　　　　　　　I/O 地址分配表

输 入 信 号			输 出 信 号		
1	%I0.0	启动按钮 SB$_1$	1	%Q0.2	交流接触器 KM
2	%I0.1	停止按钮 SB$_2$			
3	%I0.2	热继电器 FR			

3．控制电路

控制电路就是 PLC 接线原理图，是 PLC 程序设计的重要参考技术资料，如图 7.5.2 所示。

4．程序设计

将第 6 章实训一中的继电—接触器控制原理图转换成梯形图。继电—接触器控制电路中的元件触点是通过不同的图形符号和文字符号来区分的，而 PLC 的触点的图形符号只有动合和动断两种，对于不同的软元件只能通过文字符号来区分。程序的转换步骤如下：

（1）将所有元件的动合、动断触点直接转换成 PLC 的图形符号，交流接触器 KM 线圈替换成 PLC 的中括号符号。在继电—接触器控制电路中的熔断器是为了实现短路保护，PLC 程序不需要保护，这类元件在程序中是可以省略的。替换后如图 7.5.3 所示。

（2）根据 I/O 分配表，将图中继电器的图形符号替换为 PLC 的软元件符号。替换后的图如图 7.5.3 所示。

（3）程序优化。采用转换方式编写的梯形图应进行优化，以符合 PLC 梯形图的编程原则。PLC 程序中的每一个逻辑行从左母线开始，逻辑行运算后的结果输出给相应软继电器的线圈，然后与右母线连接，在软继电器线圈右侧不能有任何元件的触点。从转换后的图中可以看到，在线圈右侧有热继电器的动断触点，在程序优化后改为线圈的左侧，逻辑关系未变。图中的程序就是典型的具有自保持、热过载保护功能的电动机连续运行控制梯形图程序。

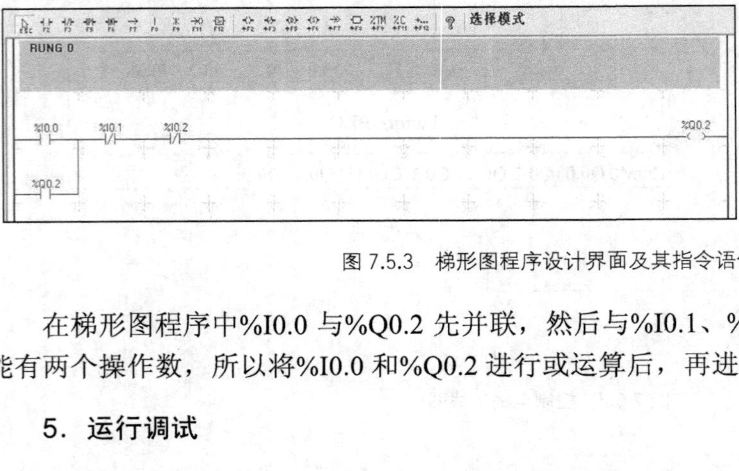

地址	指令	
0	LD	%I0.0
1	OR	%Q0.2
2	ANDN	%I0.1
3	ANDN	%I0.2
4	ST	%Q0.2

图 7.5.3　梯形图程序设计界面及其指令语句

在梯形图程序中%I0.0 与%Q0.2 先并联，然后与%I0.1、%I0.2 串联，因每次逻辑运算只能有两个操作数，所以将%I0.0 和%Q0.2 进行或运算后，再进行后续与的运算。

5．运行调试

检查接线无误后，将程序下载到 PLC 中并运行程序。观察 PLC 的控制过程及交流接触器、电动机的动作情况：

（1）按下启动按钮 SB$_1$，观察%Q0.2、交流接触器 KM、热继电器 FR、电动机的动作情况。

（2）按下停止按钮 SB$_2$，观察%Q0.2、交流接触器 KM、热继电器 FR、电动机的动作情况。

（3）再次启动运行，手动断开%I0.2，观察%Q0.2、交流接触器 KM、热继电器 FR、电动机的动作情况。

六　应用拓展

在电动机控制中，交流接触器的主触点会因电弧烧结在一起而不容易断开，请用 PLC 设计电动机直接启动控制系统，要求实现按下停止按钮后，检测接触器是否断开，如果没有断开，PLC 输出控制报警指示灯显示。请完成主电路、控制电路、I/O 地址分配、PLC 程序及编程元件选择，完成调试。

七　实训报告

（1）画出实训任务控制线路的 I/O 点总数及地址分配表、电气控制接线图、梯形图及指令语句表，并分析动作原理。

（2）记录 %Q0.2、交流接触器 KM、热继电器 FR、电动机的动作、运转情况。

（3）小结 Twido PLC 程序编写方法和 TwidoSoft 软件使用方法。

（4）小结继电—接触器控制原理图转换成梯形图的方法。

（5）心得及体会。

实训二　基于 PLC 的电动机正、反转控制

一　实训目的

（1）掌握基于 Twido PLC 的电机控制的线路安装知识。

（2）进一步掌握 Twido PLC 的输入输出配置及外围设备的连接。

（3）进一步掌握 TwidoSoft 编程软件的应用。

（4）理解并掌握三相异步电动机的正、反转控制的 PLC 实现。

（5）进一步了解 PLC 应用设计的步骤。

二　实训器材

（1）电动机控制线路接线柜。

（2）安装有 TwidoSoft 编程软件的计算机一台。

（3）USB-Twido PLC 下载电缆一根。

（4）实训导线若干。

（5）三相异步电动机一台。

三　基础知识

基于 PLC 的电动机正反转控制电路的动作原理请仔细阅读第 6 章实训二的基础知识部分。

四　实训任务

该任务请用 Twido PLC 实现电动机正、反转控制，并与第 6 章实训二的继电接触器实现的电动机正、反转控制进行比较。

五 实训步骤

1. 主电路

主电路采用了 4 个电气元件，分别为空气断路器 Q_1、交流接触器 KM_1 和 KM_2、热继电器 FR。接线方法（如图 7.6.1 所示）与第 6 章实训二一致。

2. 确定 I/O 点总数及地址分配

在控制电路中有 3 个控制按钮，正转启动按钮 SB_1、停止按钮 SB_2、反转启动按钮 SB_3。这样整个系统总的输入点数为 4 个，输出点数为 2 个。PLC 的 I / O 分配地址如表 7.6.1 所示。

表 7.6.1   **I/O 地址分配表**

	输 入 信 号			输 出 信 号	
1	%I0.0	正转启动按钮 SB_1	1	%Q0.2	交流接触器 KM_1
2	%I0.1	停止按钮 SB_2	2	%Q0.3	交流接触器 KM_2
3	%I0.2	反转启动按钮 SB_3			
4	%I0.3	热继电器 FR			

3. 控制电路

PLC 控制的电动机正、反向运行控制接线原理图如图 7.6.1 所示。正、反转控制中有一个需要特别注意的问题，即 PLC 程序控制与电气控制存在一定的差别，应采取相应的措施，避免造成电气故障。在图 7.6.1 中，如果此时电动机正转运行，按下反转启动按钮%I0.2，%Q0.2 会停止输出，%Q0.3 开始工作，逻辑关系是正确的；由于 PLC 输出是集中输出，也就是说%Q0.2 的状态改变与%Q0.3 状态改变是同时的，而外部交流接触器触点由吸合或断开完成约 0.1s 远远低于 PLC 程序执行的速度，KM_1 还没有完全断开的情况下 KM_2 吸合，会造成短路等电气故障。因此采取的办法是增加 KM_1、KM_2 之间的硬件互锁，这就解决了高速的 PLC 程序执行与低速的电气元件之间的时间问题。今后再遇到这类问题时，应首先考虑硬件互锁。

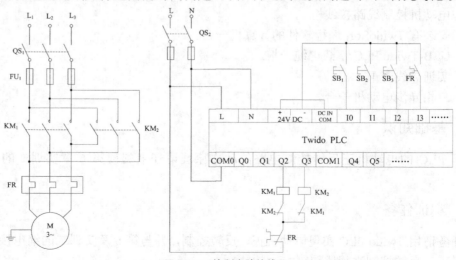

图 7.6.1 控制电路接线图

4. 程序设计

利用典型梯形图结构（如图 7.6.2 所示），逐步增加相应功能的编程方法来编程。

根据不同的控制功能，按单个块进行设计。例如，在当前项目中先不考虑正转与反转之间的关系，就可以分为一个电动机正转的运行控制和一个电动机反转的运行控制。电动机正转时，有启动按钮 SB_1，停止按钮 SB_2，输出继电器为 KM_1；电动机反转时，有启动按钮 SB_3，停止按钮 SB_2，输出继电器为 KM_2，均是典型的电动机连续运行控制电路（如图 7.6.3 所示）。可以看到程序的结构是一样的，只要修改对应的输入/输出点符号即可。

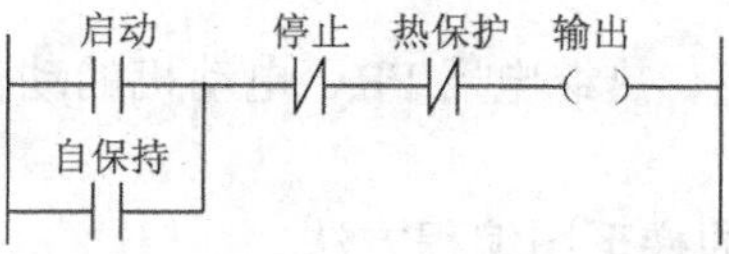

图 7.6.2 典型的电动机连续运行控制梯形图

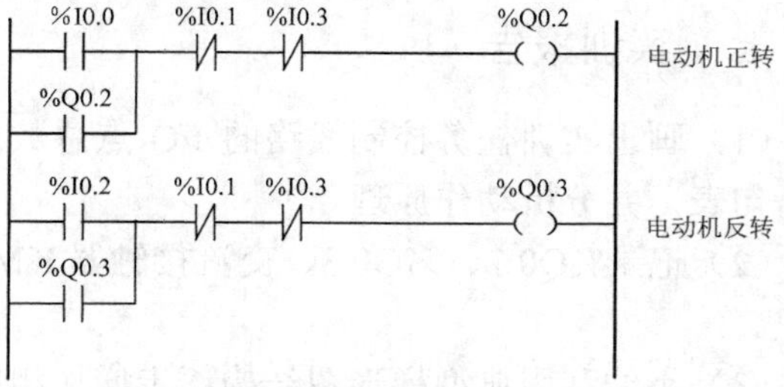

图 7.6.3 两个典型的电动机连续运行控制梯形图

考虑到两交流接触器不能同时输出的问题，这样在各自的逻辑行中增加具有互锁功能的动断触点，如图 7.6.4 所示。

考虑启动按钮之间的互锁问题，在各自的逻辑行中增加具有按钮互锁功能的动断触点，如图 7.6.5 所示。

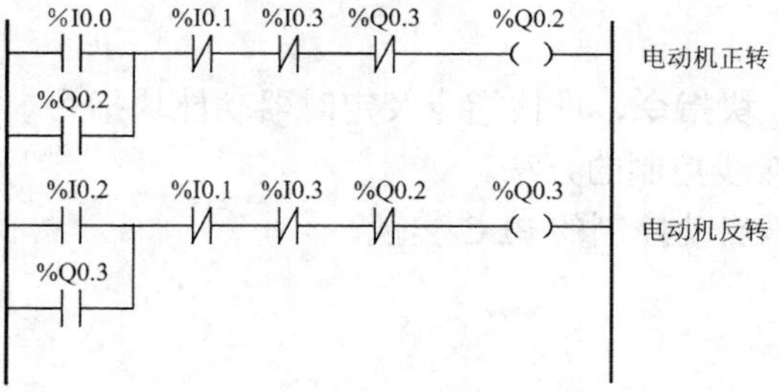

图 7.6.4 接触器互锁的正反转控制梯形图

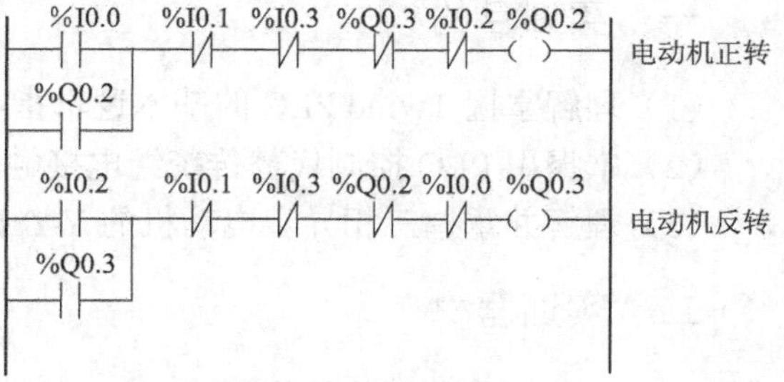

图 7.6.5 接触器、按钮双重互锁的正反转控制梯形图

5. 运行调试

检查接线无误后，将程序下载到 PLC 中并运行程序。观察 PLC 的控制过程及交流接触器、电动机的动作情况：

（1）按下启动按钮 SB_1，观察 %Q0.2、交流接触器 KM_1、电动机的动作情况。

（2）按下停止按钮 SB_2，观察 %Q0.2、交流接触器 KM_1、电动机的动作情况。

（3）按下启动按钮 SB_3，观察 %Q0.3、交流接触器 KM_2、电动机的动作情况。

（4）按下停止按钮 SB_2，观察 %Q0.3、交流接触器 KM_2、电动机的动作情况。

（5）按下 SB_1 启动电动机正转运行，再按下 SB_3 反转按钮，观察 %Q0.2、%Q0.3、交流接触器 KM_1、KM_2、电动机的动作情况。

六 应用拓展

现有两台小功率（10kW）的电动机，均采用直接启动控制方式，用 PLC 设计控制系统，分别实现如下要求：

要求一：当 1 号电动机启动后，2 号电动机才允许启动，停止时各自独立停止。

要求二：当 1 号电动机启动后，2 号电动机才允许启动，停止时，2 号可以独立停止，若 1 号先停止，则 2 号同时停止。

请完成主电路、控制电路、I/O 地址分配、PLC 程序及元件选择，完成调试。

七 实训报告

（1）画出实训任务控制线路的 I/O 点总数及地址分配表、电气控制接线图、梯形图及指令语句表，并分析动作原理。

（2）记录%Q0.2、%Q0.3、交流接触器 KM_1、KM_2、热继电器 FR、电动机的动作、运转情况。

（3）小结利用典型梯形图结构逐步增加相应功能的梯形图编程方法。

（4）小结 PLC 程序控制与继电—接触控制的异同及解决方法。

（5）心得及体会。

实训三 基于 PLC 的电动机 Y-△减压启动控制

一 实训目的

（1）理解掌握 Twido PLC 的基本逻辑指令：块指令、堆栈指令及定时器功能块指令。

（2）掌握用 PLC 控制代替传统继电接触器接线控制的方法。

（3）理解并掌握三相异步电动机的 Y-△减压启动控制的 PLC 实现。

二 实训器材

（1）电动机控制线路接线柜。

（2）安装有 TwidoSoft 编程软件的计算机一台。

（3）USB-Twido PLC 下载电缆一根。

（4）实训导线若干。

（5）三相异步电动机一台。

三 基础知识

基于 PLC 的电动机 Y-△减压控制主电路的动作原理请仔细阅读第 6 章实训三的基础知识部分。

理解下列例题，上机调通程序。

【例 1】用两个定时器%TM0 和%TM1 在输出点%Q0.2 产生一个秒脉冲。

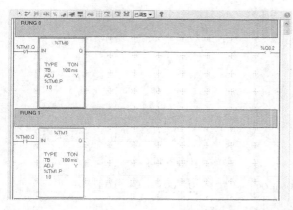

地址	指　　令	地址	指　　令
0	BLK %TM0	6	END_BLK
1	LDN %TM1.Q	7	BLK %TM1
2	IN	8	LD %TM0.Q
3	OUT_BLK	9	IN
4	LD Q	10	END_BLK
5	ST %Q0.2		

图 7.7.1　梯形图输入举例 1

四　实训任务

该任务请用 Twido PLC 实现电动机 Y-△减压启动控制，并与第 6 章实训三的继电接触器实现的电动机 Y-△减压启动控制进行比较。

五　实训步骤

1. 主电路

主电路共用了 5 个元件，其中 1 个热继电器 FR，3 个交流接触器 KM_1、KM_2 和 KM_3，2 个空气断路器 Q_1、Q_2。接线方法（见图 7.7.2）与第 6 章实训三一致。合上空气断路器 Q_1 与 Q_2 后，按下启动按钮 SB_1，KM_1 吸合，同时 KM_3 吸合，电动机按星形连结降压启动，延时一定时间后，KM_3 失电，其延时闭合动合触点闭合，KM_2 得电，电动机接三角形连结运行。按下按钮 SB_2，KM_1、KM_2 均失电，电动机停转。

2. 确定 I/O 点总数及地址分配

在控制电路中有启动按钮 SB_1 和停止按钮 SB_2。这样整个系统总的输入点数为 3 个，输出点数为 3 个。PLC 的 I/O 分配地址如表 7.7.1 所示。

表 7.7.1　　　　　　　　　　　　　　I/O 地址分配表

	输 入 信 号			输 出 信 号	
1	%I0.0	启动按钮 SB_1	1	%Q0.0	交流接触器 KM_1
2	%I0.1	停止按钮 SB_2	2	%Q0.1	交流接触器 KM_2
3	%I0.2	热继电器 FR	3	%Q0.2	交流接触器 KM_3

3. 控制电路设计

PLC 控制的电动机星—三角降压启动控制接线图如图 7.7.2 所示。

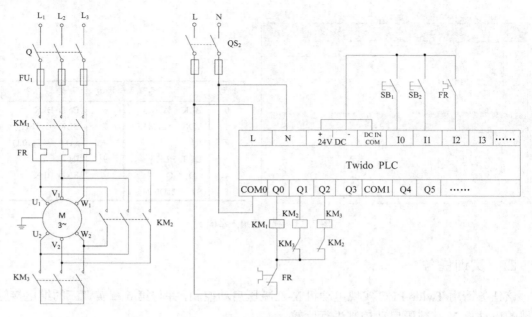

图 7.7.2　控制电路接线图

4．程序设计

启动后，电动机星—三角降压启动控制主电路的交流接触器通电顺序可以描述为 KM$_1$ 和 KM$_3$ 同时得电，电动机 Y 形启动，经过一段时间延时后 KM$_3$ 断电，KM$_2$ 得电，电动机△形运行。SB$_1$ 为启动按钮，SB$_2$ 为停止按钮。编写的梯形图程序如图 7.7.3 所示。

5．运行调试

检查接线无误后，将程序下载到 PLC 中并运行程序。观察 PLC 的控制过程及交流接触器、电动机的动作情况：

（1）按下启动按钮 SB$_1$，观察%Q0.0、%Q0.1、%Q0.2、%TM0、交流接触器 KM$_1$、KM$_2$、KM$_3$、电动机的动作情况。

（2）按下停止按钮 SB$_2$，观察%Q0.0、%Q0.1、%Q0.2、%TM0、交流接触器 KM$_1$、KM$_2$、KM$_3$、电动机的动作情况。

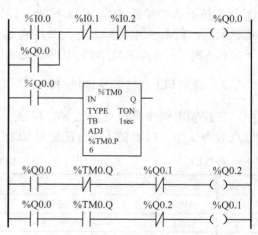

图 7.7.3　电动机星—三角降压启动梯形图程序

六　应用拓展

更改实训任务的控制要求如下：按下启动按钮 SB$_1$，接通 KM$_1$ 和 KM$_3$ 线圈，电动机 Y 形启动；延时 6s 后 KM$_3$ 断开，延时 1s 后 KM$_2$ 接通，电动机△形运转，运行 10s 后电动机自动停转。请完成主电路、控制电路、I/O 地址分配、PLC 程序及元件选择，完成调试。

七　实训报告

（1）画出实训任务控制线路的 I/O 点总数及地址分配表、电气控制接线图、梯形图及指令语句表，并分析动作原理。

（2）记录%Q0.0、%Q0.1、%Q0.2、%TM0、交流接触器 KM₁、KM₂、KM₃、热继电器 FR、电动机的动作、运转情况。

（3）小结使用块指令、堆栈指令及定时器功能块指令的方法。

（4）小结实训时碰到问题的检修、排查及解决方法。

（5）心得及体会。

实训四　简单 PLC 程序设计

一　实训目的

（1）掌握 PLC 的输入/输出端子分布及外部接线。

（2）掌握 PLC 编程语言。

（3）掌握 PLC 系统的设计方法。

（4）掌握 LED 数码显示控制实验。

二　实训器材

（1）三菱 FX₂ₙ PLC 综合实训装置。

（2）导线若干。

三　基础知识

理解下列例题，上机调通各程序。

【**例 1**】理解图 7.8.1 所示的 PLC IO 端子与软元件的关系图，并上机调通程序。

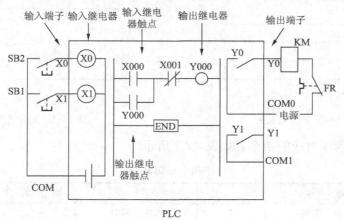

图 7.8.1　PLC IO 端子与软元件关系图

【例2】设计一个常用的点动计时器，其功能为每次输入 X000 时，Y000 输出一个脉宽为定长的脉冲，脉宽由定时器 T000 设定值设定。它的时序图如图 7.8.2 所示。

根据时序图我们就可画出相应的梯形图如图 7.8.3 所示。

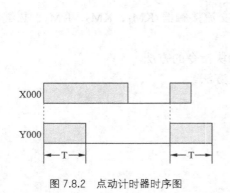

图 7.8.2　点动计时器时序图 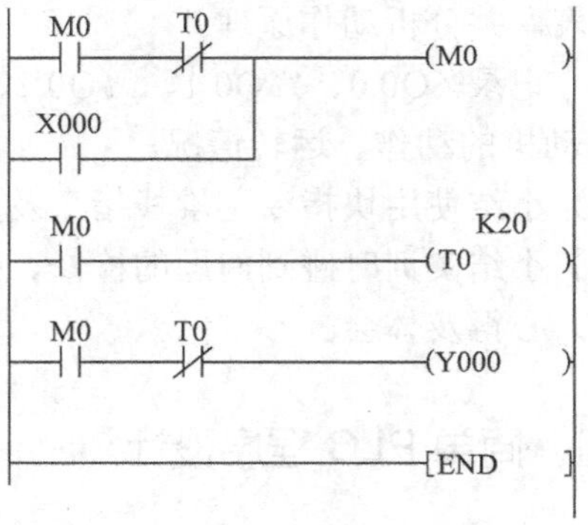　　　　　　　　　　图 7.8.3　例 2 梯形图

图 7.8.3 的梯形图对应的指令表如表 7.8.1 所示。

表 7.8.1　　　　　　　　　　　　　　　　指令语句表

地　址	指　　令	地　址	指　　令	地　址	指　　令
0	LD　M000	4	LD　M000	8	ANI　T000
1	ANI　T000	5	OUT　T000	9	OUT　Y000
2	OR　X000	6	SP　K20	10	END
3	OUT　M000	7	LD　M000		

【例3】运用定时器可构成振荡电路，如根据下面的时序图，我们可用两个定时器 T001、T002 构成振荡电路，其振荡电路时序如图 7.8.4 所示。

根据时序图我们就可画出相应的梯形图如图 7.8.5 所示。

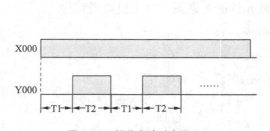

图 7.8.4　振荡电路时序图 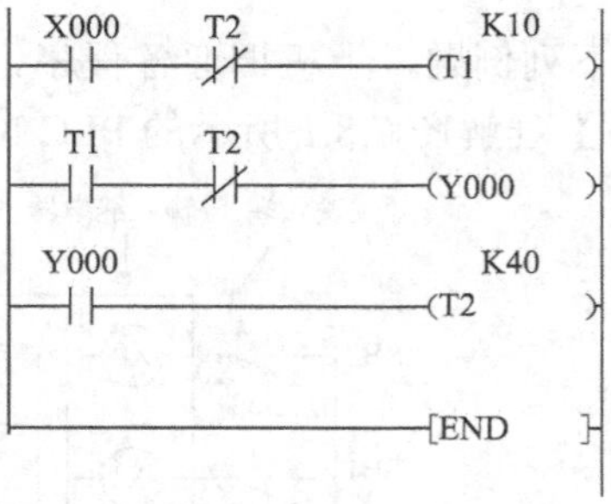　　　　　　　　　　图 7.8.5　例 3 梯形图

图 7.8.5 的梯形图对应的指令表如表 7.8.2 所示。

表 7.8.2　　　　　　　　　　　　　　　　指令语句表

地　址	指　　令	地　址	指　　令	地　址	指　　令
0	LD　X000	4	LD　T001	8	OUT　T002
1	ANI　T002	5	ANI　T002	9	SP'　K40
2	OUT　T001	6	OUT　Y000	10	END
3	SP'　K10	7	LD　Y000		

【例4】 用 PLC 实现 Y0~Y3 灯的闪烁显示，要求间隔时间为 2s。

解：

（1）I/O 点分配如表 7.8.3 所示。

表 7.8.3   I/O 地址分配表

输入	X1	输出	Y0 灯	Y1 灯	Y2 灯	Y3 灯
			Y0	Y1	Y2	Y3

（2）根据 I/O 点分配，画出 PLC 外部接线图，如图 7.8.6 所示，并在如图 7.8.7 所示的实验装置上完成接线操作。

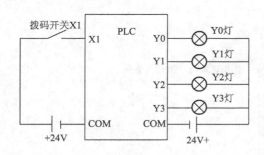

图 7.8.6   PLC 外部接线图

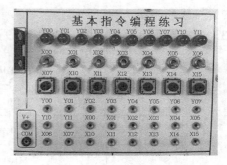

图 7.8.7   拨码开关、按钮及显示灯装置

（3）根据题意编写梯形图，如图 7.8.8 所示。

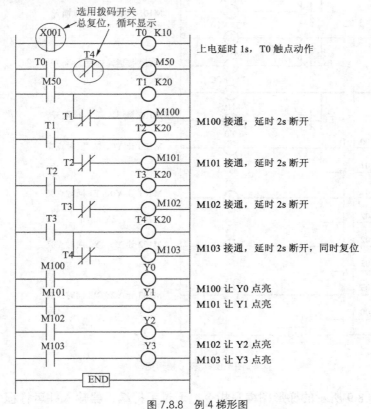

图 7.8.8   例 4 梯形图

（4）根据梯形图编写指令，通过手持编程器输入并运行程序，查看结果。

【**例 5**】用 PLC 实现 Y0～Y3 灯的闪烁显示，要求间隔时间为 2s，循环顺序为 Y0、Y1——Y1、Y2——Y2、Y3——Y3、Y0。

解：

（1）I/O 点分配如表 7.8.4 所示。

表 7.8.4   I/O 地址分配表

输入	X1	输出	Y0 灯	Y1 灯	Y2 灯	Y3 灯
			Y0	Y1	Y2	Y3

（2）接线参照图 7.8.6 所示。

（3）根据题意编写梯形图，如图 7.8.9 所示。

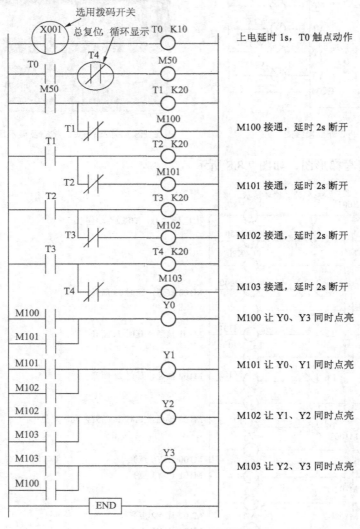

图 7.8.9   例 5 梯形图

（4）根据图 7.8.9 所示的梯形图编写指令，通过手持编程器输入并运行程序，查看结果。

四 实训任务

（1）设计一个延时接通/延时断开电路，如图 7.8.10 所示。要求根据时序图，画出梯形图。

（2）设计十字路口交通灯。时序图及显示装置如图 7.8.11 及图 7.8.12 所示。X0 为拨码开关，Y1 为东西向红灯，Y2 为东西向绿灯，Y3 为南北向红灯，Y4 为南北向绿灯。

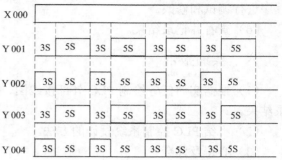

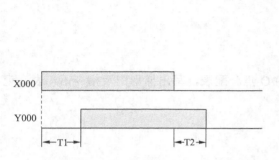

图 7.8.10 延时接通/延时断开电路时序图　　　　图 7.8.11 红绿灯电路时序图

（3）采用 PLC，实现电机的正反转控制及 Y-△启动控制。显示装置如图 7.8.13 所示。

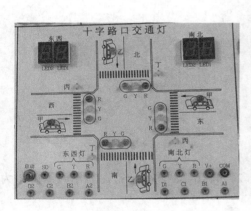

图 7.8.12 十字路口交通灯实验面板

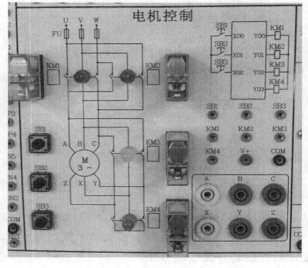

图 7.8.13 电动机状态显示装置

（4）在例 4、例 5 的基础上，修改程序，实现 Y0～Y7 灯的闪烁显示，Y0、Y1、Y2——→Y1、Y2、Y3——→Y2、Y3、Y4——→Y3、Y4、Y5——→Y4、Y5、Y6——→Y5、Y6、Y7——→Y6、Y7、Y0。要求间隔时间为 2s。

（5）有 8 个彩灯排成一行，自左至右依次每秒有一个灯点亮（只有一个灯亮），循环 3 次后，全部灯同时点亮，3s 后全部灯熄灭。

五 实训步骤

（1）在教师引导下，学习本章基本知识，查阅相关资料，注意操作规范。

（2）根据题意，选择输入设备、输出设备以及由输出设备驱动的控制对象。

（3）分配 I/O 点，绘制 PLC 与开关、LED、实训面板的外部接线图，考虑必要的安全保护措施。

（4）设计 PLC 控制程序。包括梯形图和指令语句表。

（5）用手持编程器将程序键入到 PLC 的用户存储器中，并检查键入的程序是否正确，对程序进行调试和修改。

（6）查看并记录结果。

六　实训报告

（1）根据实训任务绘制 PLC 外部接线图、I/O 点分配表，写出梯形图及指令语句表，记录结果。

（2）小结 PLC 控制系统设计的方法。

（3）心得及体会。

实训五　BCD 七段数码管显示译码设计性实训

一　实训目的

（1）巩固辅助继电器 M 及定时器的应用。

（2）掌握七段字形的设计及编程方法。

二　实训器材

（1）三菱 FX_{2N} PLC 综合实训装置。

（2）导线若干。

三　基础知识

理解下列例题，上机调通各程序。

【例 1】在 LED 数码显示控制单元依次显示 0、2、4、6、8 五个字符，显示时间间隔为 2s，断开启动开关实验停止。

解：

（1）I/O 点分配如表 7.9.1 所示。

表 7.9.1　　　　　　　　　　　　　　　　　　I/O 地址分配表

输入	SD	输出	A	B	C	D	E	F	G
	X0		Y0	Y1	Y2	Y3	Y4	Y5	Y6

（2）根据 I/O 点分配，画出 PLC 外部接线图，如图 7.9.1 所示，并在如图 7.9.2 所示的实验装置上完成接线操作。

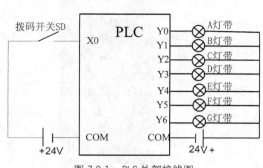

图 7.9.1　PLC 外部接线图

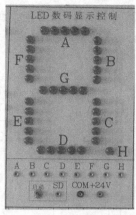

图 7.9.2　LED 数码显示装置

（3）七段字形显示分配表如表 7.9.2 所示。

表 7.9.2　　　　　　　　　　　　　例 1 七段字形分配表

选用辅助继电器 M	字符	Y0	Y1	Y2	Y3	Y4	Y5	Y6
		A	B	C	D	E	F	G
M101	0	1	1	1	1	1	1	0
M102	2	1	1	0	1	1	0	1
M103	4	0	1	1	0	0	1	1
M104	6	1	0	1	1	1	1	1
M105	8	1	1	1	1	1	1	1

（4）根据题意编写梯形图，如图 7.9.3 所示。

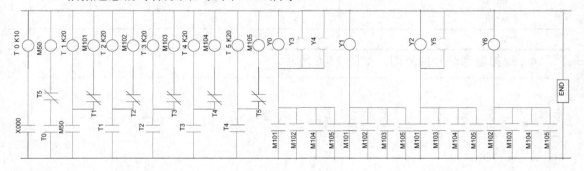

图 7.9.3　字符显示梯形图

（5）根据梯形图编写指令，通过手持编程器输入并运行程序，查看结果。

【例 2】在 BCD 数码管显示单元显示倒计时 5、4、3、2、1，显示时间间隔为 2s，断开启动开关实验停止。

解：

（1）I/O 点分配如表 7.9.3 所示。

表 7.9.3　　　　　　　　　　　　　I/O 地址分配表

输	SD	输	A	B	C	D
入	X0	出	Y0	Y1	Y2	Y3

（2）根据 I/O 点分配，画出 PLC 外部接线图，如图 7.9.4 所示，并在如图 7.9.5 所示的实验装置上完成接线操作。

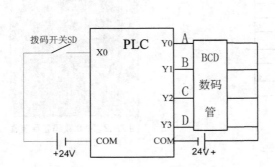

图 7.9.4　PLC 外部接线图

图 7.9.5　BCD 数码管显示装置

（3）BCD 数码管显示分配表如表 7.9.4 所示。

表 7.9.4 例 2 BCD 数码管显示分配表

选用辅助继电器 M	字　符	Y0	Y1	Y2	Y3
		A	B	C	D
M101	5	0	1	0	1
M102	4	0	1	0	0
M103	3	0	0	1	1
M104	2	0	0	1	0
M105	1	0	0	0	1

（4）根据题意编写梯形图，如图 7.9.6 所示。

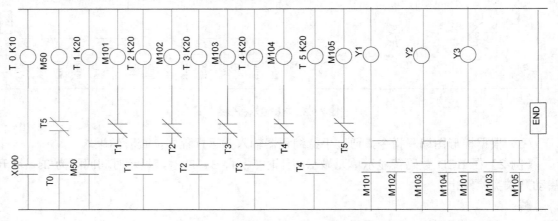

图 7.9.6　倒计时显示梯形图

（5）根据梯形图编写指令，通过手持编程器输入并运行程序，查看结果。

四　实训任务

（1）在 LED 数码显示控制单元依次显示自己学号，显示时间间隔为 2s，循环往复工作，断开启动开关实验停止。

（2）实现实训四中实训任务（2）十字路口交通灯设计（带倒计时显示），即南北向及东西向均有两位数码管倒计时显示牌同时显示相应的指示灯剩余时间值。

（3）具有倒计时显示功能的两人一组的三组抢答器。有一名主持人和三组参赛选手，每组有两名选手，参赛小组号码分别是 1、2、3 号。主持人控制拨码开关，每组参赛者各控制一个按钮。主持人拨动拨码开关，使其发出高电平后，参赛选手才可以抢答，并显示倒计时时间。在 10 秒内，任一参赛选手抢先按下按键后，显示器显示率先按下按钮的参赛小组编号（显示 1、2、3），表示该组选手抢答成功。其他选手再按按钮，则不响应。如所有选手 10s 内没有抢答，则显示 F 字符。当主持人按下复位开关后，进行下一轮抢答。

（4）实现加一、减一显示程序。定义 3 个按钮，按钮 SB1 为加一功能，按钮 SB2 为减一功能，按钮 SB3 为清零功能。查阅三菱编程手册中，加一功能指令为 INC，减一功能指令为 DEC。部分参考程序如图 7.9.7 所示（GX Developer 软件绘制）。

图 7.9.7　加一、减一显示部分程序

五　实训步骤

（1）在教师引导下，查阅教材和相关资料，注意操作规范。

（2）根据题意，选择输入设备、输出设备以及由输出设备驱动的控制对象。

（3）分配 I/O 点，绘制 PLC 与开关、LED 的接线图，考虑必要的安全保护措施。

（4）设计 PLC 控制程序。包括梯形图和指令语句表。

（5）用手持编程器将程序键入到 PLC 的用户存储器中，并检查键入的程序是否正确，对程序进行调试和修改。

（6）查看并记录结果。

六　实训报告

（1）根据实训任务绘制 PLC 外部接线图、I/O 点分配表，写出梯形图及指令语句表，记录结果。

（2）小结设计 PLC 梯形图的方法。

（3）心得及体会。

实训六　移位功能指令设计性实训

一　实训目的

（1）学习并掌握移位指令及其编程方法。

（2）了解部分功能指令。

二　实训器材

（1）三菱 FX_{2N} PLC 综合实训装置。

（2）导线若干。

三　基础知识

理解下列例题，上机调通该程序。

【例 1】用左移位指令 SFTL 实现 Y0～Y3 灯的闪烁显示，要求间隔时间为 2s。

解：（1）I/O 点分配如表 7.10.1 所示。

表 7.10.1　　　　　　　　　　　　　　　　I/O 地址分配表

输入	X1	输出	Y0 灯	Y1 灯	Y2 灯	Y3 灯
			Y0	Y1	Y2	Y3

（2）接线参照图 7.8.6 所示。

（3）梯形图如图 7.10.1 所示。

（4）根据梯形图编写指令，通过手持编程器输入并运行程序，查看结果。

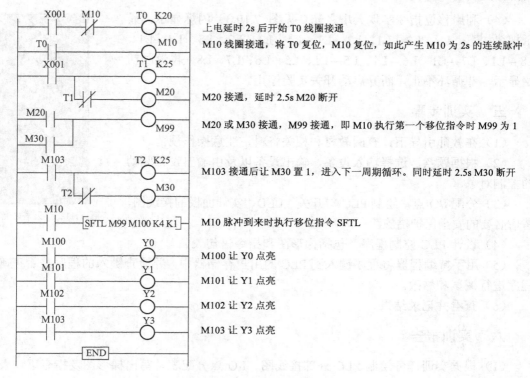

图 7.10.1 例 1 梯形图

四 实训任务

（1）利用右移位指令 SFTR 实现实训五中实训任务（1）显示学号设计。

（2）利用移位指令实现实训五中实训任务（2）十字路口交通灯设计。

（3）利用移位指令实现 LED 数码显示控制。依次显示 A、B、C、D、E、F、G、H 八个字段，0、1、2、3、4、5、6、7、8、9 十个数字及 A、b、C、d、E、F 六个字符。再返回初始显示，并循环不止，断开启动开关实验停止。补充说明：移位指令中 n1 即移位寄存器的长度为 1024，而本任务中需要将 24 个对象进行移位，可以使用一条移位指令。如若需要也可以使用两条移位指令，提示梯形图如图 7.10.2 所示。

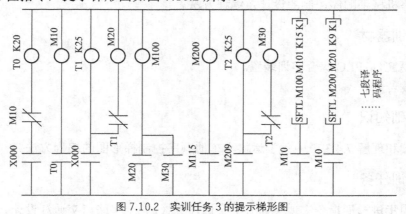

图 7.10.2 实训任务 3 的提示梯形图

（4）利用移位指令实现天塔之光（见图 7.10.3）闪烁显示。显示规律如下：L1、L2—L1、L3—L1、L4—L1、L2、L3、L4—L1、L8—L1、L7—L1、L6—L1、L5—L1、L5、L6、L7、L8，再返回初始显示，并循环不止，断开启动开关实验停止。

图 7.10.3　天塔之光面板

五　实训步骤

（1）在教师引导下，查阅教材和相关资料，注意操作规范。

（2）根据题意，选择输入设备、输出设备以及由输出设备驱动的控制对象。

（3）分配 I/O 点，绘制 PLC 与开关、LED、实训面板的接线图，考虑必要的安全保护措施。

（4）设计 PLC 控制程序。包括梯形图和指令语句表。

（5）用手持编程器将程序键入到 PLC 的用户存储器中，并检查键入的程序是否正确，对程序进行调试和修改。

（6）查看并记录结果。

六　实训报告

（1）根据实训任务绘制 PLC 外部接线图、I/O 点分配表，写出梯形图及指令语句表，记录结果。

（2）小结使用移位指令的方法。

（3）心得及体会。

实训七　基于步进指令的顺序控制实训

一　实训目的

（1）掌握顺序控制梯形图的编程方法。

（2）掌握特殊功能辅助继电器和步进指令的使用方法。

（3）掌握机械手顺序控制的设计及编程方法。

二　实训器材

（1）三菱 FX_{2N} PLC 综合实训装置。

（2）导线若干。

三　基础知识

认真阅读和理解 7.4.3 节中关于运料小车的顺序控制梯形图的编程方法。

四　实训任务

（1）利用步进梯形指令实现实训五中实训任务（2）十字路口交通灯设计。

（2）利用步进梯形指令实现实训五中的实训任务（3）。

（3）利用步进梯形指令实现机械手动作的模拟，机械手动作的模拟面板如图 7.11.1 所示。

机械手实验要求：本实验是将工件由 A 处传送到 B 处的机械手，上升/下降和左移/右移的执行用双线圈二位电磁阀推动气缸完成。当某个电磁阀线圈通电，就一直保持现有的机械动作。例如，一旦下降的电磁阀线圈通电，机械手下降，即使线圈再断电，仍保持现有的下降动作状态，直到相反的线圈通电为止。另外，夹紧/放松由单线圈二位电磁推动气缸完成，线圈通电执行夹紧动作，线圈断电时执行放松动作。设备装有上、下限位和左、右限位开关，限位开关用按钮开关来模拟，所以在实验中应为点动。电磁阀和原位指示灯用发光二极管来模拟。本实验的启动状态应为原位，它的工作过程如图 7.11.2 所示，在 8 个动作，输入、输出动作状态如表 7.11.1 所示。

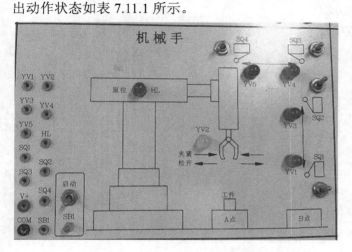

图 7.11.1　机械手动作模拟实验面板

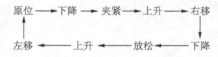

图 7.11.2　机械手工作过程

表 7.11.1　　　　　　　　　　　　机械手动作位置关系表

位 置	输　　　　　　　　　入				输　　　出	
状态指示	X1（SQ1）	X2（SQ2）	X3（SQ3）	X4（SQ4）		
原位 M10		上限位 SQ2		左限位 SQ4	HL 灯亮	Y5
下降 M11				左限位 SQ4	驱动下降 YV1 阀	Y0
夹紧 M12	下限位 SQ1			左限位 SQ4	驱动夹紧 YV2 阀	Y1
上升 M13				左限位 SQ4	驱动上升 YV3 阀	Y2
右移 M14		上限位 SQ2		左限位 SQ4	驱动右移 YV4 阀	Y3
下降 M15			右限位 SQ3		驱动下降 YV1 阀	Y0
放松 M16	下限位 SQ1		右限位 SQ3		驱动放松 YV2 阀	Y1
上升 M17			右限位 SQ3		驱动上升 YV3 阀	Y2
左移 M18		上限位 SQ2	右限位 SQ3		驱动左移 YV5 阀	Y4
原位 M10		上限位 SQ2		左限位 SQ4	HL 灯亮	Y5

五　实训步骤

（1）在教师引导下，查阅教材和相关资料，注意操作规范。

（2）根据题意，选择输入设备、输出设备以及由输出设备驱动的控制对象。

（3）分配 I/O 点，绘制 PLC 与开关、LED、实训面板的接线图，考虑必要的安全保护措施。

（4）设计 PLC 控制程序。包括顺序功能图、梯形图和指令语句表。

（5）用手持编程器将程序键入到 PLC 的用户存储器中，并检查键入的程序是否正确，对程序进行调试和修改。

（6）查看并记录结果。

六 实训报告

（1）根据实训任务绘制 PLC 外部接线图、I/O 点分配表，写出顺序功能图、梯形图及指令语句表，记录结果。

（2）小结使用步进梯形指令的方法。

（3）小结顺序控制梯形图的编程方法。

（4）心得及体会。

为了适应智能化小区建设的大环境，一些经济比较发达的国家先后提出了"智能住宅"
（Smart Home）的概念。其实现目标是"将家庭中的各种与信息相关的设备、家庭安保装置、
家用电器通过家庭总线技术（Home-BUS）连到一个家庭智能化系统上进行集中监视和控制，
实现家庭事务管理、小区信息共享、并保持家庭设施和住宅环境的和谐与协调"。

欧洲安装总线 EIB（European Installation Bus）是在 20 世纪 90 年代初发展起来的一种通
信协议，用户对建筑物自控系统在安全性、灵活性和实用性方面的要求以及在节能方面的需
求促进了这项技术的迅速推广。与此同时，同样的需求在法国促进了 BatiBus 技术的发展，
欧洲家用电器协会（EHSA）也对家用电器（又称白色电器）的网络通信制定了 EHS 协议。
1997 年上述 3 个协议的管理机构联合成立了 KNX（Konnex 的缩写）协会，在这 3 个协议的
基础上开发出 KNX 标准。目前在家庭和建筑物自动化领域，KNX 标准是唯一符合国际标准
ISO/IEC 14543 和欧洲标准 EN 500990、CE 13321 要求的开放式国际标准。

智能家居控制实训是适应电工新技术的发展，介绍智能家居控制电路以及 KNX 总线。
直观、全面地向实验者展示了智能家居中的基本概念、联动控制、场景控制等功能实训。

8.1 智能家居概述

8.1.1 智能家居的基本概念

智能家居也称智能住宅，目前与此含义近似的词汇相当多，诸如：家居智能化电子家庭、数字家
园、家庭自动化、家庭网络、网络家居、智能家居/建筑等。美国又称其为智慧屋，欧洲称其为时髦屋。

智能家居的发展分为 3 个层次，首先是家庭电子；其次是住宅自动化；最后是住宅智能
化。尽管智能家居的名称各种各样，但它们所包含的意思以及所要完成的功能大体是相同。
首先，它们都要在一个家居内建立一个通信网络，为家庭信息提供必要的通路，在家庭网络
的操作系统的控制下，通过相应的硬件和执行机构，实现对所有家庭网络的家电和设备进行
控制的检测。其次，它们都要通过一定的媒介，构成与外界的通信通道，以实现与家庭以外
的世界沟通信息，满足远程控制/监测的交换信息的需求。最后，它们都是以满足人们对安全、
舒适、方便和绿色生存环境的需求为最终目的。

智能家居与传统家居的区别以灯光控制为例，如图 8.1.1 所示。

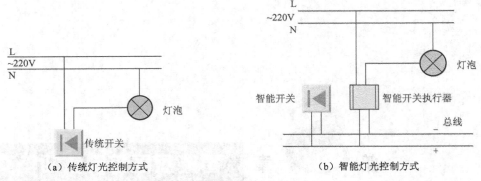

图 8.1.1　传统与智能灯光控制方式比较

8.1.2　智能家居的系统结构

一个完整的智能家居控制系统通常应具有以下几方面的子系统，即：智能家居自动控制系统；空调与通风自动监控系统；家居安全防范系统。其中智能家居自动控制系统主要包括：家居照明控制子系统；家电设备的自动监测与遥控子系统；水、电、气三表数据采集与远端传送子系统等。

智能家居是利用先进的计算机技术、网络通信技术、综合布线技术，依照人体工程学原理，融合个性需求，将与家居生活有关的各个子系统有机地结合在一起，通过网络化综合智能控制和管理，实现"以人为本"的全新家居生活体验。

目前智能家居的发展趋势是由集中式控制向分布式控制发展。与集中式控制相比，分布式控制不仅能减少布线，而且能提高系统的可靠性，当某一个节点出现故障时，只需将该节点从网络中拿走，而其他节点不受影响，分布式智能家居结构如图 8.1.2 所示。

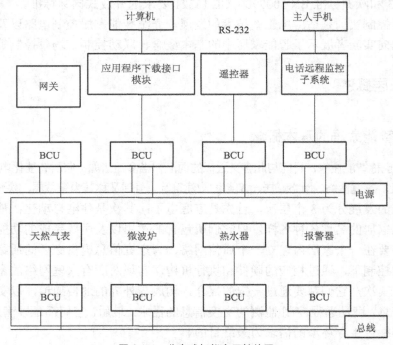

图 8.1.2　分布式智能家居结构图

从图 8.1.2 可以看出，智能家居结构主要由以下几部分组成。

（1）总线耦合器

总线耦合器（Bus Couple Unit， BCU）是将家用电器（设备）连接成一个网络的关键部分，也是网络总线与家用设备之间的纽带。它的主要作用是在各个总线耦合器之间实现信息的交换，实现对家用设备的信号的获取（输入）或控制信号的输出。总线耦合器对信息进行处理，并确定信息是否要经总线或者其他总线耦合器进行传送。此外，由于每个总线耦合器可以连接多个家用设备，因此它还需要确定信息的来源。

（2）家用电器

家用电器是指智能家庭中实际使用的设备。它们与目前家庭使用的设备不同之处是它们更具有灵活性，并应配置可以与总线耦合器连接的通信的接口。一般原来只有开/关状态的家用电器（如电视可调音量、频道，空调可调温度，音响系统可调音量、音质以及自动换盘等），则应由家用电器厂家做较大的变动，即每个家用电器应增加一个总线耦合器连接的接口，以便可以接受来自 BCU 的控制信号（以代替原遥控器的控制作用），并向总线耦合器送出自己的工作状态信息，以便检测。

（3）通用遥控器

在一个智能家居控制网络上的任何家用电器只需要通过一个遥控器，就可以实现对它们的控制和监测。也就是说不仅可以控制家用电器的工作，如设备的启（停）、工作状态和参数的改变等，还可以通过遥控器进行监控，如看到室内的温度，查看卫生间的灯是否已经关断等。这里的遥控器与家用电器的信息交换是可以双向进行的，而目前家中的遥控器只是具有单向的控制作用，而没有逆向的监测功能。

（4）电话接口模块

智能家居控制网络中的电话接口模块与家中的遥控器有相似作用，只是遥控器是家中近距离的控制与监测，而电话接口模块可以让电话（或手机）远距离控制与监测。

（5）家庭网关

家庭网关是智能家庭网络上的一个重要部分，它是将单个家庭网络与外部世界（如局域网、Internet 网或智能小区的子网络）连接起来的关键部件。家庭网关的设置，就像现在的计算机上网一样，可以到各个网站上去浏览各种信息，可以收（发）E-mail 等，同时也可以通过远程连接到 Internet 上的计算机进行控制和监测家庭中各种设备。

8.2　KNX 总线系统

智能家居的核心在于系统的集成能力，即把灯光、遮阳系统、窗帘系统、HVAC 暖通空调系统、中央背景音乐系统、家庭影院系统、安防系统等完美的融合起来的能力。而这个能力，很大程度上取决于该系统的开放性。这就需要一种标准，或者有一个大部分设备厂家都能认可并采用的"语言"，即控制协议。这就牵涉到自动控制领域中的"现场总线技术"，称之为 Field Bus。这种技术要求控制与智能"本地化"与"模块化"，让控制系统的传感器与控制器都具有独立的运算、处理、发送信号的能力，相互独立又相互联系，构成一个控制网络中的"Internet"。这就是现场总线系统具备的强大功能，本书将介绍建筑电气广泛使用的KNX 总线。

8.2.1 KNX 系统概论

KNX 协议以 EIB 为基础，兼顾了 BatiBus 和 EHS 的物理层规范，并吸收了 BatiBus 和 EHS 中配置模式等优点，提供了家居和楼宇自动化的完全解决方案。KNX 拥有工程设计调试工具 ETS 软件；提供多种通信介质；提供多种系统配置模式。通过 KNX 总线系统，对家居和楼宇的照明、遮光/百叶窗、安防系统、能源管理、供暖、通风、空调系统、信号和监控系统、服务界面及楼宇控制系统、远程控制、计量、视频/音频控制、大型家电等进行控制。

1. KNX 传输技术特点

① KNX/EIB 是一个基于事件控制的分布式总线系统。

② 系统采用串行数据通信进行控制、监测和状态报告。

③ KNX/EIB 的数据传输和总线装置的电源共用一条电缆。

④ 报文调制在直流信号上。

⑤ 一个报文中的单个数据是异步传输的,但整个报文作为一个整体是通过增加起始位和停止位同步传输的。

⑥ KNX/EIB 采用 CSMA/CA（避免碰撞的载波侦听多路访问协议），CSMA/CD 协议保证对总线的访问在不降低传输速率的同时不发生碰撞。

2. KNX 传输介质

目前可以使用 4 种传输介质，即 1 类双绞线（TP1）、无线电（KNX 射频传输介质）和以太网（KNX IP），均可以部署 KNX。借助合适的网关，也可以在其他介质（如光纤）上传输 KNX 报文。

3. KNX 拓扑结构

当使用总线电缆 TP1（1 类双绞线）作为通信介质时，KNX 系统采用分层结构，分域（Area）和线路（Line），KNX 拓扑结构如图 8.2.1 所示。

线路是 KNX 系统的最小结构单元。每个线路最多包括 4 个线段（Line Segment），每个线段最多可连接 64 台设备，每一个线段实际所能连接的设备数量取决所选 KNX 电源的容量和该线路段设备的总耗电量。

一般情况下，可以有 15 个线路分别经过线路耦合器（LC）与主线路相连接，组成一个域。主线路最多可以直接连接 64 台设备，主线路如果接了线路耦合器，与之直接相连的最多设备台数就要减少。主线路不能接线路中继器（LR），而且必须有自己的 KNX 电源并配有扼流器（PS）。

如果有多个域存在时，每个域需要通过主干耦合器（BC）与干线路相连接。一个系统最多包括 15 个域，这样理论上一个 KNX 系统可以连接 58000 多台总线元器件。干线路可以直接连接设备，但是如果还连接主干耦合器，那么与干线相连的最多设备台数就要减少。干线路也不能连接线路中继器，而且必须有自己的 KNX 电源。

主干耦合器、线路耦合器和线路中继器实际上都是同样的设备，我们都称之为耦合单元，主要充当门功能，对过往的数据进行过滤。只是由于安装在网络中不同的位置，因此被赋予不同的物理地址，加载不同的应用程序，起到不同的作用。主干耦合器和线路耦合器只传输需要跨越域或线路的报文，而线路中继器则要传输线路中所有的报文。

把一个系统划分成域和线路有很多优点：

（1）提高了系统的可靠性。由于每个域和每个线路分别配 KNX 电源，这种电气的隔离使得系统的某个部分出现故障时，其他部分仍能继续工作。

（2）一个线路或一个域内的数据通信不会影响到其他范围的通信。

（3）在进行调试、排除故障和维护时，系统的结构非常清晰。

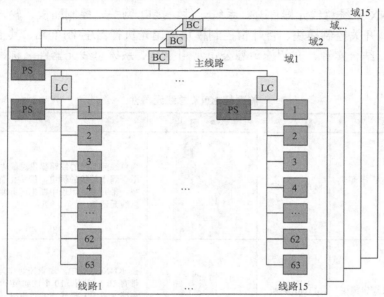

图 8.2.1　拓扑结构示意图

8.2.2　KNX 总线元器件

1. 概述

KNX 系统总线元器件（如调光器/驱动器、多功能开关、火灾传感器）组成如图 8.2.2 所示，主要由 3 个部分组成：总线耦合器（BCU）、应用模块（AM）、应用程序（AP）。市场上总线耦合器和应用模块或者为分离式，或者为一体式。分离式应用模块可以通过标准物理外部接口（PEI）连接至总线耦合器（BCU）。

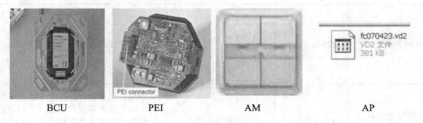

| BCU | PEI | AM | AP |

图 8.2.2　总线元器件组成图

总线元器件基本上可以分为 3 个种类：传感器、执行器和控制器。

（1）如果是传感器，则应用模块可以将信息传送给总线耦合器。总线耦合器对这些信息数据进行编码，并将其发送至总线。此后，总线耦合器会在合适的时隙检查应用模块的状态。

（2）如果是执行器，则总线耦合器负责接收来自总线的报文，对它们进行解码，并将解码后信息传送给应用模块。

（3）控制器则负责传感器与执行器之间的交互（如逻辑模块）。

2．施耐德 KNX 总线元器件

施耐德 KNX 系统总线元器件有：系统元件、接口/网关、控制面板、输入模块、其他传感器、定时器、开关控制模块、百叶窗控制模块、调光执行器/控制单元、其他执行器、触摸屏及温控面板。结合实训，介绍施耐德公司常用 KNX 系统总线元器件名称、型号及功能，如表 8.2.1 所示。

表 8.2.1　　　　　　　　　　　　施耐德 KNX 总线元器件

种　类	名　　称	型　　号	实 物 图 片	介　　绍
系统模块	640mA 电源供应器	MTN684064		为总线元器件的线路提供总线电压。带内置扼流器，用于隔离总线的供电，能防止总线上报文信号的衰减；带开关，用于中断电压并复位连接在线路上的总线元器件
	KNX 逻辑模块	MTN676090		在 KNX 系统中，逻辑模块作为逻辑与控制设备，带有 10 个逻辑，10 个过滤/定时，8 个转换与 12 个多路（复用）模式，并带有 3 个自由编程按钮与 3 个 LED 指示灯
接口网关模块	USB 接口	MTN681829		用于将编程设备或诊断设备通过 USB1.1 或 USB2.0 接口连接到 INSTABUSEIB 上。带内置总线耦合器
	KNX/IP 路由器	MTN680329		KNX/IP 路由器可以作为快速干线在不同支线之间通过局域网（IP）转发报文控制信号。设备还可以用作一个编程接口，可以将 PC 与 KNX 总线连接起来
	支线耦合器	MTN680204		可用于支线和区域的逻辑连接和电流隔离
控制面板	4 键智能面板带耦合器	MTN628119		自带总线耦合器。带有操作键的按键、操作显示器、两个蓝色状态显示器以及一个标签栏。可以通过参数设置将下方的标签栏设为附加的操作键。可以自由设置按键的参数，将其设置为按键对（双面）或者单按键

续表

种　类	名　　称	型　号	实物图片	介　绍
传感器	存在感应器带恒照度控制及红外遥控（吸顶装）	MTN630919		具有室内存在感应功能。可通过红外线进行遥控。红外线指令被转换成相应的数据控制信号。最多可以控制 10 条信道。带内置总线耦合器
	KNX 光亮度及温度传感器	MTN663991		用于感应光照度、温度并将照度值、温度值传送到总线上，具有此产品内含一个温度传感器和一个光照度传感器，具有 3 通道单独控制或逻辑控制功能，可任意设定照度门限值及温度门限值。防晒功能用于百叶窗及卷帘控制。适合室外安装。内置总线耦合器
开关控制模块	8 路 16A 开关模块带电流检测	MTN647895		通过常开触点独立开关负载。带有内置总线连接器和螺接端子。可以使用一个人工开关操作 230V 开关输出。在载入应用程序后使用一个绿色 LED 指示灯表示设备处于操作就绪状态
百叶窗控制模块	2 路 230V 百叶窗控制模块	MTN649802		用于对百叶帘/卷帘驱动装置进行相互独立的控制。百叶帘信道的功能可任意配置。所有百叶帘输出端均可用按键进行手动操作。带内置总线耦合器
调光执行器	4 路 150W 通用调光模块	MTN649315		借助可调光的绕线式或电子式变压器来对白炽灯、高压卤素灯和低压卤素灯进行开关和调光操作。带内置的总线耦合器、螺纹端口、短路、空转和过热保护元件，以及对电灯起到保护作用的软启动
	3 路（0~10V）日光灯调光模块	MTN646991		用来把带有 0~10V 接口的设备连接到 KNX。带有内置的总线连接器以及螺接端子（230V）或插接螺旋端子（0~10V）。每个 230V 开关输出都可以使用一个人工开关来操作

8.2.3　KNX 系统工作原理

1. 基本工作原理

KNX 基本结构接线图如图 8.2.3 所示，KNX TP1（1 类双绞线）最小系统由以下部件组成：
① 电源单元（29V DC）（包括扼流器集成在电源单元内）。
② 传感器（开关面板、触摸屏、手机、温度传感器）。
③ 执行器（开关执行器、调光执行器）。
④ 总线电缆（标准是四芯线，一般只用两芯电缆）。
安装完毕后，通过 ETS 工具软件，将其产品的应用程序加载至传感器和执行器之后才可以使用 KNX 系统。因此，项目工程师必须首先使用 ETS 工具软件完成以下配置步骤。
（1）给每个器件分配物理地址（用于唯一识别 KNX 总线中的各个传感器和执行器）。

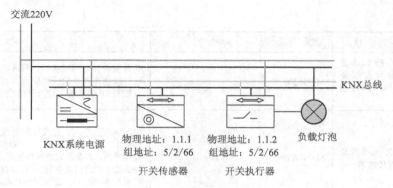

图 8.2.3　KNX 基本结构接线图

（2）为传感器和执行器选择合适的应用软件并完成其设置（参数化）工作。

（3）分配组地址（用于链接传感器和执行器的功能）。

上述配置完成之后，图 8.2.3 的工作可描述如下。

（1）单开关传感器按钮被按下后，将会向 KNX 总线上发送一个报文。报文中含有组地址（5/2/66）、值（"1"）以及其他相关的综合数据。

（2）所有已连接在 KNX 总线的传感器和执行器都会收到该报文，并对其进行评估分析。

（3）仅具有相同组地址的设备才发送确认报文，读取报文中的值并执行相应的动作。

2．物理地址

整个 KNX 总线中元器件的物理地址必须唯一。物理地址的格式如图 8.2.4 所示。其格式如下：区域（4bit）-线（4bit）-总线元器件（1byte）。物理地址用于识别总线元器件，并反应总线元器件的拓扑位置，如图 8.2.5 所示。通常，按下总线元器件上的编程按钮，总线元器件进入接收物理地址的状态。该过程期间，编程 LED 发光二极管会处于点亮状态。调试阶段结束之后，物理地址还可用于以下目的。

（1）诊断、排错，以及通过重新编程实现设施更改。

（2）使用调试工具寻址接口对象或者其他设备。

A=区域	L=线路	B=总线元器件						
A A A A	L L L L	B	B	B	B	B	B	B B

图 8.2.4　物理地址格式

特别说明，对于线路耦合器的物理地址 B（总线元器件）置为"0"；对于干线耦合器的物理地址 L（线路）和 B（总线元器件）均置为"0"；已经卸载的总线耦合器的地址为 15.15.255。

3．组地址

组地址格式如图 8.2.6 所示，表示为常用的 3 级组地址（主组/中间组/子组）：M=主组，m=中间组，S=子组。如果是 2 级组地址（主组/子组）则表示为 M=主组，m+S=子组。KNX 总线元器件之间的通信通过组地址实现。使用 ETS 进行设置时，可以将组地址设置为 2 级组地址结构、3 级组地址结构或者自由定义结构。组地址 0/0/0 保留，用于广播报文（即发送至所有总线元器件的报文）。

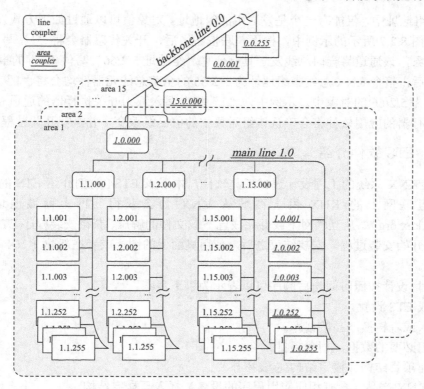

图 8.2.5 物理地址配置图

1bit	4bit				3bit			8bit							
0	M	M	M	M	m	m	m	S	S	S	S	S	S	S	S

图 8.2.6 组地址格式

4．组地址对象

组地址是分配给相应传感器或执行器的组地址对象（通信对象，简称组对象）。组对象的大小介于 1 位和 14 字节之间，组对象的具体大小视功能而定。由于开关操作需要两个状态（0 和 1），使用 1 位组对象。文本传输所涉及的数据非常丰富，因此，使用最大为 14 字节的组对象。示例示意图如图 8.2.7 所示。

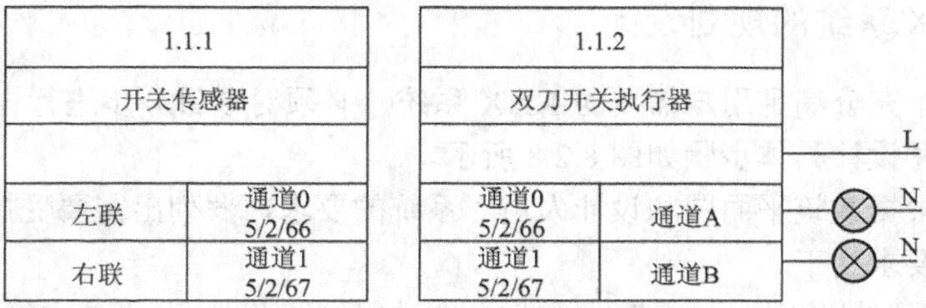

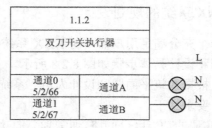

图 8.2.7 组对象示例示意图

使用组地址，ETS 仅允许链接具有相同大小的对象。多个组地址可以分配给一个组对象，但是，这些组地址中，仅能有一个是发送用的组地址。对象值可以通过如下方式发送至总线：

（1）如图 8.2.7 所示的示例中，按下左联按钮之后，开关传感器会将"1"写入自己的通道 0 的组对象，该通道将会向总线发送具有信息"组地址 5/2/66"写值"1"的报文。

（2）此后，整个 KNX 总线中组地址为 5/2/66 的全部总线元器件均会将"1"写入它们自己的组地址为 5/2/66 的对象中。示例中，"1"将会写入双刀开关执行器的通道 0 的组对象。

（3）执行器的应用软件将会确认该组对象中的值已经改变，并执行开关过程。

8.2.4　ETS 软件介绍

ETS 是 KNX 系统的工程设计调试工具软件，本书以 ETS4 为例介绍 ETS 的使用。ETS 仅能通过互联网上的 KNX 网上商城从 KNX 协会获得（网上商城地址：https：//onlineshop.knx.org）。从互联网下载并完成已下载文件的解压、获得安装程序 ETS4Setup.exe 之后就可以开始安装过程。安装结束之后，使用桌面上的图标或者在新建 KNX 程序组中可以启动 ETS。

ETS 项目设计按照时间先后顺序可以表示为以下步骤。

① 完成 ETS 设置。

② 读入或者转换产品数据库。

③ 使用必要的数据，创建项目。

④ 构建项目结构（楼宇结构/总线拓扑）。

⑤ 将 KNX 产品（含有相应应用程序的设备）插入至楼宇结构。

⑥ 根据需求，设置 KNX 产品的参数。

⑦ 创建组地址。

⑧ 采用组地址，链接 KNX 产品通信对象。

⑨ 将完成配置的 KNX 产品分配给总线拓扑（最后定义物理地址）。

⑩ 将完成配置的 KNX 产品分配给已安装功能（可选）。

⑪ 检查项目设计。

⑫ 打印输出相关文档。

⑬ 保存项目。

具体项目案例可能与该顺序有所不同。对于小型项目应用，某些步骤可以忽略。对于大型项目（团队项目），还可能需要追加其他步骤。ETS 软件的使用请阅读 8.3 节。

8.2.5　KNX 系统的规划设计

为了建立一个充分满足用户需要的 KNX 系统，必须对项目分步进行详细的规划。KNX 电气系统的规划和设计具体步骤如图 8.2.8 所示。

（1）计划。根据建筑平面图和设计人员对系统的要求，罗列出需要受控的回路。

（2）设计。要求如下。

① 按要求实现的功能区分回路。通常划分的功能回路分为：对设备进行开闭控制的回路；对设备进行调光控制的回路；对设备进行升降和角度调整的回路；对设备进行温度控制的回路等。

② 根据回路数量和控制要求选择驱动器。常用的驱动器类型有：开关控制常用元件，调

光控制常用元件，窗帘、卷帘、幕布驱动元件，窗帘/开关通用驱动元件，风机盘管、通风设备、加热、制冷设备驱动器等。具体驱动器产品、种类以及功能应用可参阅相关 KNX 元件选型手册。

③ 选取适当的传感器。常用的传感器类型可分为两大类：根据控制要求及建筑平面图配置的传感器和带室温控制功能的开关面板。

④ 选取系统元件，确定拓扑结构。根据总线元件数、总线距离，选配适当的电源模块，以及确定 KNX 网络的拓扑结构。

（3）制图。绘制强电系统图、强弱电平面走线图等。

（4）安装与调试。安装电气控制箱，实现强弱电布线与接线，最后采用 ETS 软件对 KNX 器件功能进行配置，实现控制功能满足预期要求。

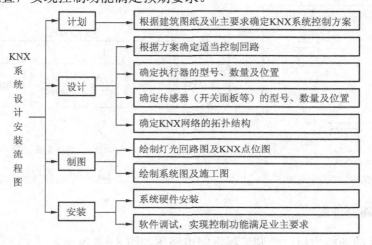

图 8.2.8　KNX 系统设计安装流程图

8.3　KNX 简单工程实例

在认知了 KNX 系统总线元器件及 KNX 系统工作原理后，下面以一个简单的系统工程举例说明关于 KNX 工程设计过程。

8.3.1　KNX 工程实例

1. 功能要求

某房间布局图如图 8.3.1 所示，有两盏白炽灯需要开关、调光控制，一扇自动百叶窗帘需要打开、关闭，调节百叶角度控制，在门左侧墙壁安装有一个四键按键面板。请采用 KNX 总线进行设计完成灯光及百叶窗的控制。

2. 器件选择

根据 KNX TP1（1 类双绞线）最小系统要求，KNX 总线构成如图 8.3.2 所示。KNX 总线上包含 6 个元器件，分别为 KNX 电源供应器 MTN684064、支线耦合器 MTN680204、USB

通信模块 MTN681829、开关面板 MTN628119、4 路通用调光模块 MTN649315、窗帘控制器模块 MTN649802。各模块具体功能如下。

① 电源模块：给总线供电；

② 支路耦合器：只传输需要跨越域或线路的报文；

③ USB 模块：用于将安装有 ETS 软件的编程设备通过 USB 接口连接到 KNX 总线上；

④ 调光执行器：开关、调光两路灯；

⑤ 百叶窗执行器：控制一路窗帘的打开/关闭；

⑥ 按键面板：对调光器和百叶窗进行操控，第一联按钮实现开关灯，第二联按钮实现调光灯，第三联按钮实现百叶窗的开闭及百叶调整。

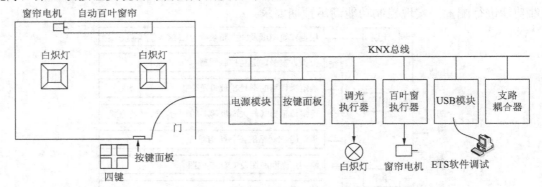

图 8.3.1 某房间布局示意图   图 8.3.2 工程实例 KNX 总线构成示意图

3．绘制电路原理图

根据各元件的功能作用，绘制工程示例电路图如图 8.3.3 所示。

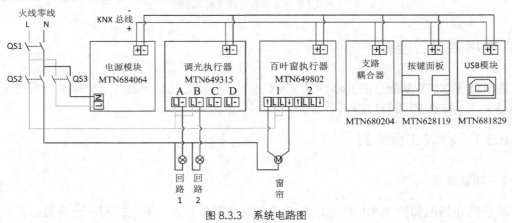

图 8.3.3 系统电路图

8.3.2　ETS4 软件设置

1．打开软件

双击图标 或运行 "ETS4" 程序，软件打开如图 8.3.4 所示。

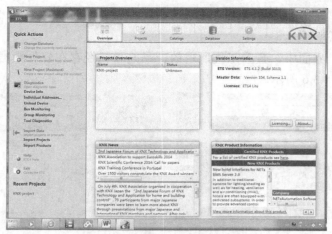

图 8.3.4　ETS4 程序界面

在软件界面中，左侧给出了很多提示，如更改软件数据库、新建项目、诊断方式、导入项目或产品数据库，以及帮助信息，里面详细描述了 ETS4 的使用。单击顶端的 5 个图标，分别可以查看不同界面的内容。

（1）Overview：软件的一个总体概貌，可以看到一些 KNX 产品信息、KNX 新闻、软件版本、软件中包含的项目；

（2）Projects：管理项目，如导入、导出、删除、新建等；

（3）Catalogs：管理软件中的产品数据库；

（4）Database：管理软件数据库，如新建数据库，备份数据库，删除数据库等；

（5）Settings：关于软件方面的一些常规设置，如软件使用的语言、软件的更新时间、通信接口等。

2．配置通信接口

通信接口用于建立 ETS 软件跟总线的通信，只有建立成功，才能把 ETS 软件中设计好的工程下载到安装设备中，同时也可以监控到总线上的通信数据，及诊断工程中的不合理设计。通信接口配置如图 8.3.5 所示。

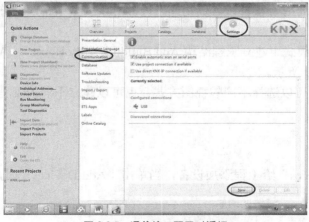

图 8.3.5　通信接口配置对话框

3. 导入产品数据库

在"Catalogs"界面中，查看工程所用的产品是否已经存在软件数据库中，如果没有，则需要导入，如图 8.3.6 所示。

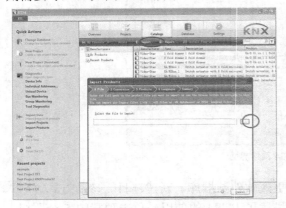 

图 8.3.6　导入产品数据库　　　　　　　　图 8.3.7　新建工程"KNX-project"

4. 新建工程

新建工程"KNX-project"，如图 8.3.7 所示。在该对话框中，输入新项目的名称。此外，还可以指定使用的介质（TP 表示双绞线；PL 表示电力线；IP 表示以太网）。如果选择了功能"创建线路 1.1"，则会直接生成区 1、主线 1.0 和线路 1.1。否则，该项目没有拓扑结构。最后定义组地址类型。常用为 3 级组地址。单击"OK"按钮完成。

5. 打开工程

通过双击新建的工程"KNX-project"打开，打开的工程如图 8.3.8 所示。

楼宇视图是 ETS 的主要视图，采用楼宇视图，可以根据实际的楼宇结构，完成 KNX 项目的构建和 KNX 设备的插入工作。构建楼宇时，可以使用以下元素：楼宇、楼宇部件、地板、走廊、房间、储物间。楼宇、楼宇部件和地板仅用于结构，不得直接包含任何设备。设备可以插入至房间、走廊、楼梯或者储物间之内。对于大型项目，维护总图时，层级视图非常有价值。

在 building 视图模式下建立工程结构 Add Building（My Home）- Add Room（living），建立完后，如图 8.3.9 所示。

根据工程需要，可以选择不同的视图方式，也可以建立不同的工程结构，它们都有各自的优势。

6. 添加设备

通过"Add Devices"给工程添加设备，当单击"Add Devices"时，窗口"Catalogs"可见，如图 8.3.10 所示。

图 8.3.8　打开工程

图 8.3.9　building 视图模式下建立工程结构

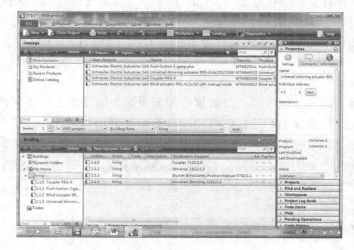

图 8.3.10　添加设备

可以从"Catalogs"窗口中，直接把产品数据库拖放到工程中。"Catalogs"窗口也可以通过菜单"Workplace"→"Catalogs"打开。添加完成后，可以通过该窗口的右上角"×"关闭窗口。在窗口右侧，"Properties"栏可修改工程中选中设备的物理地址。本例中，控制面板的物理地址为 1.1.1；百叶窗执行器的物理地址为 1.1.2；调光执行器的物理地址为 1.1.3。

7. 功能分析

按键 P1 用来开关灯 L1、L2，在配置期间，组地址 1/1/1 分配给该按钮，相同的地址也分配给图 8.3.1 中的调光执行器。

按键 P2 用于调光灯 L1、L2，对灯光进行调亮或调暗，组地址 1/1/2 分配给这个按钮，同样的地址也分配给调光执行器。

按键 P3 用来开闭百叶窗 B，组地址 1/1/3 分配给百叶窗执行器，用来控制百叶窗的开闭，组地址 1/1/4 用于调整百叶的角度。按钮短按时开闭百叶窗，长按时调整百叶角度。

因此，可以通过按键来开关灯或百叶窗。线路报文示意图，如图 8.3.11 所示。

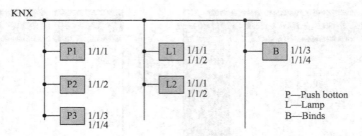

图 8.3.11　组地址示意图

按下按钮 P1 则发送一个组地址为 1/1/1 的报文。当报文发送时，尽管所有的总线元器件都在监听，但是只有具有相同组地址 1/1/1 的灯光 L1 和 L2 的执行器才会执行这个命令。

如果短按按钮 P3，则发送一个组地址 1/1/3 的报文，在这条线路上的所有总线元器件都在监听，但只有具有组地址 1/1/3 的百叶窗 B 的执行器才会执行这个命令。

8．功能配置

根据功能分析，通过工程中的产品数据库配置所需要的功能。要了解产品数据库的详细功能，请参阅相关产品的使用手册。面板功能参数配置界面如图 8.3.12 所示。

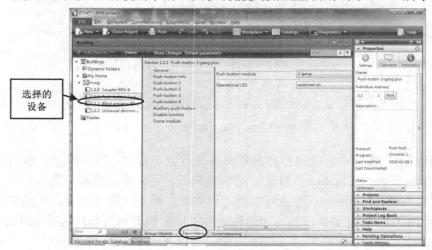

图 8.3.12　面板功能参数配置界面

按键面板功能参数配置界面如图 8.3.13 所示。

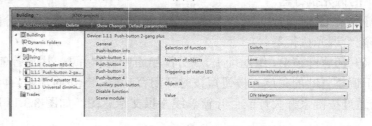

图 8.3.13　按钮面板功能参数配置

调光执行器功能参数配置界面如图 8.3.14 所示（A、B 路相同）。

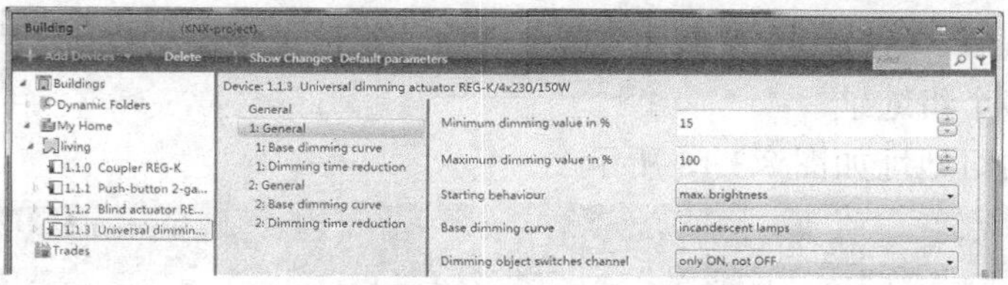

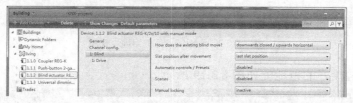

图 8.3.14　调光执行器功能参数配置

百叶窗执行器功能参数配置界面如图 8.3.15 所示。

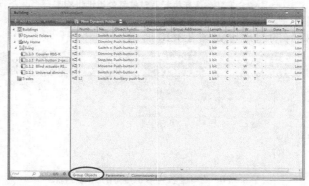

图 8.3.15　百叶窗执行器功能参数配置

在这些功能界面中，有一部分是修改过的，有一部分为默认参数，还有很多其他的参数这里没有显示，它们都为默认状态。可以根据工程需要去配置或更改这些参数，在相关产品使用手册中，有参数的详细介绍，这里就不介绍了。

配置好设备功能后，链接对象组地址，界面如图 8.3.16 所示。

图 8.3.16　链接对象组地址

选择要链接组地址的对象，单击鼠标右键，然后在弹出的快捷菜单中选择"Link with…"，弹出图 8.3.17 所示窗口。

窗口中有两个单选项，如果要链接的组地址在工程中还没有使用过，则选择第二个选项；如果要链接的组地址已经在工程中使用过，则选择第一个选项。

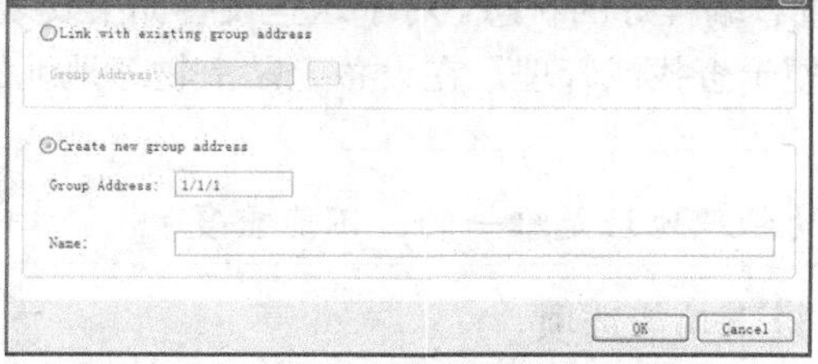

图 8.3.17　链接组地址对话框

设置好组地址后，单击"OK"按钮，这个对象的组地址便添加好了，当然根据工程需要，一个对象可链接多个组地址。

面板链接好的组地址如图 8.3.18 所示。

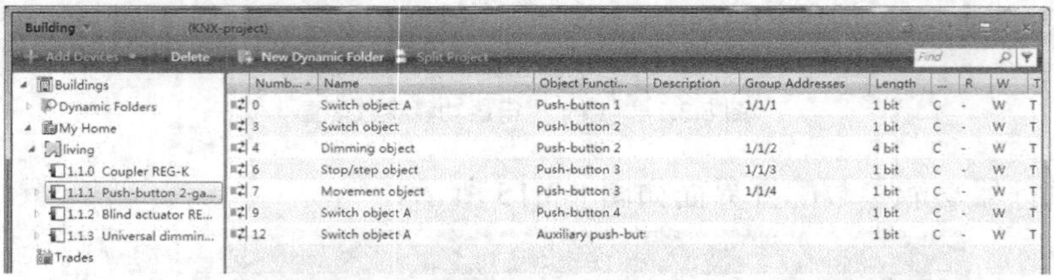

图 8.3.18　面板链接好的组地址视图

调光执行器链接好的组地址如图 8.3.19 所示。

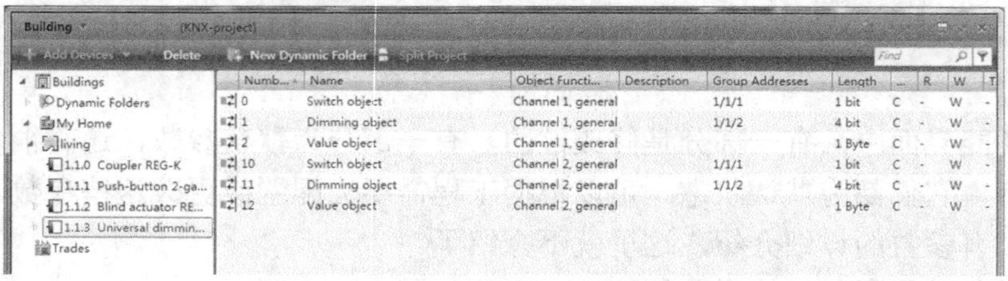

图 8.3.19　调光执行器链接好的组地址视图

百叶窗执行器链接好的组地址如图 8.3.20 所示。

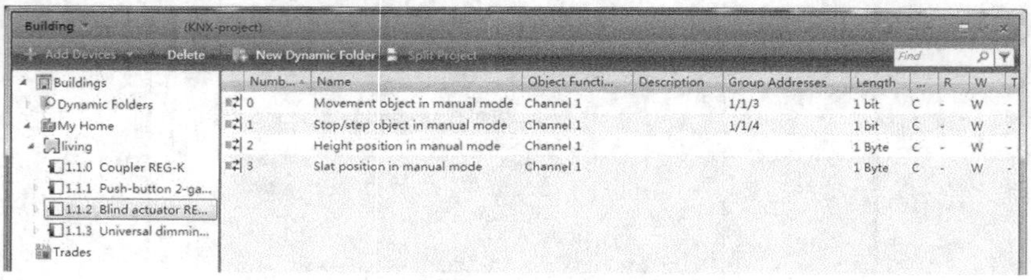

图 8.3.20　百叶窗执行器链接好的组地址视图

9．下载

功能配置好之后，接下来就是把功能下载到设备中，包括编程物理地址和下载应用程序，通常在设备安装之前，都会先把设备的物理地址编程好，方便后期的调试，特别是对于那些安装在高处，不易够着的设备，或嵌入式安装设备，事先编程好物理地址是很有必要的，编程物理地址需要按编程按钮，查看编程灯的状态，对于这些设备如果安装好后，是很不便于操作的。当设备一多的时候，为了便于查找或管理，在设备上贴上物理地址的标签也是有必要的。

注意

在一个工程中，设备的物理地址是唯一的，不能重复。

单击"Download"有以下功能选项。

① Download All：下载物理地址和应用程序（需要按设备上的编程按钮）；

② Download Partial：部分下载，只下载缺失的或修改过的数据，采用这种方式会节省很多下载时间；

③ Download Physical Address：下载物理地址（按编程按钮）；

④ Overwrite Physical Address：重写物理地址，且此地址已经分配给该设备（无需按编程按钮）；

⑤ Download Application：下载应用程序。

按下该设备上的编程按钮，选择"Download All"，设备进入下载状态，如图 8.3.21 所示。

图 8.3.21　下载程序界面

10．安装

把功能下载到设备中之后，便可以进行安装了。待总线和负载回路连接好后，检查没问题，设备通上电，便可以进行操作了，实现我们所需要的功能。

如果后期更改了一些功能，我们不需要把设备拆下来，只需把调试 PC 连接到这个系统工程中，便可把该设备的最新配置下载进去，此时我们只需要下载应用程序，或进行部分下载。

思 考 题

8-1　要实现家居智能化，关键是什么？

8-2　智能家居控制系统通常包含哪几方面的子系统？

8-3　简述 KNX 拓扑结构的构成。

8-4　KNX 总线中什么是物理地址，什么是组地址？

8-5　试阐述电工与电子技术与智能家居的关系。

8-6　什么是 KNX 系统的支线，支线上必须要哪些器件？

8-7　智能控制照明电路的较传统照明电路有哪些优点？

8-8　KNX 系统工程包括哪几部分？

8-9　ETS 项目一般有哪几个步骤？

8-10　配置通信接口的作用是什么？

8-11　在 KNX 工程中物理地址如何设置？一个设备可以有多个物理地址吗？如何下载？

8-12 在 KNX 工程中组地址如何设置？一个设备可以有多个组地址吗？如何下载？

实训一   KNX 控制器件的认识与实践

一   实训目的

（1）了解常用 KNX 控制器件的功能作用。
（2）学会阅读控制器件资料手册。
（3）掌握控制器件接线端子功能。
（4）掌握 KNX 软件调试环境 ETS4。

二   实训器材

（1）万用表、电工刀、螺丝刀、测电笔。
（2）KNX 元器件若干、多色单股导线、电源线等。

三   基础知识

认真阅读智能家居基础知识。

四   实训任务

1．KNX 控制器件的认识

认识并说明智能家居实验室（两居室）室内配电箱内各 KNX 总线元器件的种类（传感器、执行器和控制器）以及功能作用。说明由各器件组成的 KNX 总线结构，如图 8.4.1 所示。

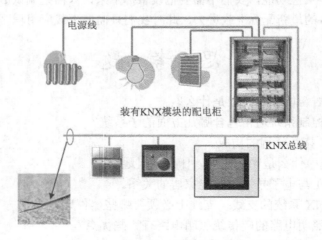

图 8.4.1 KNX 总线结构

2．KNX 最小系统操作实践

以人体感应器构成的 KNX 最小系统为例，连接电路，采用 ETS4 软件监视总线数据。

五　实训步骤

（1）绘制完整的以人体感应器构成的 KNX 小型系统电路图并完成接线。如图 8.4.2 所示，将空开、KNX 电源供应器 MTN684064、支线耦合器 MTN680204、USB 通信模块 MTN681829、人体感应器 MTN630919 连成 KNX 小型系统。线路连接完成并将系统通电。

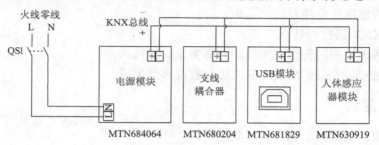

图 8.4.2　基于 KNX 总线的人体感应器系统电路图

（2）利用编程软件 ETS4.0 设置传感器模块。

① 首先在施耐德官网 http：//www.schneider-electric.com/site/home/index.cfm/ww/搜索 MTN630919 器件，在 Software/Firmware 下载 MTN630919 的 ETS4 库文件到本地计算机。

② 启用 ETS4→创建产品数据库→导入产品数据→配置通信接口→创建新项目→新建项目→创建楼宇结构→添加设备→功能配置→下载。参见 8.3.2 节。

③ 采用 USB 连接线将计算机主机与 KNX 总线 USB 模块 MTN681829 连接。

④ 下载物理地址。按下人体感应器 MTN630919 的编程下载按钮，如图 8.4.3 所示。

⑤ 分配逻辑地址并下载。认真阅读 MTN630919 资料手册，理解 ETS4 功能配置下的各参数含义。将 Switch object1 分配给组地址 1/1/1，如图 8.4.4 所示。与步骤④一样再次下载组地址。

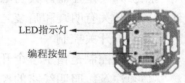

图 8.4.3　编程下载按钮位置

序号	名称	对象功能	描述	群组地址	长度	...	R	W	T	U	数据类型	优先级
0	Switch object 1	Block 1		1/1/1	1位		C	W	T	-		低

图 8.4.4　分配 Switch object1 组地址

⑥ 监控。人体感应器是否正常工作可以通过"Diagnostics"图标或菜单打开"Group Monitor"窗口，通过 ETS4 监控人体感应器是否能够工作。

六　实训报告

（1）总结基于小型 KNX 总线系统的 ETS4 项目实训过程。

（2）绘制实训用到的总线元器件及其功能表，物理地址、组地址及参数设置分配表。

（3）小结实训的系统方案和应用效果。

（4）小结 KNX 总线系统的构成及工作原理。

（5）心得及体会。

实训二　两地控制照明电路的安装与调试

一　实训目的

（1）巩固智能家居总线系统的认识。
（1）熟悉 KNX 器件和灯具的安装。
（3）掌握两地控制的普通双控线路和智能家居总线线路。
（4）掌握 KNX 开关模块的 ETS 主要参数及参数配置。

二　实训器材

（1）万用表、电工刀、螺丝刀、测电笔。
（2）空开、多色单股导线、三芯电源线等若干。
（3）KNX 开关、面板等模块。

三　基础知识

1．传统照明控制电路

（1）传统照明开关接线与安装

照明开关是控制灯具的电气元件，起控制照明电灯的亮与灭的作用（即接通或断开照明线路）。开关有明装和暗装之分，现家庭一般是暗装开关。开关的接线如图 8.5.1 所示。

（2）单开关控制

单开关控制是指用一个开关控制一个或多个照明灯。接线原理图如图 8.5.2 所示。

必须注意：照明线路的控制开关一般应装设在相线上，如图 8.5.2 所示。装有开关的相线，称为照明回路的"受控线"。当开关断开时，由于受控线为相线，因此开关断开后，灯具的灯头上就完全断电，从而装拆灯泡（或灯管）和清扫灯具时就比较安全，无触电危险。

（3）用双控开关控制白炽灯

两只双控开关控制一盏白炽灯的接线原理图，如图 8.5.3 所示。

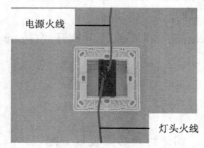

电源火线

灯头火线

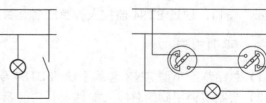

图 8.5.1　开关的接线　　　图 8.5.2　单开关控制白炽灯原理图　　图 8.5.3　双控开关控制白炽灯原理图

2．智能控制照明电路

传统照明系统控制采用手动开关，必须逐路地开或关，控制方式单一，只能实现简单的开关功能。而智能照明控制系统负载回路连接到开关执行器输出单元的输出端，控制面板用 KNX 总线与输出单元相连。负载容量较大时仅考虑加大输出单元容量，控制面板不受影响；控制面板距离较远时，只需增加控制总线的长度，可节省大截面电缆用量。智能控制照明电路原理图如图 8.5.4 所示，图中用到两个的 KNX 器件，一个是控制面板，另一个是开关执行模块。

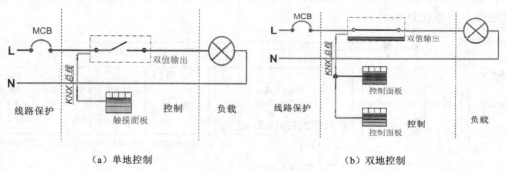

（a）单地控制　　　　　　　　　　　　（b）双地控制

图 8.5.4　智能控制照明电路原理图

实训以 8 路 16A 开关模块 MTN647895 来讲解工作原理。8 路 16A 开关模块 MTN647895 工作原理如图 8.5.5 所示，其内部有 8 个小型继电器，继电器的常开触点用于控制外部回路的接通与断开。继电器的线圈由内部微处理器控制，而微处理器连接于 KNX 总线，接收 KNX 总线信息并向总线发送信息。其他规格的开关模块原理如图 8.5.6 所示。

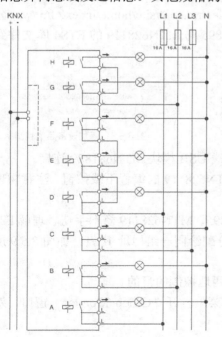

图 8.5.5　MTN647895 工作原理接线图

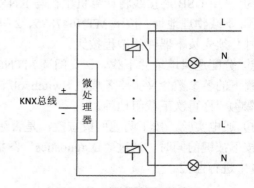

图 8.5.6　开关模块原理接线图

四 实训任务

利用 KNX 开关模块、控制面板等模块完成智能控制照明电路的两地控制。

五 实训步骤

（1）绘制完整的基于 KNX 总线的两地智能控制照明电路图并完成接线。如图 8.5.7 所示，将空开、KNX 电源供应器 MTN684064、支线耦合器 MTN680204、USB 通信模块 MTN681829、8 路开关模块 MTN647895、开关面板 MTN628119、白炽灯连接成 KNX 两地控制系统。线路连接完成并将系统通电。

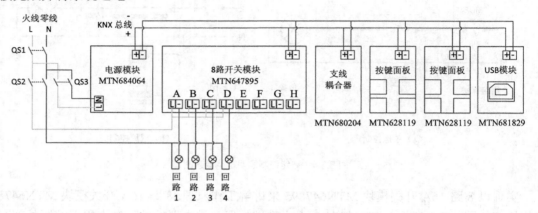

图 8.5.7　基于 KNX 总线的两地智能控制照明电路图

（2）利用编程软件 ETS4 设置控制面板和开关模块。

① 首先在施耐德官网 http：//www.schneider-electric.com/site/home/index.cfm /ww/分别搜索 MTN647895、MTN628119 器件，下载 MTN647895 与 MTN628119 的 ETS4 库文件到本地计算机。

② 启用 ETS4→创建产品数据库→导入产品数据→配置通信接口→创建新项目→新建项目→创建楼宇结构→添加设备→功能配置→下载。参见 8.3.2 节。添加设备后的视图如图 8.5.8 所示。

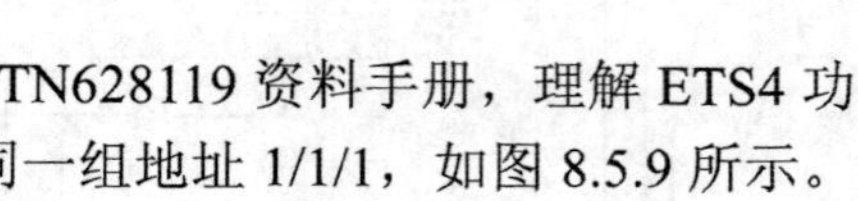

> 1.1.1 Push-button 2-gang plus
> 1.1.2 Switch actuator REG-K/8x230/16
> 1.1.3 Push-button 2-gang plus

图 8.5.8　添加设备后的视图

③ 采用 USB 连接线将计算机主机与 KNX 总线 USB 模块 MTN681829 连接。

④ 下载物理地址。按下 MTN647895、2 只 MTN628119 的编程下载按钮。注意物理地址下载时必须先按下器件的编程按钮。

⑤ 分配逻辑地址并下载。认真阅读 MTN647895、MTN628119 资料手册，理解 ETS4 功能配置下的各参数含义。将各模块 Switch object 分配给同一组地址 1/1/1，如图 8.5.9 所示。与步骤④一样再次下载组地址。

⑥ 通电实验，按下两地面板按键，是否达到两地控制的目的。

按下按键的同时，通过"Diagnostics"图标或菜单打开"Group Monitor"窗口，对组地址 1/1/1 进行监控。

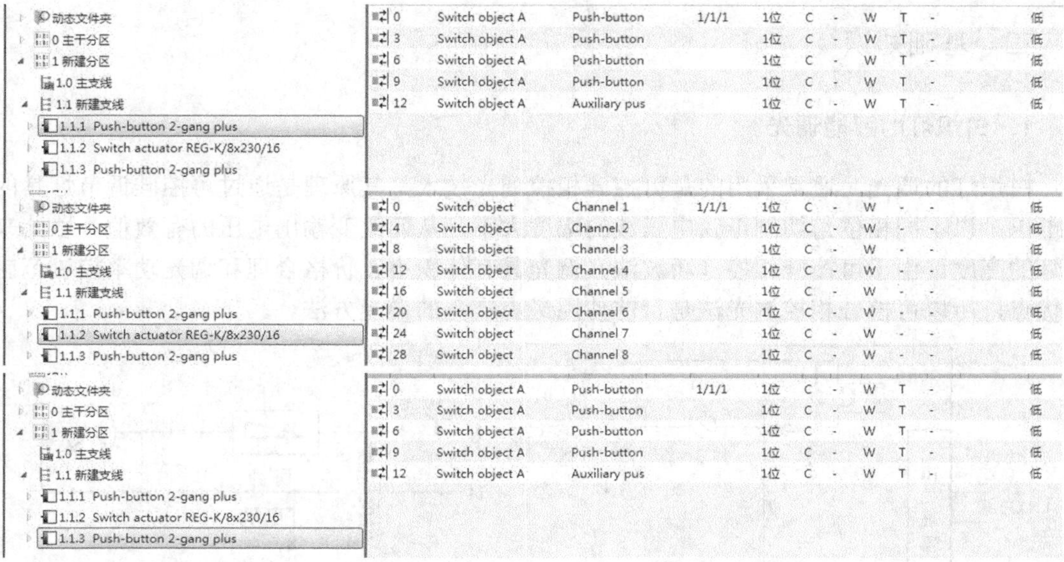

	动态文件夹	⇄	0	Switch object A	Push-button	1/1/1	1位	C	-	W	T	-	低
	0 主干分区	⇄	3	Switch object A	Push-button		1位	C	-	W	T	-	低
	1 新建分区	⇄	6	Switch object A	Push-button		1位	C	-	W	T	-	低
	1.0 主支线	⇄	9	Switch object A	Push-button		1位	C	-	W	T	-	低
	1.1 新建支线	⇄	12	Switch object A	Auxiliary pus		1位	C	-	W	T	-	低
	1.1.1 Push-button 2-gang plus												
	1.1.2 Switch actuator REG-K/8x230/16												
	1.1.3 Push-button 2-gang plus												

	动态文件夹	⇄	0	Switch object	Channel 1	1/1/1	1位	C	-	W	-	-	低
	0 主干分区	⇄	4	Switch object	Channel 2		1位	C	-	W	-	-	低
	1 新建分区	⇄	8	Switch object	Channel 3		1位	C	-	W	-	-	低
	1.0 主支线	⇄	12	Switch object	Channel 4		1位	C	-	W	-	-	低
	1.1 新建支线	⇄	16	Switch object	Channel 5		1位	C	-	W	-	-	低
	1.1.1 Push-button 2-gang plus	⇄	20	Switch object	Channel 6		1位	C	-	W	-	-	低
	1.1.2 Switch actuator REG-K/8x230/16	⇄	24	Switch object	Channel 7		1位	C	-	W	-	-	低
	1.1.3 Push-button 2-gang plus	⇄	28	Switch object	Channel 8		1位	C	-	W	-	-	低

	动态文件夹	⇄	0	Switch object A	Push-button	1/1/1	1位	C	-	W	T	-	低
	0 主干分区	⇄	3	Switch object A	Push-button		1位	C	-	W	T	-	低
	1 新建分区	⇄	6	Switch object A	Push-button		1位	C	-	W	T	-	低
	1.0 主支线	⇄	9	Switch object A	Push-button		1位	C	-	W	T	-	低
	1.1 新建支线	⇄	12	Switch object A	Auxiliary pus		1位	C	-	W	T	-	低
	1.1.1 Push-button 2-gang plus												
	1.1.2 Switch actuator REG-K/8x230/16												
	1.1.3 Push-button 2-gang plus												

图 8.5.9 各模块组地址视图

六 实训报告

（1）总结传统照明电路与智能控制照明电路的优缺点。

（2）总结基于 KNX 总线系统两地控制项目实验过程。

（3）绘制实训用到的总线元器件及其功能表，物理地址、组地址及参数设置分配表。

（4）小结实训的系统方案和应用效果、工作原理。

（5）心得及体会。

实训三 智能调光控制线路的安装与调试

一 实训目的

（1）深入理解智能家居总线 KNX 系统及 ETS 软件使用。

（2）熟悉常用灯具的调光原理。

（3）掌握智能家居 KNX 总线中白炽灯及日光灯的调光线路。

（4）掌握 KNX 白炽灯及日光灯调光模块的 ETS 主要参数及参数配置。

二 实训器材

（1）万用表、电工刀、螺丝刀、测电笔。

（2）空开、多色单股导线、三芯电源线等若干。

（3）KNX 调光模块、控制面板等模块。

三 基础知识

1．白炽灯的智能调光

白炽灯的调光，通常采用的是可控硅相控调光技术，其原理是通过可控硅调节灯具的输入电压，以不同相位角切割正弦电压波的幅度大小，从而改变输出电压的有效值，以此来调节灯的亮度。由于可控硅相控（斩波法）调光具有体积小、价格合理和调光功率控制范围宽的优点，所以可控硅相控调光法是目前使用最为广泛的调光方法。

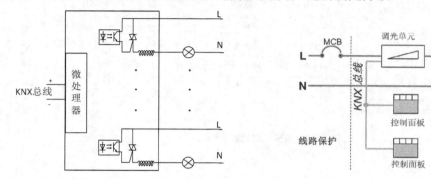

图 8.6.1　白炽灯的调光模块原理　　　　　　图 8.6.2　白炽灯的调光控制电路原理图

将可控硅、微外理器做成调光模块，如施耐德四路调光模块 MTN649315，其内部电路原理如图 8.6.1 所示。微处理器连接于 KNX 总线，接收 KNX 总线信息并向总线发送信息，由微处理器控制可控硅的导通角，进而控制输出电压有效值达到调光效果。基于 KNX 总线的白炽灯的调光控制电路原理图如图 8.6.2 所示，调光模块接于 KNX 总线，通过总线指令对白炽灯进行调光、开关控制。

2．日光灯的智能调光

荧光灯的调光控制方法是随着电子镇流器技术不断创新发展而提高的，早期对带有铁心镇流器的荧光灯调光一般采用可控硅前沿相控调光器输出直接调控荧光灯的亮度，镇流器仅仅是串连在荧光灯回路中的一个负载，这种调光方法效率低，性能差，调光范围窄，现今国内外很少有见用。近年来随着高频电子型镇流器的出现改变了镇流器的技术性能，不少公司逐步推出效率高、性能好、调光范围宽、智能化程度高的高频可调光电子式荧光灯镇流器，这种镇流器作为荧光灯的 ECG（电子控制装置）已成为当今荧光灯调光控制的主流产品。

按镇流器的控制线数目划分，有二、三、四线 3 种，目前市场上最广泛的产品是"四线控制"镇流器，调光控制器通过两条 220V 主电源线为镇流器提供功率支持，两条超低电压控制线可实现开关、调光等各种功能性控制。

按控制接口控制信号性质可分成 3 种：①1～10V 模拟量接口。②数字信号接口（DSI）。③数字可寻址灯光接口（DALI）。这些接口有的已被制定为国际工业标准 IEC929，有的已被同行承认。KNX 系统厂商相应为 1～10V 和 DSI 高频可调光电子镇流器的开发了各种规格的荧光灯调光控制器，目前许多应用项目包括国内一些项目都采用这两种控制接口。1～10V

接口的控制信号是直流模拟量，信号极性有正负之分，按线性规则调光荧光灯的亮度，调光时一旦当控制信号触发，镇流器启动荧光灯，首先被激励点燃到全亮，然后再按控制量要求调节到相应亮度，按 IEC929 标准，每个镇流器的最大工作电流为 1mA。

1～10V 模拟量接口电子镇流器外型如图 8.6.3 所示。对应这种镇流器，施耐德有专门的日光灯调光模块，其中 MTN646991 是可以进行三路日光灯的调光和开关控制，其原理接线图如图 8.6.4 所示。微处理器连接于 KNX 总线，接收 KNX 总线信息并向总线发送信息，由微处理器控制输出 0～10V 电压，进而控制日光灯的调光效果。

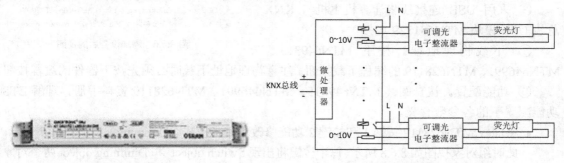

图 8.6.3　模拟量控制电子镇流器外型图　　　　图 8.6.4　荧光灯模块原理接线图

四　实训任务

利用 KNX 调光模块、控制面板等模块完成白炽灯及日光灯的智能调光控制。

五　实训步骤

（1）绘制完整的基于 KNX 总线的智能调光照明电路图并完成接线。如图 8.6.5 所示，将空开、KNX 电源供应器 MTN684064、支线耦合器 MTN680204、USB 通信模块 MTN681829、4 路通用调光模块 MTN649315、3 路 0～10V 日光灯调光模块 MTN646991、开关面板 MTN628119、白炽灯、电子整流器、日光灯连接成 KNX 调光控制系统。线路连接完成并将系统通电。

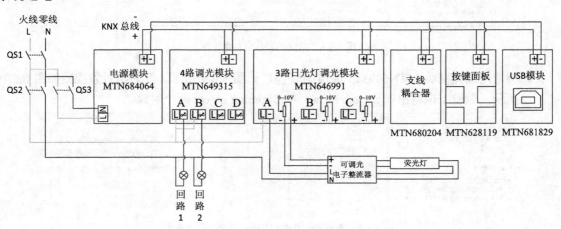

图 8.6.5　基于 KNX 总线的智能调光控制电路图

（2）利用编程软件 ETS4 设置控制面板和调光模块。

① 首先在施耐德官网 http：//www.schneider-electric.com/site/home/index.cfm/ww/分别搜索 MTN649315、MTN646991 器件，下载 MTN649315 与 MTN646991 的 ETS4 库文件到本地计算机。

② 启用 ETS4→创建产品数据库→导入产品数据→配置通信接口→创建新项目→新建项目→创建楼宇结构→添加设备→功能配置→下载。参见 8.3.2 节。添加设备后的视图如图 8.6.6 所示。

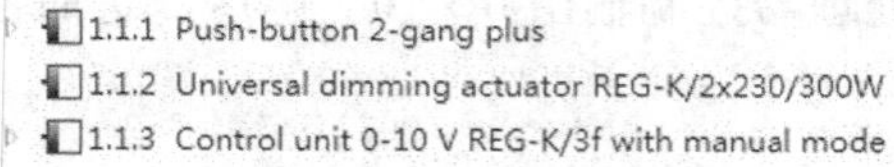

③ 采用 USB 连接线将计算机主机与 KNX 总线 USB 模块 MTN681829 连接。

☐ 1.1.1 Push-button 2-gang plus
☐ 1.1.2 Universal dimming actuator REG-K/2x230/300W
☐ 1.1.3 Control unit 0-10 V REG-K/3f with manual mode

图 8.6.6 添加设备后的视图

④ 下载物理地址。按下 MTN649315、MTN646991、MTN628119 的编程下载按钮。注意物理地址下载时必须先按下器件的编程按钮。

⑤ 功能配置。认真阅读 MTN649315、MTN646991、MTN628119 资料手册，理解 ETS4 功能配置下的各参数含义。

- 将面板 MTN628119 按键 1 和按键 2 功能修改为调光模式（Dimming），如图 8.6.7 所示。此时组对象视图如 8.6.8 所示。每个按键将出现 Switch object 和 Dimming object 两个对象。

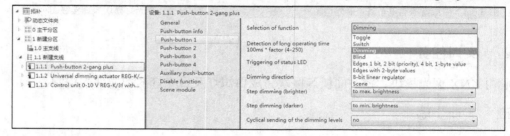

图 8.6.7 将 MTN628119 按键功能修改为调光模式（Dimming）

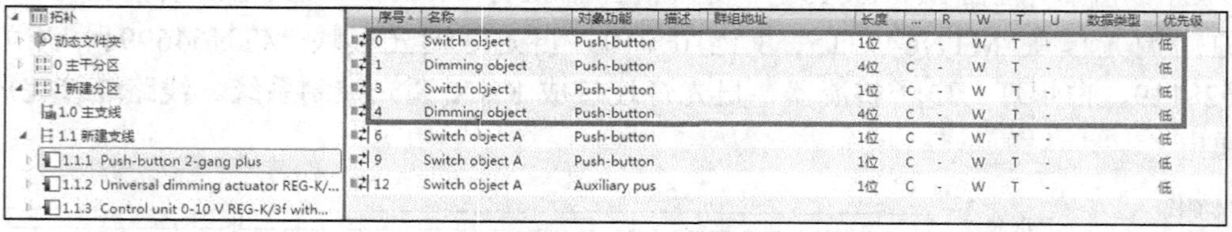

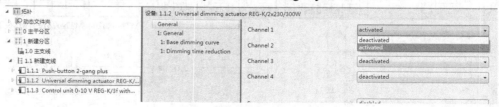

图 8.6.8 MTN628119 组对象视图

- 将通用调光模块 MTN649315 通道 1 使能，如图 8.6.9 所示。此时组对象视图如图 8.6.10 所示。通道 1 也将出现 Switch object 和 Dimming object 两个对象。

图 8.6.9 通用调光模块 MTN649330 功能配置视图

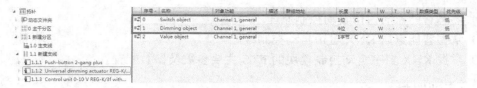

图 8.6.10　MTN649315 组对象视图

⑥ 分配逻辑地址并下载。将 MTN628119 按键 1 和通用调光模块 MTN649315 通道 1 的 Switch object 与 Dimming object 分别配给同一组地址 1/1/1、1/1/2，将 MTN628119 按键 2 和日光灯调光模块 MTN646991 通道 1 的 Switch object 与 Dimming object 分别配给同一组地址 1/1/3、1/1/4。如图 8.6.11 所示。与步骤（4）一样再次下载组地址。

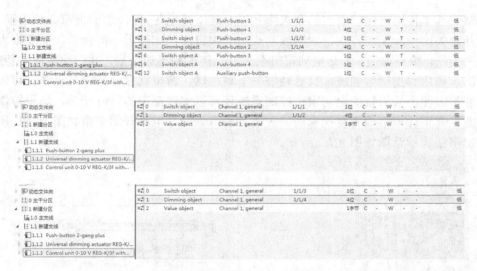

图 8.6.11　各模块组地址视图

⑦ 通电实验，按下面板按键 1 与 2，是否达到白炽灯与日光灯调光控制的目的。按下按键的同时，通过"Diagnostics"图标或菜单打开"Group Monitor"窗口，对组地址进行监控。

六　实训报告

（1）总结基于 KNX 总线系统调光控制实验过程。
（2）绘制实训用到的总线元器件及其功能表，物理地址、组地址及参数设置分配表。
（3）小结实训的系统方案和应用效果、工作原理。
（4）心得及体会。

实训四　窗帘自动控制线路的安装与调试

一　实训目的

（1）深入理解智能家居总线 KNX 系统及 ETS 软件使用。

（2）熟悉智能家居窗帘自动控制原理。

（3）掌握智能家居 KNX 窗帘自动控制线路。

（4）掌握 KNX 窗帘自动控制模块的 ETS 主要参数及参数配置。

二　实训器材

（1）万用表、电工刀、螺丝刀、测电笔。

（2）空开、多色单股导线、三芯电源线等若干。

（3）KNX 开关面板、窗帘控制等模块。

三　基础知识

窗帘的基本作用是保护业主的个人隐私以及遮阳挡尘等，但传统的窗帘必须手动去拉动，每天早开晚关比较麻烦，特别是别墅或复式房的大窗帘，比较重，而且长，需要很大的力量才能开关窗帘，很不方便；于是电动窗帘在最近几年得到迅速发展，并广泛应用于智能大厦、高级公寓、酒店和别墅等领域，只要轻按一下遥控器，窗帘就自动开合（百叶窗可以自动旋转），非常方便；采用智能电动窗帘控制系统还可以实现窗帘的定时开关，场景控制等高级控制功能，真正让窗帘成为现代家居的一道亮丽风景线。电动开闭窗帘如图 8.7.1 所示，电动百叶窗帘结构示意图如图 8.7.2 所示。

图 8.7.1　电动开闭窗帘

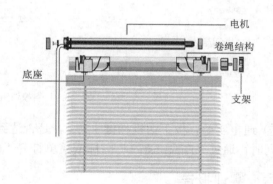

图 8.7.2　电动百叶窗帘结构示意图

电动窗帘是通过一个电机来带动窗帘延着轨道来回运动，或者通过一套机械装置转动百叶窗，并控制电机的正反转来实现的。其中的核心就是电机，现在市场上电机的品牌和种类很多，但最终归为两大类：交流电机和直流电机。要实现自动窗帘控制应选用窗帘控制器模块，其输出的 AC220V 电压，能控制交流窗帘电机的正反转。如果是直流窗帘电机，用窗帘控制器控制中间继电器，进而达到间接控制直流电机的目的。

基于 KNX 总线的窗帘自动控制系统图如图 8.7.3 所示。施耐德 MTN649802 窗帘控制器模块与窗帘电机接线如图 8.7.4 所示。

在进行实际控制时，需要调节好电机的行程，用户窗体的长度是不同的，这就需要对窗帘电机在轨道上的运行范围进行调节（百叶窗一般转动 90°），具体调节方法请参照电机的生产厂家的说明书。

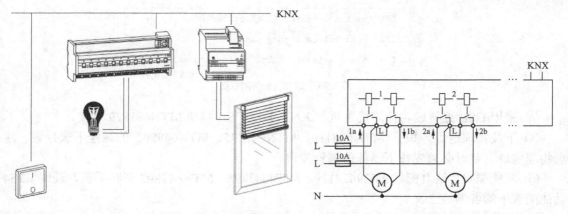

图 8.7.3　基于 KNX 总线的窗帘自动控制系统图　　　　图 8.7.4　窗帘控制器与窗帘电机接线图

四　实训任务

利用 KNX 窗帘模块、开关模块、控制面板等模块完成白炽灯及窗帘的智能控制。

五　实训步骤

（1）绘制完整的基于 KNX 总线的窗帘自动控制电路图并完成接线。如图 8.7.5 所示，将空开、KNX 电源供应器 MTN684064、支线耦合器 MTN680204、USB 通信模块 MTN681829、开关面板 MTN628119、开关模块 MTN647895、窗帘控制器模块 MTN649802、白炽灯、窗帘电机连接成 KNX 自动控制系统。线路连接完成并将系统通电。

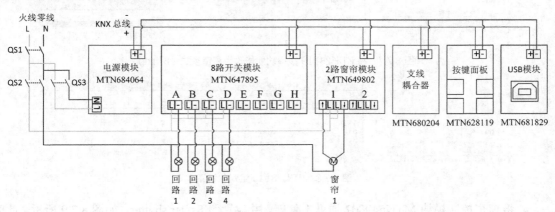

图 8.7.5　基于 KNX 总线的窗帘自动控制电路图

（2）利用编程软件 ETS4 设置窗帘模块、开关模块、控制面板。

① 首先在施耐德官网 http：//www.schneider-electric.com/site/home/index.cfm/ ww/搜索窗帘控制器模块 MTN649802 器件，下载 MTN649802 的 ETS4 库文件到本地计算机。

② 启用 ETS4→创建产品数据库→导入产品数据→配置通信接口→创建新项目→新建项目→创建楼宇结构→添加设备→功能配置→下载。参见 8.3.2 节。添加设备后的视图如图 8.7.6 所示。

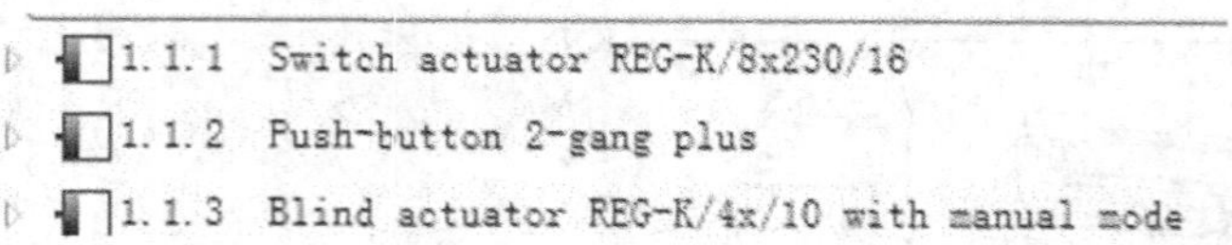

▷ ▮ 1.1.1 Switch actuator REG-K/8x230/16

▷ ▮ 1.1.2 Push-button 2-gang plus

▷ ▮ 1.1.3 Blind actuator REG-K/4x/10 with manual mode

图 8.7.6 添加设备后的视图

③ 采用 USB 连接线将计算机主机与 KNX 总线 USB 模块 MTN681829 连接。

④ 下载物理地址。按下 MTN628119、MTN647895、MTN649802 的编程下载按钮。注意物理地址下载时必须先按下器件的编程按钮。

⑤ 功能配置。认真阅读 MTN628119、MTN647895、MTN649802 资料手册，理解 ETS4 功能配置下的各参数含义。

- 将面板 MTN628119 按键 1 功能修改为窗帘模式（Blind），并且将 Directions of movement 参数修改为 "UP and DOWN" 模式，如图 8.7.7 所示。此时组对象视图如 8.7.8 所示。每个按键将出现 Stop/step object 和 Movement object 两个对象。

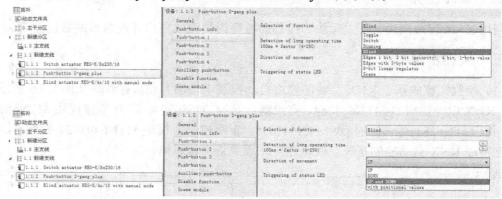

图 8.7.7 将 MTN628119 按键功能修改为窗帘模式（Blind）

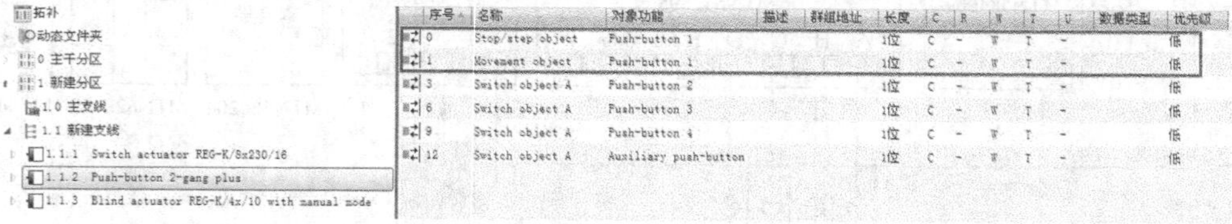

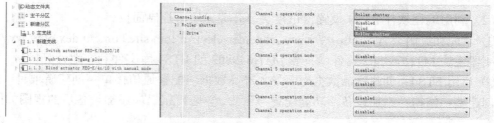

图 8.7.8 MTN628119 组对象视图

- 将窗帘控制模块 MTN649802 通道 1 使能，并设置为 Roller shutter，如图 8.7.9 所示。此时组对象视图如图 8.7.10 所示。通道 1 也将出现 Movement object 和 Stop object 两个对象。

图 8.7.9 窗帘控制模块 MTN649802 功能配置视图

图 8.7.10　窗帘控制模块 MTN649802 组对象视图

⑥ 分配逻辑地址并下载。将 MTN628119 按键 1 和窗帘控制模块 MTN649802 通道 1 的 Movement object 与 Stop object 分别配给同一组地址 1/1/1、1/1/2，将 MTN628119 按键 2 和开关模块 MTN647895 通道 1 的 Switch object 分配给同一组地址 1/1/3。如图 8.7.11 所示。与步骤（4）一样再次下载组地址。

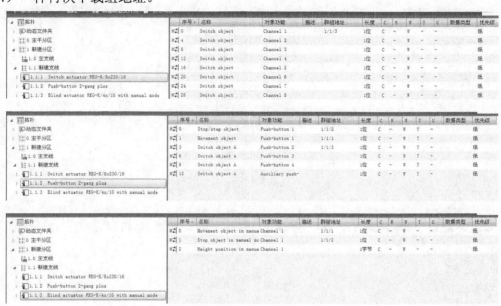

图 8.7.11　各模块组地址视图

⑦ 通电实验，按下面板按键 1，是否实现窗帘自动控制的目的；按下面板按键 2，是否实现白炽灯控制的目的。按下按键的同时，通过"Diagnostics"图标或菜单打开"Group Monitor"窗口，对组地址进行监控。

六　实训报告

（1）总结基于 KNX 总线系统窗帘控制实验过程。
（2）绘制实训用到的总线元器件及其功能表，物理地址、组地址及参数设置分配表。
（3）小结实训的系统方案和应用效果、工作原理。
（4）小结智能家居总线 KNX 系统工程应用的优势。
（5）心得及体会。

第四篇

电子技术实训

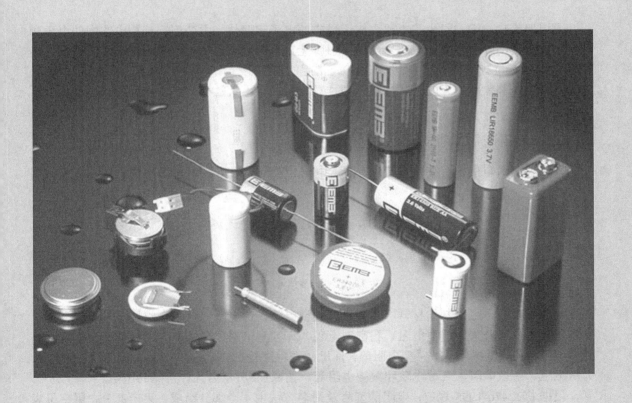

熟悉常用电子元器件的种类、型号和用途，掌握识别、选用和检测的方法，是进行电子电路设计和调试的基础。本章主要介绍了一些常用电子元器件的种类、标识及其应用等。

9.1　电阻器

电阻器简称电阻，是电子电路中应用最广的电子元器件，主要用于调控电路中的电压和电流，或用作消耗电能的负载。电阻的两引脚无正负极性，可交换接入电路。电阻的英文缩写为 R（Resistor），国际单位是欧姆（Ω），常用的单位还有：千欧姆（kΩ）、兆欧姆（MΩ）、吉欧姆（GΩ）和太欧姆（TΩ）。它们之间的换算关系为：1 太欧姆=10^3 吉欧姆=10^6 兆欧姆=10^9 千欧姆=10^{12} 欧姆。

9.1.1　电阻器的种类与命名

根据电阻的阻值是否变化，可分为固定电阻和可变电阻（电位器），它们的电路符号如图 9.1.1 所示。

（a）固定电阻　　　　　　　　　　　　（b）可变电阻

图 9.1.1　电阻器的电路符号

此外，根据电阻的制作材料，可分为薄膜型电阻、合金型电阻和合成型电阻。根据电阻的实际应用，可分为通用型电阻、精密型电阻、高频型电阻、高压型电阻、功率型电阻、高阻型电阻、集成型电阻、敏感型电阻等，而敏感型电阻包括压敏电阻、热敏电阻、光敏电阻、力敏电阻、磁敏电阻、气敏电阻和湿敏电阻等。图 9.1.2 所示为几种常见的电阻。

根据 GB2470-1995 规定，电阻的型号及命名方法由 4 个部分组成：第一部分，用字母表示产品主称；第二部分，用字母表示材料；第三部分，用数字或字母表示分类；第四部分，用数字表示序号。表 9.1.1 列出了电阻命名中的具体符号定义。

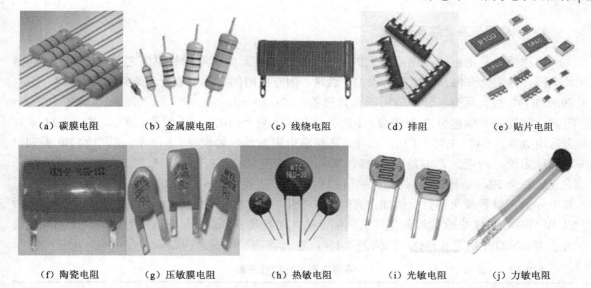

(a) 碳膜电阻　　(b) 金属膜电阻　　(c) 线绕电阻　　(d) 排阻　　(e) 贴片电阻

(f) 陶瓷电阻　　(g) 压敏膜电阻　　(h) 热敏电阻　　(i) 光敏电阻　　(j) 力敏电阻

图 9.1.2　几种常见的电阻

表 9.1.1 　　　　　　　　　　**电阻的型号及命名方法**

第一部分		第二部分		第三部分		第四部分
用字母表示主称		用字母表示材料		用数字或字母表示分类		用数字表示序号
符号	意义	符号	意义	符号	意义	
R	电阻器	T	碳膜	1	普通	
W	电位器	P	硼碳膜	2	普通	
		U	硅碳膜	3	超高频	
		H	合成膜	4	高阻	
		I	玻璃釉膜	5	高温	
		J	金属膜（箔）	6		
		Y	氧化膜	7	精密	
		C	有机实芯	8	*高压或特殊函数	
		N	无机实芯	9	特殊	
		X	线绕	G	高功率	
		R	热敏	T	可调	
		G	光敏	X	小型	
		M	压敏	L	测量用	
				W	微调	
				D	多圈	

*第三部分数字"8"，对于电阻表示"高压"，对于电位器表示"特殊函数"。

9.1.2　电阻器的主要参数与标识

在实际应用中，电阻的主要参数涉及最多有：标称阻值、允许偏差、额定功率和最大工作电压等。

1. 标称阻值及允许偏差

标称阻值是指标注在电阻体上的阻值。电阻的实际阻值与标称阻值之间允许有一定的偏差范围，称为允许偏差，也称为误差。通常，固定电阻的标称阻值分为 E6、E12、E24、E48、E96、E192 六大系列，分别适用于允许偏差为±20%、±10%、±5%、±2%、±1%和±0.5%的电阻器。普通电阻偏差分 3 个等级：Ⅰ级为±5%，Ⅱ级为±10%，Ⅲ级为±20%。其中 E24 系列为常用数系，E48、E96、E192 系列为高精密电阻数系。如表 9.1.2 所示，其中的 E6 系列电阻标称阻值，对应允许偏差为±20%，其系列标称值只能是：1.0、1.5、2.2、3.3、4.7、6.8。它表示符合 E6 系列的电阻，其标称值的有效数字必须从这 6 个系列值中选取或者乘以 10^n，其中 n 为正整数或负整数。例如，有效数字 3.3，乘以 10^2 可得到 330 欧姆的电阻标称值，乘以 10^{-2} 可得到 33 毫欧的标称值。又例如，某电阻标称 6.8kΩ，允许偏差为±5%，而实际电阻大小为 6.5kΩ，相差 0.3kΩ，则偏差 4.4%，在允许偏差范围之内。

表 9.1.2 　　　　　　　　　　　　　　普通电阻的标称值系列

系 列 代 号	允 许 偏 差	偏 差 等 级	系列标称值
E6	±20%	Ⅲ	1.0　1.5　2.2　3.3　4.7　6.8
E12	±10%	Ⅱ	1.0　1.2　1.5　1.8　2.2　2.7　3.3　3.9　4.7　5.6　6.8　8.2
E24	±5%	Ⅰ	1.0　1.1　1.2　1.3　1.5　1.6　1.8　2.0　2.2　2.4　2.7　3.0 3.3　3.6　3.9　4.3　4.7　5.1　5.6　6.2　6.8　7.5　8.2　9.1

电阻的标称阻值和允许偏差直接标注在电阻体上，其方法有 3 种：直标法、文字符号法和色标法，如图 9.1.3 所示。

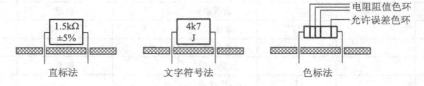

图 9.1.3　电阻的三种标注方法

（1）直标法。将电阻的标称值用数字和文字符号直接标在电阻体上，其允许偏差则用百分数表示，未标偏差值的即为±20%。该标注法直观清晰。

（2）文字符号法。用数字或数字与字母有规律的组合起来，表示电阻的大小、允许偏差和小数点的位置。用数字组合起来表示电阻大小的，该标注法主要用于贴片等小体积的电阻，在三位数码中，从左至右第一、二位数表示电阻阻值的有效数字，第三位表示 10 的倍幂。如：472 表示 $47\times10^2\Omega$（即 4.7kΩ）；104 则表示 $10\times10^4\Omega$（即 100kΩ）。另外，用数字与字母有规律组合起来表示电阻大小的，如出现字母 R 表示"0."（R22 表示 0.22Ω；33R2 表示 33.2Ω），而出现的字母 K、M、G 表示电阻单位级别（4K7 表示 4.7kΩ，3M3 表示 3.3MΩ）。电阻的允许偏差对应的字母（或符号）表示，如表 9.1.3 所示。

表 9.1.3 　　　　　　　　　　　　　　电阻允许偏差的字母表示

字母（或符号）	E	X	Y	H	U	W	B	C	D	F	G	J(Ⅰ)	K(Ⅱ)	M(Ⅲ)	N
允许偏差±%	0.001	0.002	0.005	0.01	0.02	0.05	0.1	0.2	0.5	1	2	5	10	20	30

（3）色标法。该标注法使用最多，普通的色环电阻用 4 环表示，精密电阻用 5 环表示，紧靠电阻体一端头的色环为第一环，露着电阻体本色较多的另一端头为末环。例如，如果色环电阻用四环表示，前面两位数字是有效数字，第三位是 10 的倍幂，第四环是色环电阻的允许偏差。如图 9.1.4 所示，该电阻的色环依次为红、黑、红、银色，则该电阻的阻值为 $20 \times 10^2 \Omega$，即 $2k\Omega$，允许偏差为 $\pm 10\%$。

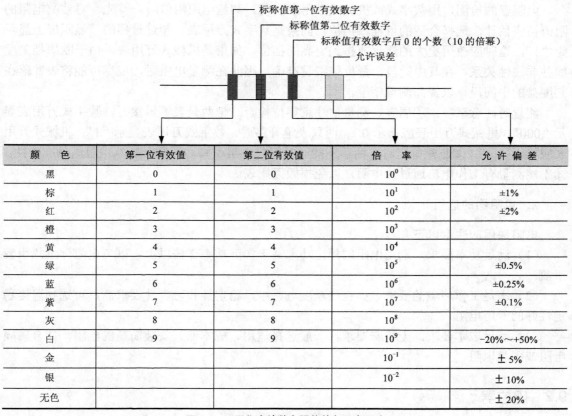

颜　　色	第一位有效值	第二位有效值	倍　　率	允 许 偏 差
黑	0	0	10^0	
棕	1	1	10^1	$\pm 1\%$
红	2	2	10^2	$\pm 2\%$
橙	3	3	10^3	
黄	4	4	10^4	
绿	5	5	10^5	$\pm 0.5\%$
蓝	6	6	10^6	$\pm 0.25\%$
紫	7	7	10^7	$\pm 0.1\%$
灰	8	8	10^8	
白	9	9	10^9	$-20\% \sim +50\%$
金			10^{-1}	$\pm 5\%$
银			10^{-2}	$\pm 10\%$
无色				$\pm 20\%$

图 9.1.4　两位有效数字阻值的色环表示法

如果色环电阻用五环表示，前面 3 位数字是有效数字，第四位是 10 的倍幂，第五环是色环电阻的误差范围。

2. 额定功率

电阻在一定条件下，长期连续工作允许消耗的最大功率，称为电阻的额定功率。电阻的功率系列从 0.05～500W 有数十种规格，而常见的电阻额定功率有 0.25W、0.5W、1W、2W、5W、10W 等。在电阻选用时，注意电阻的实际功率必须小于其额定功率的 1.5～2 倍。

3. 最大工作电压

在一定的测试条件下，电阻能不发生击穿损坏或过热时的承受的最大电压，即为电阻的最大工作电压，又称耐压值。一般，额定功率大的电阻，其最大工作电压也较大。常用电阻额定功率与最大工作电压有：0.25W，250V；0.5W，500V；1～2W，750V。有更高的工作电压要求时，可选用高压型电阻。

9.1.3 电阻器的检测与选用

1. 电阻器的检测

电阻器的检测，用数字式或机械式万用表实现。测量电阻阻值时，首先，对被测电阻的阻值初步估计，选择合适的量程或挡位。如果是数字式万用表，超过量程的，显示屏上显示为"1"，这时应改用更大的量程或拨到更高的挡位。如果是机械式万用表，由于欧姆挡刻度线并非线性关系，在其中间段，分度较细且准确，因此在测量电阻时，应尽可能将表针落在刻度盘的中间段，以提高测量精度。

测量时注意事项：①调零。测量前注意零位检查。把两只表笔短接时，数字式万用表显示"000"，机械式万用表应指示 0Ω；两只表笔开路时，数字式万用表显示"1"，机械式万用表应指示"∞"。②测量电阻时，两手不能同时捏住电阻引脚，否则会影响电阻测量准确性。③不能测量有工作电流通过的电阻，以免损毁万用表。

2. 电阻器的选用

电阻选用应注意以下几点。

（1）满足功率要求。选用电阻的额定功率高于实际功率 2 倍以上，以免电阻体过热引发事故。

（2）满足工作环境的要求。如在高精度电路中，稳定性和可靠性要求高，可选择温度稳定性好的专用电阻。

（3）满足成本要求。无特殊要求，一般选择适用、成本低、安装简易的电阻，如金属膜电阻或碳膜电阻。

9.2 电位器

在电子电路中，为调节电流、电压的大小，一般使用电位器来实现。传统机械式电位器的基本结构如图 9.2.1（a）所示，由电阻体、滑动臂、转轴、外壳和焊片构成。它有 A、B、C 3 个引出端，其中 AC 两端电阻值最大，AB、BC 之间的电阻值可通过改变滑动臂的位置而加以改变。通过调节电位器的转轴，使得它的 B 引出端电位发生改变，所以称之为电位器。在电路中，既可用作分压器，也可作为可变电阻器使用。

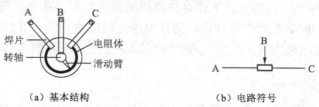

（a）基本结构　　　　　　　　　　（b）电路符号

图 9.2.1 传统机械式电位器的基本结构与电路符号

20 世纪 90 年代出现的数字电位器，也称数控电位器，已被广泛运用仪器仪表、通信设备、家电、计算机控制等领域。与传统机械式电位器不同，数字电位器在数字信号的控制下每次闭合某一个模拟开关 S_i，从而自动改变引出端 W 和 L 之间的电阻值输出改变。某数字电位器的内部结构如图 9.2.2（a）所示，当例如模拟开关 S_5 闭合，W 和 L 之间的电阻值输出为 $5R$。数字电位器对电阻值的调整虽存在分段跳变，但具有可编程数码控制，且还有易集成、可靠性高等优点。

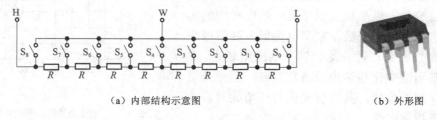

（a）内部结构示意图　　　　　　　　（b）外形图

图 9.2.2　数字电位器的内部结构示意图

9.2.1　电位器的种类

依据不同，电位器的分类也不同。根据电阻体材料不同，可分为合金（线绕、金属箔）、薄膜、合成（有机、无机）、导电塑料等；根据阻值变化特性不同，可分为直线式、对数式、指数式、正余弦式等；根据调节方式，可分为旋转式、直滑式、单圈、多圈等；根据用途，可分为普通、精密、微调、功率、高频、高压等。

与电阻命名类似，电位器的命名，也可参考表 9.1.1 的规定，图 9.2.3 给出了几种常见的电位器。

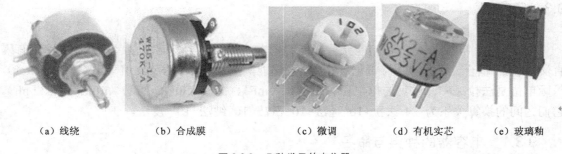

（a）线绕　　　　（b）合成膜　　　　（c）微调　　　　（d）有机实芯　　（e）玻璃釉

图 9.2.3　几种常见的电位器

9.2.2　电位器的主要参数

电位器的主要参数，与固定电阻类似，此外还有其他一些考虑的参数。

1. 阻值的最大值和最小值

每个电位器的外壳上都标有阻值，即电位器的标称值，它是指电位器的最大电阻值。最小电阻值，也称零位电阻，由于触点存在接触电阻，因此通常最小电阻值不可能为零。

2．阻值的变化特性

为适合不同的应用，电位器的阻值变化规律也不同。常见的电位器变化规律有 3 种：直线式（X 型）、指数式（Z 型）和对数式（D 型）。它们的阻值变化特性曲线如图 9.2.4 所示。图中的横坐标是旋转角与最大旋转角的百分数，纵坐标表示当某一角度对应的实际阻值与最大阻值的百分数。X 型电位器，其阻值变化与转角成直线关系，适合均匀调节的应用场合。Z 型电位器，其阻值变化与转角成指数关系，适合音量控制电路。D 型电位器，其阻值变化与转角成对数关系，适合音调控制电路。

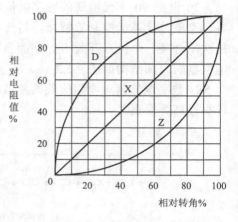

图 9.2.4　电位器的阻值变化特性曲线

9.2.3　电位器的检测与选用

电位器性能主要体现在：阻值及其变化符合要求，滑动臂与电阻体之间接触良好。因此，使用前需要检测电位器的性能，其步骤是：首先测量最大阻值，与标称值是否一致。然后测量滑动臂与电阻体的接触情况。如果用机械式万用表检测时，选择合适欧姆挡，慢慢旋转转轴，注意观察万用表指针，正常情况下，指针应平稳朝一个方向偏转，若出现跳动、跌落或不动等现象，说明滑动臂的滑动触点与电阻体接触不良。

选用电位器通常应考虑因素有：额定功率、可调阻值范围、尺寸大小及式样等。

9.3　电容器

电容器简称电容，是一种储能元件，能够把电能转换成电场能储存起来。在电路中有隔直流、旁路、耦合、滤波、补偿、调谐、充放电及储能等用途。电容的英文缩写为 C（Capacitor），国际单位是法拉（F），常见的单位还有：毫法（mF）、微法（μF）、纳法（nF）、皮法（pF）。它们之间的换算关系为：1 法拉=10^3毫法=10^6微法=10^9纳法=10^{12}皮法。

9.3.1　电容器的种类与命名

电容器在电路中常见的符号如图 9.3.1 所示。根据电容量是否可调，可分为固定电容、半可变电容和可变电容；根据所用介质不同，可分为电解、空气、瓷介、云母、薄膜、玻璃釉电容等；根据极性有无，可分为无极性电容和有极性电容，常用的电解电容是极性电容。图 9.3.2 为几种常见的电容。

（a）固定电容　　　　（b）半可变电容　　　　（c）可变电容　　　　（d）电解电容

图 9.3.1　电容的符号

图 9.3.2　几种常见的电容

　　根据国标 GB2470－1995 规定，电容器的型号命名法和电阻器的类似，也是由主称、材料、分类和序号 4 部分组成。第一部分主称和第二部分材料的规定，如表 9.3.1 所示。第三部分分类的规定，除了一般都用数字表示外，如表 9.3.2 所示，还可用字母表示，如用 T 表示铁电，W 表示微调，J 表示金属化，X 表示小型，S 表示独石，D 表示低压，M 表示密封，Y 表示高压，C 表示穿心式，G 表示高功率。例如，某电容的型号为 CD11，前 3 位字母和数字表示该电容为箔式铝电解电容，第四位表示电容序号；又如型号为 CL21 表示涤纶电容。

表 9.3.1　　　　　　　　　　　　电容的主称、材料部分的规定

主　　称		材　　料	
符　号	意　　义	符　　号	意　　义
C	电容器	C	高频瓷
		T	低频瓷
		I	玻璃釉
		O	玻璃膜
		Y	云母
		V	云母纸
		Z	低介
		J	金属化纸
		B	聚苯乙烯等非极性有机薄膜
		L	涤纶等极性有机薄膜
		Q	漆膜
		H	纸膜复合
		D	铝电解
		A	钽电解
		G	金属电解
		N	铌电解
		E	其他材料电解

表 9.3.2　　　　　　　　　　　　电容特征分类部分的规定

数字 电容名称 \ 类别	1	2	3	4	5	6	7	8	9
瓷介电容器	圆片	管形	叠片	独石	穿心	支柱等		高压	
云母电容器	非密封	非密封	密封	密封				高压	
有机电容器	非密封	非密封	密封	密封	穿心			高压	特殊
电解电容器	箔式	箔式	烧结粉液体	烧结粉固体		无极性			特殊

9.3.2　电容器的主要参数与标识

电容的主要参数有：电容的标称容量、允许偏差、额定直流电压、绝缘电阻等。

1. 标称容量及允许偏差

为生产和选用的方便，国家规定了各种电容器的一系列标准值，称为标称容量，也就是标注在电容体上的容量。实际的电容器容量和标称容量之间的最大允许偏差范围，称为电容器的允许偏差。一般电容的容量按照与电阻相同的 E6、E12、E24 等系列生产，纸介电容等按照特殊规格生产，见表 9.3.3。电容器允许偏差的等级规定见表 9.3.4。

表 9.3.3　　　　　　　　　　　　固定电容器的标称容量系列

名　　称	容　许　误　差	容　量　误　差	标称容量系列
纸介电容器	±5%	100pF～1μF	1.0，1.5，2.2，
金属化纸介电容器	±10%		3.3，4.7，6.8
纸膜复合介质电容器	±20%	100μF～100μF	1，2，4，6，8. 10，
低频（有极性）有机薄膜介质电容器			15，20，30，50，60
			80，100
高频（无极性）有机膜介质电容器	±5%		E24
瓷介电容器	±10%		E12
玻璃釉电容器	±20%		E6
云母电容器	±20%		E6
铝钽、铌电解电容器	±10% ±20% +50% −20% +100% −10%		1，1.5，2.2， 3.3，4.7，6.8 （容量单位为 μF）

注：标称电容量为表中数值或表中数值再乘以 10^n，其中 n 为正整数或负整数。

表 9.3.4　　　　　　　　　　　　电容的允许偏差等级

允许偏差	±2%	±5%	±10%	±20%	+20% −30%	+50% −20%	+100% −10%
级别	02	I	II	III	IV	V	VI

电容的标识方法与电阻的标识方法基本相同，也分直标法、文字符号法和色标法 3 种。示例如图 9.3.3 所示。

（1）直标法。是将电容的标称值用数字和单位在电容体上表示出来：如 220μF 表示 220μF；.01μF 表示 0.01μF；R56μF 表示 0.56μF；6n8 表示 6800pF。不标单位的数码表示法：其中用一位到四位数表示有效数字，一般为 pF，而电解电容其容量则为 μF。如：3 表示 3pF；2200 表示 2200pF；0.056 表示 0.056μF。

（2）文字符号法。电容器的文字符号法与电阻相似。

（3）色标法。用色环或色点表示电容的主要参数。电容的色标法与电阻相同。

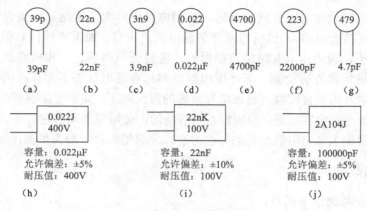

图 9.3.3 几种电容标识示例

2. 额定直流电压

电容器长期可靠工作而不被击穿时所能承受的最大直流电压，称为电容器的额定直流电压，也称耐压值。一般标志在电容体上，供选用时参考。选用电容的耐压值太低，电容器容易被击穿，但是太高又会增大电容器的体积或成本。要注意的是交流电压的峰值不得超过电容的额定直流电压，否则电容就会被击穿损坏。固定式电容的耐压系列值有：1.6、4、6.3、10、16、25、32*、40、50、63、100、125*、160、250、300*、400、450*、500、1000V 等多种等级。其中带*号的只限于电解电容使用。

3. 绝缘电阻

电容器的绝缘电阻是指加到电容器两端的直流电压和流过电容器的漏电流的比值，也称漏电电阻，简称漏阻。它的大小反映了电容器绝缘性能的好坏。电容器的漏阻越大，其绝缘性能越好。一般电容器的漏阻很大，通常在兆欧级以上，甚至达到太欧级。如大容量铝电解电容的绝缘电阻只有几兆欧姆，云母电容的绝缘电阻可达 1 太欧姆。

9.3.3 电容器的检测与选用

1. 电容器的检测

固定电容器的标称容量准确测量需用专用测量设备，如 RLC 电桥。利用万用表对电容的检测，一般只能对电容器定性判断，电容常见的故障有开路、短路、漏电和失效（容量变小）等。

（1）脱离线路检测。采用万用表 R×1k 挡，在检测前，先将电解电容的两根引脚相碰，以便放掉电容内残余的电荷。当表笔刚接通时，表针向右偏转一个角度，然后表针缓慢地向左回转，最后表针停下。表针停下来所指示的阻值为该电容的漏电电阻，此阻值越大越好，最好应接近无穷大处。如果漏电电阻只有几十千欧，说明这一电解电容漏电严重。表针向右摆动的角度越大（表针还应该向左回摆），说明这一电解电容的电容量也越大，反之说明容量越小。

（2）在线路上直接检测。主要是检测电容是否已开路或已击穿这两种明显故障，而对漏电故障由于受外电路的影响一般是测不准的。用万用表R×1 挡，电路断开后，先放掉残存在电容内的电荷。测量时若表针向右偏转，说明电解电容内部断路。如果表针向右偏转后所指示的阻值很小（接近短路），说明电容严重漏电或已击穿。如果表针向右偏后无回转，但所指示的阻值不很小，说明电容开路的可能很大，应脱开电路后进一步检测。

（3）线路上通电状态时检测。若怀疑电解电容只在通电状态下才存在击穿故障，可以给电路通电，然后用万用表直流挡测量该电容两端的直流电压，如果电压很低或为 0 V，则是该电容已击穿。对于电解电容的正、负极标志不清楚的，必须先判别出它的正、负极。对换万用表笔测两次，以漏电大（电阻值小）的一次为准，黑表笔所接一脚为负极，另一脚为正极。

2. 电容器的选用

电容器选用应考虑以下两点：

（1）根据电路功能来选择。例如，在电源滤波中，应选择电解电容器；在高频电路中，常选用瓷介电容器；在电路中用来隔离直流时，可选择涤纶或电解电容器。

（2）根据耐压值来选择。电容器的额定直流电压应是实际电压的 1.1～1.2 倍，以免电容器被击穿。

9.4 电感器

电感器也称为电感线圈，简称电感，是一种能储存磁场能量的电子元器件，其特性是：通直流阻交流，通低频阻高频。常用于滤波、调谐、耦合、扼流等电路中。电感的英文缩写为 L（Inductance），国际单位是亨利（H），常用的单位还有：毫亨（mH）、微亨（μH）、纳亨（nH）。它们之间的换算关系是：1 亨利=10^3 毫亨=10^6 微亨=10^9 纳亨。

9.4.1 电感器的种类

根据磁体材料不同，可分为空心线圈、铁心线圈、磁芯线圈和铜芯线圈。根据电感量能否调节，可分为固定电感和可变电感。根据绕线结构不同，可分为单层线圈、多层线圈和蜂房式线圈。根据用途不同，可分为低频扼流圈、高频扼流圈、天线线圈、偏置线圈和振荡线圈等。不同结构的电感，其表示的符号也不相同，见表 9.4.1。

表 9.4.1　　　　　　　　　常见的不同结构电感器及其符号表示

符号				
名称	空心线圈	带抽头的电感线圈	铁心电感	磁芯电感
符号				
名称	可变电感线圈	有滑动接点的电感线圈	带磁芯的可调电感线圈	带非磁性金属芯的电感线圈

由于电感器的结构形式多样，因此在电路设计中除采用现有产品外，还可根据要求自行设计和定制。电感的型号命名法和电阻类似，也是由主称、材料、分类和序号 4 部分组成。对于特殊电感器，各厂家命名方法并不统一，但一般包括电感量、允许偏差、产品尺寸和工作电流等参数。图 9.4.1 给出了几种常见的电感器。

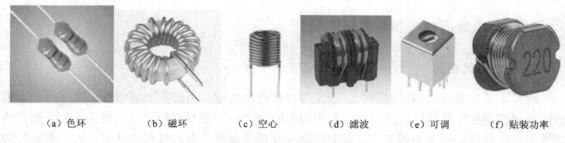

　　（a）色环　　　　　　（b）磁环　　　　　（c）空心　　　　　（d）滤波　　　　　（e）可调　　　　　（f）贴装功率

图 9.4.1　几种常见的电感器

9.4.2　电感器的主要参数与标识

电感器的主要参数有电感量的标称值、允许偏差、品种因数、分布电容和额定电流。

1．电感量的标称值与允许偏差

电感量也称自感系数，是电感线圈的一个重要参数。电感量的大小与线圈的直径、匝数以及有无磁芯等因数有关。有磁芯电感器比无磁芯电感器的电感量大得多。电感器的标识方法也与电阻的标识方法基本相同，分直标法、文字符号法和色标法 3 种。用文字符号法表示电感量时，用字母 R 代替小数点，电感的单位是微亨（μH），如 R68 表示 0.68μH。允许偏差也用字母表示，见表 9.4.2。电感器的色标法也与前面所述的电阻色标法相似。

表 9.4.2　　　　　　　　　　电感器允许偏差与字母的对应表

英文字母	Y	X	E	L	P	W	B	C
允许偏差（±%）	0.001	0.002	0.005	0.01	0.02	0.05	0.1	0.25
英文字母	D	F	G	J	K	M	N	
允许偏差（±%）	0.5	1	2	5	10	20	30	

2．品质因数 Q

电感器的品质因数 Q，是在某一频率下工作时，线圈的感抗 ωL（或 $2\pi fL$）与其等效耗损电阻 R 的比值，表达式为

$$Q = \frac{\omega L}{R} = \frac{2\pi fL}{R}$$

电感器的品质因数 Q 值越高，反映电感器的损耗越小，效率就越高。

3．分布电容

电感器线圈的匝与匝之间、线圈与地之间、线圈与屏蔽盒之间及线圈的各层之间存在寄生电容效应，称为分布电容。分布电容的存在，会使线圈的品质因数 Q 值减小，总损耗增大，稳定性变差，因此电感器的分布电容越小越好。

4．额定电流

额定电流是指在一定条件下，允许长时间通过线圈的最大工作电流。选用电感器时，其额定电流值一般要稍大于实际工作时的最大电流。

9.4.3　电感器的检测与选用

1．电感器的检测

通常，首先查看电感器的外观，看是否存在线圈松散，引脚折断等情况。接着，用万用表的欧姆挡测量电感器的直流电阻。若所测电阻为"∞"，说明线圈开路；若为"0"，则说明线圈短路；若比标称值小得多，则说明线圈存在局部短路；若与标称值基本一致，可初步判定线圈正常。

2．电感器的选用

电感器可根据以下两点来选用：
（1）电感器的额定电流应大于它的实际工作电流。
（2）根据电路的功能要求来选择。例如，在选频电路中，应选择品质因数高的电感器。

9.5　变压器

变压器具有变换电压、电流和阻抗的作用，在家电、开关电源、电子仪器等设备中广泛应用。各种变压器的工作原理都是基于电磁感应现象，因此它们的基本结构相同，主要由铁心（或磁芯）和线圈组成，线圈有两个或两个以上的绕组，其中接电源的绕组叫初级线圈，其余的绕组叫次级线圈。当初级线圈中通有交流电流时，铁心（或磁芯）中便产生交流磁通，使次级线圈中感应出电压（或电流）。

9.5.1　变压器的种类

变压器电路符号如图 9.5.1 所示。其中图（a）为变压器一般电路符号；图（b）为自耦变压器的电路符号；图（c）为磁芯可调式变压器的电路符号。

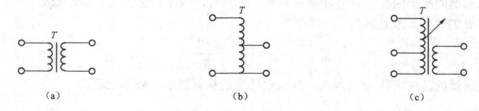

图 9.5.1　变压器的电路符号

变压器根据工作频率的高低，可分为高频变压器、中频变压器和低频变压器；根据铁心（或磁芯）形状，可分为芯式变压器、壳式变压器、环形变压器等；根据用途，可分为电源变压器、耦合变压器、隔离变压器、自耦变压器等。图 9.5.2 给出了几种常见的电源变压器。

（a）芯式变压器

（b）壳式变压器

（c）环形变压器

图 9.5.2　几种常见的电源变压器

9.5.2　变压器的主要参数

变压器的主要参数有额定功率、变压比、频率响应、绝缘电阻、效率和温升等。

（1）额定功率。额定功率是指在一定频率的电压下，变压器长时间工作不超过规定温升的最大输出功率，单位为伏安（VA）。

（2）变压比。变压比是指变压器的初级和次级绕组电压比，它反映了变压器是升压还是降压。存在负载时和空载时两种变压比指标。

（3）频率响应。频率响应主要针对低频变压器，它是衡量变压器传输在不同频率信号性能的重要参数。

（4）绝缘电阻。绝缘电阻指绕组与绕组间、绕组与铁心间、绕组与外壳间的绝缘电阻值。它与所使用的绝缘材料的性能、温度高低和潮湿程度有关。

（5）效率。变压器输出功率与输入功率的比值，称为变压器的效率，通常用百分数表示。显然，变压器的效率越高，各种损耗就越小。通常，变压器的额定功率越大，其效率越高。

（6）温升。变压器通电后，温度上升到稳定时，变压器的温度高出环境温度的差值。它反映了变压器工作时的发热情况，一般要求其值越小越好。

变压器的参数标注方法通常采用直标法。例如，某变压器上标注为 DB-50-2，DB 表示电源变压器，50 表示额定功率 50 伏安，2 表示产品的序号。

9.5.3　变压器的检测与选用

变压器的检测主要包括测量变压器线圈的直流电阻和各绕组之间的绝缘电阻两个方面。由于变压器线圈的电阻很小，可用万用表测量绕组线圈的电阻值，来判断绕组线圈是否存在断路情况。用兆欧表测量各绕组之间以及绕组与外壳之间的绝缘电阻。若阻值为"∞"，说明变压器正常；若阻值为"0"，说明变压器存在短路；若阻值为某一数值时，说明存在漏电情况。

变压器的种类和型号很多，选用时注意：（1）根据用途选用相应类型的变压器；（2）综合考虑电路板的组装时的尺寸大小和重量，以及信号干扰等因素来选择合适变压器。

9.6 常用半导体器件

半导体器件是电子技术发展的基础。常用的半导体器件包括二极管、稳压管、晶体管及其他特殊用途的半导体器件等，在目前依然有相当普遍的应用。

9.6.1 二极管

二极管的基本结构是由一个 PN 结加上引线和管壳构成。在电路中起开关、整流、稳压、检波等作用。常用的电路符号如图 9.6.1（a）所示。二极管的类型很多，从制造二极管的材料来分，有硅二极管和锗二极管。从管子的结构来分，主要有点接触型、面接触型和平面型 3 类，如图 9.6.1（b）、（c）、（d）所示。点接触型二极管的特点是 PN 结的面积小，结电容小，适用于高频下工作，但不能通过很大的电流，主要用于小电流的整流和高频检波、混频等。面接触型二极管 PN 结的面积大，允许通过较大电流，但只能在较低频率下工作，可用于整流电路。平面型二极管，结面积较大时，可做大功率整流；结面积较小时，结电容也小，适合数字电路做开关二极管用。从用途来分，有整流二极管、检波二极管、稳压二极管、发光二极管、光电二极管、变容二极管等。图 9.6.2 所示是几种常见的二极管的外形。

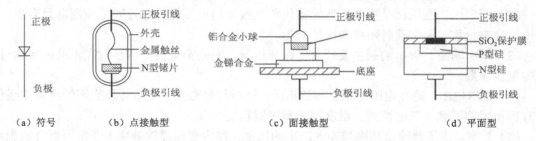

（a）符号　　　（b）点接触型　　　　　　　（c）面接触型　　　　　　　（d）平面型

图 9.6.1　二极管的电路符号及 3 种结构

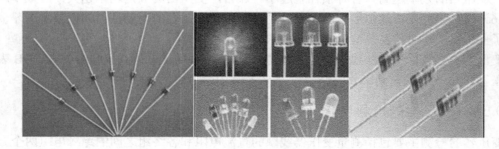

图 9.6.2　几种常见的二极管外形

1．二极管的特性及命名

如图 9.6.3 所示的伏安特性曲线，表明二极管具有单向导电性，即在正向电压的作用下，导通电阻很小，而在反向电压的作用下导通电阻极大或无穷大。其导通电压是：硅二极管在两极加上电压，并且电压大于 0.6V 时才能导通，导通后电压保持在 0.6～0.8V 之间。锗二极管在两极加上电压，并且电压大于 0.2V 时才能导通，导通后电压保持在 0.2～0.3V 之间。

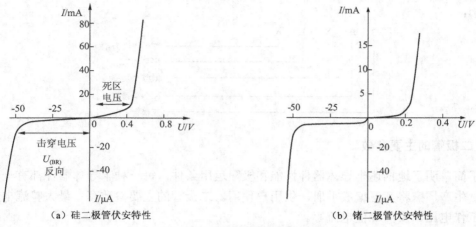

（a）硅二极管伏安特性 （b）锗二极管伏安特性

图 9.6.3 二极管的伏安特性曲线

根据国家标准 GB 249—89 规定，常用半导体器件（包括二极管和晶体管）的型号命名由 5 个部分组成，第一部分用数字表示电极的数目；第二部分用汉语拼音字母表示器件的材料和极性；第三部分表示器件的类别；第四部分表示器件的序号；第五部分表示规格。具体规定见表 9.6.1。

表 **9.6.1** 我国半导体器件型号命名方法

第一部分		第二部分		第三部分		第四部分	第五部分
用数字表示器件的电极数目		用汉语拼音字母表示器件的材料和极性		用汉语拼音字母表示器件的类别		用数字表示器件序号	用汉语拼音字母表示规格号
符号	意义	符号	意义	符号	意义		
2	二极管	A	N 型锗材料	P	普通管		
3	三极管	B	P 型锗材料	V	微波管		
		C	N 型硅材料	W	稳压管		
		D	P 型硅材料	C	参量管		
		A	PNP 型锗材料	Z	整流管		
		B	NPN 型锗材料	L	整流堆		
		C	PNP 型硅材料	S	隧道管		
		D	NPN 型硅材料	N	阻尼管		
		E	化合物材料	K	开关管		
				X	低频小功率管 $f_a<3MHz$、$P_C<1W$		
				G	高频小功率管 $f_a>3MHz$、$P_C<1W$		
				D	低频大功率管 $f_a<3MHz$、$P_C\geqslant1W$		
				G	高频大功率管 $f_a\geqslant3MHz$、$P_C\geqslant1W$		
					光电器件		
				J	结型场效应管		

示例：

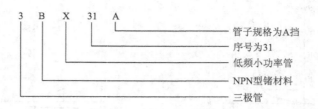

- 管子规格为A挡
- 序号为31
- 低频小功率管
- NPN型锗材料
- 三极管

2．二极管的主要参数

为了简单明了地描述半导体器件性能和极限运用条件，每一种半导体器件都有一套相应的参数。生产厂家将其汇编成手册，供用户使用。二极管的主要参数有：最大整流电流、最大反向工作电压、反向峰值电流等。

（1）最大整流电流 I_{OM}。最大整流电流是指二极管允许通过的最大正向平均电流，工作时应使平均工作电流小于 I_{OM}，如超过 I_{OM}，二极管将过热而烧毁。此值取决于 PN 结的面积、材料和散热情况。

（2）最大反向工作电压 U_{RWM}。最大反向工作电压是二极管允许的最大工作电压。当反向电压超过此值时，二极管可能被击穿。为留有余地，通常取击穿电压 $U_{(BR)}$ 的一半作为 U_{RWM}。

（3）反向峰值电流 I_{RM}。它是指在二极管上加最大反向工作电压时的反向电流值。此值越小，二极管的单向导电性越好。由于反向电流是由少数载流子形成，所以它受温度的影响很大。

此外，二极管还有最高工作频率等参数，表 9.6.2 中列举了两种国产整流二极管参数，可供参考。

表 9.6.2   整流二极管的参数

参数 型号	最大整流电流（mA）	最大反向工作电压（V）	反向峰值电流（μA）	最高工作频率（kHz）	主要用途
2AP6	12	100	≤250	$1.5×10^5$	为点接触型锗二极管，用作检波和小电流整流
3CP16	300	300	≤5	50	为面接触型硅二极管，用作整流

3．二极管的检测

根据二极管的单向导电性，即二极管正向电阻小、反向电阻大的特点，可用观察法和电阻法可判别二极管极性和好坏。

（1）用观察法判断二极管的极性：一般在实物的电路图中可以通过眼睛直接看出半导体二极管的正负极。在实物中如果看到一端有颜色标示的是负极，另外一端是正极。

（2）用电阻法判断二极管的极性：通常选用万用表的欧姆挡（R×100 或 R×1k），然后分别用万用表的两表笔分别出接到二极管的两个极上出，当二极管导通，测的阻值较小（一般几十欧姆至几千欧姆之间），这时黑表笔接的是二极管的正极，红表笔接的是二极管的负极。当测的阻值很大（一般为几百至几千欧姆），这时黑表笔接的是二极管的负极，红表笔接的是二极管的正极。要注意的是：用数字式万用表去测二极管时，红表笔接二极管的正极，黑表笔接二极管的负极，此时测得的阻值才是二极管的正向导通阻值，这与指针式万用表的表笔接法刚好相反。

9.6.2　稳压管

稳压二极管简称稳压管，是一种特殊的二极管，它采用硅材料（简称硅稳压管），掺杂浓度高，通常工作在反向击穿区。稳压管的伏安特性如图 9.6.4（a）所示，与普通二极管基本相同，但其可以工作在反向击穿状态，击穿电压为 U_Z。当反向电压超过击穿电压 U_Z 时，反向电流急剧增大，但 PN 结两端的电压几乎不变，其大小接近击穿电压 U_Z，表现出恒压源特性。利用这一特性，在不同的工艺条件下，可制成具有不同稳定电压的稳压管。稳压二极管的符号如图 9.6.4（b）所示，图 9.6.5 是常见的稳压管外形。

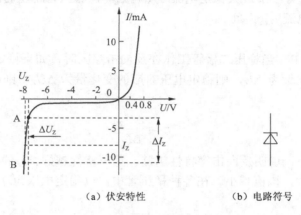

（a）伏安特性　　　　　　（b）电路符号

图 9.6.4　稳压管的伏安特性和电路符号

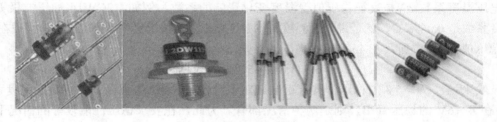

图 9.6.5　几种常见的稳压管外形图

1. 稳压管的主要参数

稳压管的主要参数有：稳定电压、稳定电流、动态电阻、电压温度系数、最大允许耗散功率等。

（1）稳定电压 U_Z

稳定电压 U_Z 是稳压管工作在反向击穿区时的稳定工作电压。由于稳定电压随工作电流的不同而略有变化，所以测试 U_Z 时应使稳压管的电流为规定值。稳定电压 U_Z 是挑选稳压管的主要依据之一。不同型号的稳压管，其稳定电压的值不同。对于同一型号的稳压管，由于制造工艺的不同，各个稳压管的稳定电压 U_Z 值也有差别，因而在选用稳压管时需注意。例如，型号为 2CW14 的稳压管，在稳定电流 $I_Z=10\text{mA}$ 时，U_Z 的允许值在 6～7.5V。表 9.6.3 给出了几种常用稳压管的型号及稳压值。

表 9.6.3　　　　　　　　　常用稳压管型号及稳压值对应表

型号	1N4727	1N4728	1N4729	1N4730	1N4732	1N4733	1N4734	4N4735
稳压值（V）	3.0	3.3	3.6	3.9	4.7	5.1	5.6	6.2
型号	1N4736	1N4737	1N4738	1N4739	1N4740	1N4741	1N4751	1N4761
稳压值（V）	6.8	7.5	8.2	9.1	10	11	30	75

（2）稳定电流 I_Z

稳定电流 I_Z 是使稳压管正常工作时的参考电流。如果工作电流低于 I_Z，则管子的稳压性能变差；如果工作电流高于 I_Z，只要不超过额定功耗，稳压管可以正常工作。每一种型号的稳压二极管，都规定有一个最大稳定电流 I_{ZM}。因而，稳压管稳压时的工作电流应介于稳定电流 I_Z 和最大稳定电流 I_{ZM} 之间。

（3）动态电阻 r_z

在图 9.6.4（a）中，当稳压二极管工作在反向击穿区时，如果稳定电流 I_Z 的变化由 A 点变化到 B 点，其变化量为 ΔI_Z，则稳定电压对应的变化量为 ΔU_Z，则动态电阻 r_z 就取两者的比值，即

$$r_z = \frac{\Delta U_Z}{\Delta I_Z}$$

稳压管的 r_z 越小，说明反向击穿特性越陡，稳压特性越好。r_z 的数值通常为几欧至几十欧，且随着 I_Z 的增大，该值减小。在各种稳压管中，以稳定电压为 7V 左右的稳压管的动态电阻最小。

（4）电压温度系数 α_U

电压温度系数 α_U 是表征稳压值受温度变化影响的系数。例如，2CW14 稳压二极管的电压温度系数是 0.06%/℃，就是说如果温度每增加 1℃，它的稳压值将升高 0.06%，假设在 25℃时的稳压值为 6V，那么在 45℃时的稳压值将是

$$6 \times [1 + \alpha_U(45 - 25)] \approx 6.1V$$

一般来说，$U_Z > 6V$ 的稳压管具有正的稳定系数；$U_Z < 4V$ 的稳压管具有负的温度系数；而 U_Z 在 4～6V 的稳压管中，则是两种情况都有。为此，在要求稳压性能较好的情况下，常选用 6V 左右的稳压管。在要求更高的场合，可选用具有温度补偿的稳压管。

（5）最大允许耗散功率 P_{ZM}

由于稳压管两端加有电压 U_Z，管子中就有电流 I_Z 流过，因此 PN 结上就要产生功率损耗，即 $P_Z = U_Z I_Z$。这部分功耗转化为热能，使得 PN 结的温度升高，管子发热。当稳压管的 PN 结温度超过允许值时，稳压管将不能正常工作，以致烧坏。为此，在技术手册中，常对稳压管的最大允许耗散功率 P_{ZM} 做出规定，即 $P_{ZM} = U_Z I_{ZM}$。为限制流过稳压管的电流 I_Z，使其不超过最大稳定电流 I_{ZM}，通常要接限流电阻，以免过热而烧毁管子。表 9.6.4 列出了几种常见稳压管的参数。

表 9.6.4　　　　　　　　　几种常见稳压管的参数

参数＼型号	稳定电压（V）	稳定电流（mA）	电压温度系数（%1℃）	动态电阻(Ω)	最大稳定电流（mA）	耗散功率（W）
2CW14	6～7.5	10	0.06	≤15	33	0.25
2CW20	13.5～17	5	0.095	≤50	15	0.25
2DW7C	6.1～6.5	10	0.005	≤10	30	0.20

2. 稳压管的检测

稳压管正负极性判别和二极管一样。稳压二极管的在电路中的故障主要表现在开路、短路和稳压值不稳定。对这3种故障,可采用电阻法,即使用指针式万用表,选用欧姆挡(R×100),测量稳压管的阻值。如果稳压管开路,测得正向电阻为无穷大;如果反向电阻近似为零时,说明稳压管击穿短路;如果稳压管正反向电阻相差太小,说明其性能失效,其稳压值在电路中输出不稳定。

9.6.3 晶体管

半导体三极管简称晶体管或三极管,其内部含有 2 个 PN 结,在电子电路中具有放大或开关作用。它分 NPN 型和 PNP 型两种类型,每一类都分成基区、发射区和集电区,分别引出基极（B）、发射极（E）和集电极（C）。每一类都有两个 PN 结:基区和发射区之间的 PN 结,称为发射结 J_e,基区和集电区之间的 PN 结,称为集电结 J_c。如图 9.6.6 所示。NPN 型晶体管基极和集电极电流的方向是流入,发射极电流的方向是流出。而 PNP 晶体管基极和集电极电流的方向是流出,发射极电流的方向是流入。图 9.6.7 是几种常见的晶体管外形图。

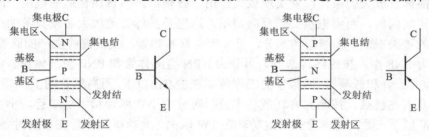

（a）NPN 型晶体管的结构和电路符号　　　　　　（b）PNP 型晶体管的结构和电路符号

图 9.6.6　晶体管的结构和电路符号

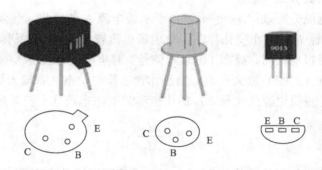

图 9.6.7　几种常见的晶体管外形图

1. 晶体管的伏安特性及分类

由晶体管的伏安特性曲线,如图 9.6.8 所示,可知晶体管具有 3 种工作状态,放大、饱和、截止,在模拟电路中一般使用放大作用。饱和和截止状态一般合用在数字电路中。晶体管各区的工作条件如下。

（1）放大区：发射结正偏，集电结反偏；

（2）饱和区：发射结正偏，集电结正偏；

（3）截止区：发射结反偏，集电结反偏。

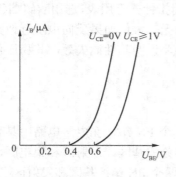

（a）晶体管的输入特性曲线

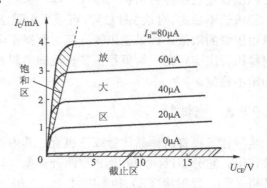

（b）晶体管的输出特性曲线

图 9.6.8　晶体管的伏安特性曲线

因此，晶体管放大的条件：要实现放大作用，必须给晶体管加合适的电压，即管子发射结必须具备正向偏压，而集电极必须反向偏压，这也是晶体管的放大必须具备的外部条件。

晶体管的种类很多，按照材料来分，可分为硅管和锗管，我国目前生产的硅管多为 NPN 型，锗管多为 PNP 型。按照结构来分，可分为 NPN 型晶体管和 PNP 型晶体管。按照工作频率分，可分为高频管和低频管。低频管的工作频率在 3MHz 以下，而高频管的工作频率在 3MHz 以上，可达几百兆赫兹。按照允许耗散功率分，可分为小功率管和大功率管。小功率管的额定功耗在 1W 以下，而大功率管的额定功耗在 1W 以上。大功率晶体管在使用时要加散热器。

2．晶体管的主要参数

（1）电流放大系数 β 或 h_{FE}

对于晶体管的电流分配规律 $i_E = i_C + i_B$，由于基极电流 i_B 的变化，使集电极电流 i_B 发生更大的变化，即基极电流 i_B 的微小变化控制了集电极电流较大，这就是晶体管的电流放大原理。当晶体管接成共发射极电路时，静态（无输入信号）时集电极电流 I_C 与基极电流 I_B 的比值称为共发射极静态电流（直流）放大系数。当晶体管工作在动态（有输入信号）时，对应集电极电流变化量 ΔI_C 与基极电流变化量 ΔI_B 的比值称为动态电流（交流）放大系数 β（或 h_{FE}）

$$\beta = \frac{\Delta I_C}{\Delta I_B}$$

常用的小功率的晶体管的 β 值约为 20～150。β 值随温度升高而增大。晶体管的直流电流放大系数常用色点标注在外壳上，其意义见表 9.6.5。

表 9.6.5　　　　　　　　　　　色点代表的电流放大系数

色点	棕	红	橙	黄	绿	蓝	紫	灰	白	黑
β	0～15	15～25	25～40	40～55	55～80	80～120	120～180	180～270	270～400	400 以上

（2）集电极最大允许耗散功率 P_{CM}

由于集电极电流在流经集电结时将产生热量，使结温升高，从而会引起晶体管的参数变化。当晶体管因受热而引起的参数变化不超过允许值时，集电极所消耗的最大功率，称为集电极最大允许耗散功率 P_{CM}。P_{CM} 主要受结温限制，一般来说，锗管允许结温约为 70～90℃，硅管约为 150℃。

根据晶体管的 P_{CM} 值，可在晶体管输出特性曲线上做出 P_{CM} 曲线，它是一条双曲线。由 I_{CM}、$U_{(BR)CEO}$、P_{CM} 3 个极限参数共同界定了晶体管的安全工作区，如图 9.6.9 所示。

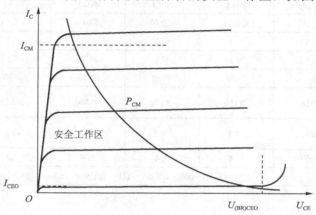

图 9.6.9　晶体管的安全工作区

（3）集电极最大允许电流 I_{CM}

集电极电流 I_C 超过一定值时，晶体管的 β 要下降。当 β 值下降到正常值的三分之二时的集电极电流，称为集电极最大允许电流 I_{CM}。因此，在使用晶体管时，I_C 超过 I_{CM} 并不一定会使晶体管损坏，但以降低 β 值为代价。

（4）集—射极反向击穿电压 $U_{(BR)CEO}$

基极开路时，加在集电极和发射极之间的最大允许电压，称为集—射极反向击穿电压 $U_{(BR)CEO}$。当晶体管的集—射极电压 U_{CE} 大于 $U_{(BR)CEO}$ 时，I_{CEO} 突然大幅度上升，说明晶体管已被击穿。手册中给出的 $U_{(BR)CEO}$ 一般是常温（25℃）时的值，晶体管在高温下，其 $U_{(BR)CEO}$ 值要降低，使用时应特别注意。

（5）集—射极反向饱和电流 I_{CEO}

I_{CEO} 是当基极开路时的集电极电流。因为它好像是从集电极直接穿透晶体管而到达发射极的，所以又称为穿透电流。I_{CEO} 受温度的影响很大，其数值约为 I_{CBO} 的 I_{CEO} 倍。一般硅管的 I_{CEO} 比锗管的 I_{CEO} 小 2～3 个数量级。表 9.6.6 和表 9.6.7 分别是常用的晶体管型号的参数表。

表 9.6.6　　　　　　　　　　硅高频小功率晶体管参数

原　型　号		3DG6				测　试　条　件
新　型　号		3DG100A	3DG100B	3DG100C	3DG100D	
极限参数	P_{CM}(mW)	100	100	100	100	
	I_{CM}(mA)	20	20	20	20	

续表

原 型 号		3DG6				测 试 条 件
新 型 号		3DG100A	3DG100B	3DG100C	3DG100D	
极限参数	$V_{(BR)CBO}(V)$	≥30	≥40	≥30	≥30	
	$V_{(BR)CEO}(V)$	≥20	≥30	≥20	≥30	I_C=100μA
	$V_{(BR)EBO}(V)$	≥4	≥4	≥4	≥4	I_B=100μA
直流参数	$I_{CBO}(μA)$	≤0.01	≤0.01	≤0.01	≤0.01	V_{CB}=10V
	$I_{CEO}(μA)$	≤0.1	≤0.1	≤0.1	≤0.1	V_{CE}=10V
	$I_{EBO}(μA)$	≤0.01	≤0.01	≤0.01	≤0.01	V_{EB}=1.5V
	$V_{BES}(V)$	≤1	≤1	≤1	≤1	I_C=10mA I_B=1mA
	$V_{CES}(V)$	≤1	≤1	≤1	≤1	I_C=10 mA I_B=1mA
	h_{FE}	≥30	≥30	≥30	≥30	V_{CE}=10V I_C=3mA
交流参数	$f_T(MHz)$	≥150	≥150	≥300	≥300	V_{CB}=10V I_E=3mA f=100MHz R_L=5Ω
	$A_p(dB)$	≥7	≥7	≥7	≥7	V_{CB}=10V I_E=3mA f=100MHz
	$C_{ob}(pF)$	≤4	≤4	≤4	≤4	V_{CB}=10V I_E=0
h_{FE}色标分挡		(红)30～60 (绿)50～110 (蓝)90～160 (白)＞150				
管脚						

表 9.6.7 部分常用的国外硅高频小功率晶体管参数

型 号	材 料	类 型	P_{CM} mW	I_{CM} mA	BV_{CEO}	f_T MHz	封 装
9011	Si	NPN	400	30	50	370	
9012	Si	PNP	400	400	25	200	
9013	Si	NPN	400	400	40	250	
9014	Si	NPN	400	30	50	270	
9015	Si	PNP	600	−100	−50	190	C B E
9016	Si	NPN	600	25	30	620	
9018	Si	NPN	400	50	30	1100	

3．晶体管的判别

（1）用指针式万用表判断晶体管的引脚和类型

① 先选量程：R×100 或 R×1k 挡。

② 判别晶体管基极。用万用表黑表笔固定晶体管的某一个电极，红表笔分别接晶体管另外两各电极，观察指针偏转，若两次的测量阻值都大或是都小，则该引脚就是基极（两次阻值都小的为 NPN 型管，两次阻值都大的为 PNP 型管），若两次测量阻值一大一小，则用黑笔重新固定晶体管一个引脚极继续测量，直到找到基极。

③ 判别晶体管的 C 极和 E 极。确定基极后，对于 NPN 管，用万用表两表笔接晶体管另外两极，交替测量两次，若两次测量的结果不相等，则其中测得阻值较小得一次黑笔接的是 E 极，红笔接得是 C 极（若是 PNP 型管则黑红表笔所接的电极相反）。

④ 判别晶体管的类型。如果已知某个晶体管的基极，可以用红表笔接基极，黑表笔分别测量其另外两个电极引脚，如果测得的电阻值很大，则该晶体管是 NPN 型晶体管，如果测量的电阻值都很小，则该晶体管是 PNP 型晶体管。

（2）晶体管的好坏检测

① 先选量程：R×100 或 R×1k 挡位。

② 测量 PNP 型晶体管的发射极和集电极的正向电阻值：红表笔接基极，黑表笔接发射极，所测得阻值为发射极正向电阻值，若将黑表笔接集电极（红表笔不动），所测得阻值便是集电极的正向电阻值，正向电阻值越小越好。

③ 测量 PNP 型晶体管的发射极和集电极的反向电阻值：将黑表笔接基极，红表笔分别接发射极与集电极，所测得阻值分别为发射极和集电极的反向电阻，反向电阻越小越好。

④ 测量 NPN 型晶体管的发射极和集电极的正向电阻值的方法和测量 PNP 型晶体管的方法相反。

9.6.4　半导体光电器件

除了前几节介绍的几种主要的半导体器件外，在不少场合需要用到一些其他的半导体器件。本节简单介绍下几种光电器件，它们主要用于显示、报警、耦合和控制等场合。

1. 发光二极管

半导体显示器件主要有发光二极管，它是一种将电能直接转换成光能的固体器件，简称LED。和普通二极管相似，也是由一个 PN 结构成。当在发光二极管上加正向电压并有足够大的正向电流时，就能发出清晰的光。这是由于电子与空穴复合而释放能量的结果。光的颜色与做成 PN 结的材料和发光的波长有关，而波长与材料的浓度有关。如采用磷砷化镓，则可发出红光或黄光；采用磷化镓，则发出绿光。发光二极管的 PN 结封装在透明塑料管壳内，外形有方形、矩形和圆形等。

发光二极管的工作电压为 1.5～3V，工作电流为几毫安到十几毫安，反向击穿电压较低，一般小于 10V。寿命较长，通常作显示用。图 9.6.10 是它的外形和表示符号。

（a）外形　　　　　　　　　　（b）电路符号

图 9.6.10　发光二极管的外形和电路符号

2. 光敏二极管

光敏二极管又称光电二极管，它是利用 PN 结的光敏特性，将接收到的光的变化转换为电流的变化。图 9.6.11 是它的外形、电路符号、等效电路和特性曲线。

光敏二极管是在反向电压作用下工作的。当无光照时，和普通二极管一样，其反向电流很小（通常小于 $0.2\mu A$），称为暗电流。当有光照时，产生的反向电流称为光电流。照度 E 越强，光电流 I 也越大，如图 9.6.11（d）所示。

光电流很小，一般只有几十微安，应用时须进行放大。

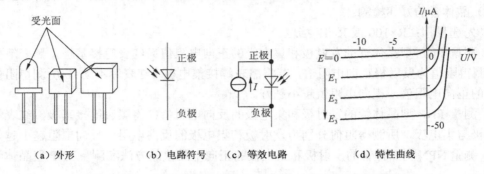

（a）外形　　（b）电路符号　（c）等效电路　　　（d）特性曲线

图 9.6.11　发光二极管的外形、电路符号、等效电路及特性曲线

3．光电晶体管

光电晶体管又称光敏晶体管。普通晶体管是用基极电流 I_B 的大小来控制集电极电流，而光电晶体管是用入射光照度 E 的强弱来控制集电极电流的。因此两者的输出特性曲线相似，只是用 E 来代替 I_B。当无光照时，集电极的电流 I_{CEO} 很小，称为暗电流。有光照时的集电极电流称为光电流，一般约为零点几毫安到几毫安。图 9.6.12 所示是它的实物外形、电路符号、等效电路、测试电路及其输出特性曲线。

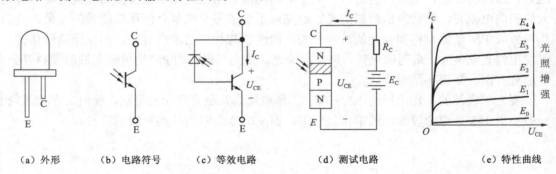

（a）外形　　（b）电路符号　（c）等效电路　　　（d）测试电路　　　　（e）特性曲线

图 9.6.12　光电晶体管的外形、电路符号、等效电路、测试电路及特性曲线

4．光电耦合器

光电耦合器又称光电耦合管，是由发光二极管和光敏二极管或者由发光二极管和光敏晶体管组装而成，如图 9.6.13（a）（b）所示。由于输入和输出之间没有电的直接联系的特点，信号传输是通过光耦合的，因而被称为光电耦合器，也叫光电隔离器。

光电耦合器的发光器件和受光器件封装在同一不透明的管壳内，由透明、绝缘的树脂隔开。发光器件常用发光二极管，受光器件则根据输出电路的不同要求有光敏二极管、光电晶体管、光电晶闸管和光电集成电路等。

光电耦合器具有以下特点。

（1）光电耦合器的发光器件与受光器件互不接触，绝缘电阻很高，可达 $10^{10}\,\Omega$ 以上，并能承受 2000V 以上的高压，因此经常用来隔离强电和弱电系统。

（a）光敏二极管组成的光电耦合器　　　　　　　（b）光敏晶体管组成的光电耦合器

图 9.6.13　光电耦合器

（2）光电耦合器的发光二极管是电流驱动器件，输入电阻很小，而干扰源一般内阻较大，且能量很小，很难使发光二极管误动作，所以光电耦合器有极强的抗干扰能力。

（3）光电耦合器具有较高的信号传递速度，响应时间一般为几微秒，高速型光电耦合器的响应时间可以小于 100ns。

光电耦合器的用途很广，如作为信号隔离转换，脉冲系统的电平匹配，可编程控制器（PLC）的接口电路，微机控制系统的输入-输出回路等。

9.7　小型继电器

继电器是一种能够对被控对象实现开关动作的控制器件，它实质上就是用较小功率来控制较大功率。其种类很多，按工作方式可分为电磁继电器、舌簧继电器、固态继电器等；按触点功率可分为微功率、弱功率、中功率和大功率继电器；按体积可分为微型、超小型和小型继电器。本节介绍几种常用的小型继电器。

9.7.1　电磁继电器

电磁继电器是应用最多的一种继电器，一般由电磁系统（包括铁心、衔铁和线圈）、返回系统（弹簧）和触点系统（包括静触点、动触点和接触簧片）等几部分组成，如图 9.7.1（a）所示。当继电器线圈通电后，线圈产生磁场，铁心因磁化而产生磁力，衔铁吸合，带动触点工作，常开触点闭合，常闭触点打开，从而完成触点转换工作。当线圈电流消失，衔铁因弹簧的作用而恢复原位。触点也跟着复原。

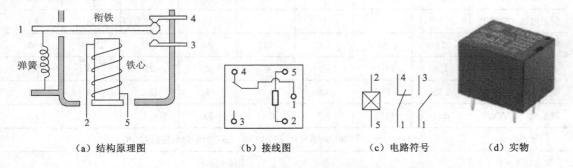

（a）结构原理图　　　　　（b）接线图　　　　　（c）电路符号　　　　　（d）实物

图 9.7.1　小型电磁继电器的结构、接线、电路符号及实物图

1. 电磁继电器的主要参数

电磁继电器的主要参数有：额定工作电压、吸合电压、释放电压、触点负荷、线圈电阻等。

（1）额定工作电压。额定工作电压是指继电器正常工作时线圈需要的电压。为了使一种型号的继电器能适应不同的电路，它有多种额定工作电压以供选择。

（2）吸合电压。吸合电压是指继电器能够产生吸合动作的最小电压。如果只给继电器的线圈加上吸合电压，这时的吸合动作是不可靠的。一般吸合电压为额定工作电压的 75% 左右。

（3）释放电压。继电器线圈两端的电压减小到一定数值时，继电器就从吸合状态转换到释放状态。释放电压是指产生释放动作的最大电压。释放电压比吸合电压小得多。

（4）触点负荷。触点负荷也称触点容量，是指触点的负载能力。类似人能肩负的担子是有限度的，超过了限度就难以胜任。继电器的触点在切换时能承受的电压和电流也有一定的数值。它表示这种继电器的触点在工作时的电压和电流值不应超过该值，否则会影响甚至损坏触点。一般，同一型号的继电器的触点负荷值是相同的。

（5）线圈电阻。线圈电阻是指线圈的电阻值。有时，手册中只给出某型号继电器的额定工作电压和线圈电阻，这时可根据欧姆定律求出额定工作电流。

参照不同的标准，厂商给电磁继电器型号命名的规定也不尽相同。图 9.7.2 给出了某厂商提供的电磁继电器型号命名的规定，从中可以了解到继电器额定电压的信息。表 9.7.1 给出了 HJR-3FF-S-Z 电磁继电器不同规格的参数。

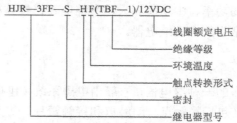

图 9.7.2　某型号的电磁继电器的命名规定

表 9.7.1　　　　　　　　　　　HJR-3FF-S-Z 电磁继电器不同规格的参数

规格代号	03	05	06	09	12	18	24	48
额定电压（VDC）	3	5	6	9	12	18	24	48
线圈电阻（Ω±%）	25	69	100	225	400	900	1600	6400
额定电流（mA）	120	71.4	60	40	30	20	15	7.5
吸合电压（VDC）	2.25	3.75	4.5	6.75	9	13.5	18	36
释放电压（VDC）	0.15	0.25	0.3	0.45	0.6	0.9	1.2	2.4
触点负荷	70℃时额定电压的130%，23℃时额定电压的170%							
额定功率（W）	0.36							

2．电磁继电器的特点

电磁继电器具有以下几个特点：

（1）负载特性好。由于电磁继电器的输入回路与输出回路无电磁联系，输入回路不受负载变化的影响。

（2）开/关电阻比大。继电器触点断开时，触点绝缘电阻达 100MΩ 以上，而闭合时触点接触电阻仅 0.1Ω 以下，具有良好的通断性能。

（3）参数分散性小。电磁继电器同一规格型号的产品，其性能参数一致性较好，便于互换。

（4）驱动功率大。相比于其他类型的继电器，电磁继电器所需输入的驱动功率较大。

3．电磁继电器的检测与选用

（1）线圈电阻的测量。用指针式万用表的 R×10Ω 挡，测量继电器的线圈阻值，从而判断该线圈是否存在着开路现象。线圈电阻一般在几十欧到几千欧之间。

（2）吸合电压的测量。利用可调电压源，给继电器输入一组电压，一般从额定工作电压逐渐调小，听到继电器的吸合声时，记下该电压值。找到能听到吸合声的最小电压值，即为吸合电压。

（3）释放电压的测量。利用可调电压源，给继电器线圈输入电压后，当继电器吸合后，逐渐降低电压值，听到继电器触点释放声音时，记下此时电压值，即为释放电压。可多测几次，求平均值。

选用电磁继电器首先要了解控制电路的电源电压，能否提供足够的工作电流，否则继电器吸合不稳定。其次要考虑被控回路中电压和电流，最后还要考虑电磁继电器的尺寸，是否便于电路板组装等。

9.7.2 舌簧继电器

舌簧继电器是一种小型继电器，由干簧管和线圈组成。干簧管又称干式舌簧开关管，其结构如图 9.7.3（a）所示。将两片既导磁又导电且具有弹性的材料制成的簧片，装在充有惰性气体的玻璃管中。两个簧片端部重叠，并留有一定间隙，以构成常开触点。当永久磁铁靠近干簧管或绕在干簧管外面的线圈通电产生磁场时，磁场使簧片磁化，两簧片的触点部分被磁化为极性相反的磁极，如图 9.7.4 所示。两簧片由于磁极极性相反，相互吸引，触点闭合。

除常开触点的干簧管外，还有转换触点的干簧管，如图 9.7.3（b）所示。其中簧片 1 是用只导电不导磁的材料制成，簧片 2 和簧片 3 与图 9.7.3（a）相同。这样，当有磁场时，簧片 2 和簧片 3 接通，簧片 3 与簧片 1 断开，实现转换开关。仅用簧片 1 和簧片 3 时，可作为常闭触点使用。

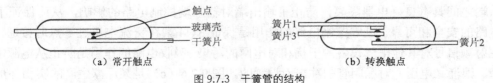

（a）常开触点　　　　　　　　　　　（b）转换触点

图 9.7.3　干簧管的结构

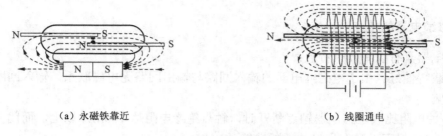

（a）永磁铁靠近　　　　　　　　　　（b）线圈通电

图 9.7.4　干簧继电器的原理图

图 9.7.5（a）是干簧管继电器的结构图。在一个骨架上绕上线圈，在骨架内装入干簧管就构成了干簧管继电器。一个线圈骨架内，可以装多个干簧管（一般为 1～4 个）。图 9.7.5（b）是一种干簧管继电器的外形图。

（a）结构图　　　　　　　　　　　　（b）实物图

图 9.7.5　干簧继电器的结构与实物图

干簧管继电器的优点是触点寿命长。这是由于触点封装在管内，管内又充有惰性气体，这样就大大减少了触点的污染和氧化。另外，干簧管继电器的通断时间比一般电磁继电器短得多，可用于要求快速动作的场合。干簧管继电器的体积小，重量轻，安装方便。其缺点是触点的容量小，接触电阻大。

9.7.3　固态继电器

固态继电器全部采用电子器件构成，实质上是一种无触点电子开关。固态继电器自问世以来，发展快，种类多。主要有直流型和交流型两大类，还有能接受多种参量控制的参数固态继电器和能够抑制负载启动时的浪涌电流的软启动固态继电器。下面简单介绍应用较多的交流型固态继电器。

固态继电器是一个四端元件，两个输入端 1、2 之间加控制信号，两个输出端 3、4 之间实现开关功能。其内部电路可简单等效为一个发光二极管和与之有光路耦合的双向光控晶闸管，如图 9.7.6（a）所示。当输入端 1、2 加有控制信号时，发光二极管发光，使双向光控晶闸管导通，即输出端 3、4 接通，可通过交流电流。图 9.7.6（b）是它的内部结构框图，光电耦合器实现输入回路与输出回路之间的控制联系，由于没有电气上的直接联系，就使输出端与输入端之间具有良好电器隔离，防止了输出端对输入端控制电路的影响，从而保证了低压控制电路的安全和可靠。过零控制电路的作用是保证 3、4 端在交流电压过零点时接通，以避免产生射频信号对其他电气设备的干扰和对电网的污染。吸收电路的作用是防止从电源中传来的尖锋、浪涌（电压）对晶闸管的冲击而设置的。图 9.7.6（c）是某厂家生产的实物外形图。

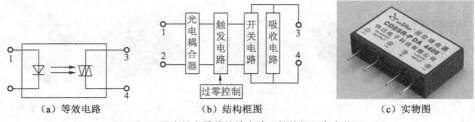

（a）等效电路   （b）结构框图   （c）实物图

图 9.7.6　固态继电器的等效电路、结构框图和实物图

　　与电磁继电器相比，固态继电器有以下特点：（1）所需输入驱动功率小。在控制输出几安到几十安电流时，输入控制电流仅几毫安到几十毫安。（2）对外界干扰小。电磁继电器触点跳动时，会产生电火花，从而引起电磁干扰，而固态继电器则不存在这个问题。（3）能在恶劣环境下工作。由于固态继电器器件固封在壳体中，又无机械触点，因此，它不怕振动和冲击，而且能耐潮、耐腐蚀。（4）开关速度快。电磁继电器的吸合时间在几毫秒到几十毫秒范围内，而固态继电器的转换时间仅在微秒数量级。

9.8　其他器件

　　在电子电路的设计和调试中，会用到开关和连接器。开关可以接通或切断电源（或信号），而电路模块之间，或电路板之间，甚至电子设备之间往往需要连接，这样就用到连接的器件，主要是接插件。

9.8.1　开关

　　开关在电子电路中起接通和切断电路的作用。图 9.8.1 为电路中开关常用的电路符号。开关常采用便捷可靠的手动式机械结构，几种常用的机械式开关外形如图 9.8.2（a）～（i）所示。随着技术的发展，各种非机械结构的开关层出不穷，如电容式、霍尔效应式的接近开关等，如图 9.8.2（j）所示。

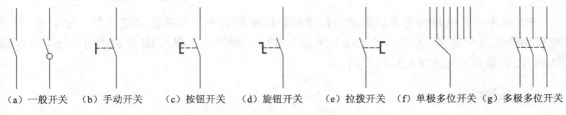

（a）一般开关　（b）手动开关　（c）按钮开关　（d）旋钮开关　（e）拉拨开关　（f）单极多位开关（g）多极多位开关

图 9.8.1　常见的开关电路符号

　　（a）轻触开关　　　（b）拨动开关　　　（c）钮子开关　　　（d）微动开关　　　（e）拨码开关

图 9.8.2　常见的开关实物图

（f）琴键开关　　（g）船型开关　　（h）波段开关　　（i）键盘开关　　（j）接近开关

图 9.8.2　常见的开关实物图

开关按动作方式可分为旋转式（如波段开关）、按动式（如轻触开关、微动开关、键盘开关等）和拨动式（如拨码开关、钮子开关、拨动开关等）。

开关的主要参数有以下 6 种。

（1）额定电压：是指开关在正常工作时所允许的安全电压。加在开关两端的电压大于此值，会造成两个触点之间打火击穿。

（2）额定电流：指开关接通时所允许通过的最大安全电流，当超过此值时，开关的触点会因电流过大而烧毁。

（3）绝缘电阻：指开关的导体部分与绝缘部分的电阻值，绝缘电阻值应在 100MΩ 以上。

（4）接触电阻：是指开关在开通状态下，每对触点之间的电阻值。一般要求在 $0.1 \sim 0.5\Omega$ 以下，此值越小越好。

（5）耐压：指开关对导体及地之间所能承受的最高电压。

（6）寿命：是指开关在正常工作条件下，能操作的次数。一般要求在 5000～35000 次。

9.8.2　接插件

电子电路和电子产品中经常用到的接插件有：IC 插座、接线端子、排母与排针、USB 公头与母座、空中接插件、排线和杜邦线等。

1．IC 插座

IC 插座一般指与特定集成电路芯片或模块匹配的脚座，焊接在电路板上，便于 IC 芯片或模块的插拔和更换，如图 9.8.3（a）所示，常用 4 脚到几十脚的 IC 插座都有。还有便于装卸的 IC 锁紧座，如图 9.8.3（b）所示。

2．接线端子

接线端子是连接导线的配件，可避免导线的焊接或缠绕，便于操作。通常只需拧松螺丝，插入导线，拧紧螺丝即可。常见的接线端子如图 9.8.4 所示。

（a）IC 插座　　　（b）IC 锁紧座

图 9.8.3　IC 插座及锁紧座　　　　　　　　　　图 9.8.4　接线端子

3. 排母与排针

排母与排针类似插座和插头，它们可配合使用，起传送信号或连接电源的作用。如子电路模块使用排针，主电路模块焊接排母。通过排母与排针的配合，可将子电路模块接插在主电路模块上。电路常用的排母与排针，都有单列和双列两种如图 9.8.5 所示。

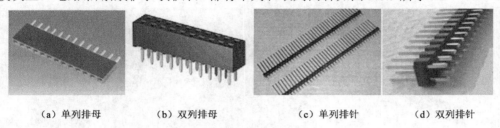

　（a）单列排母　　　　（b）双列排母　　　　　（c）单列排针　　　　（d）双列排针

图 9.8.5　排母与排针

4. USB 公头与母座

USB（Universal Serial Bus）也称通用串行总线，主要用于连接主机与外设，进行通信和数据传输，具有接插灵活，使用方便，即插即用的特点，如图 9.8.6 所示。常用的有 A 型 USB和 B 型 USB，区别是 A 型引线排成一列，B 型引线分成两列，此外还有新推出的 mini 型，即 mini-A 型和 mini-B 型，如图 9.8.6（a）所示。通常，USB 引脚接线采用四线，如图 9.8.7所示，1 接红线，连接电源电压（VCC）；2 接白线，连接负数据线（DATA-）；3 接绿线，连接正数据线（DATA+）；4 接黑线，连接地（GND）或电源负极。要注意的是在 mini 型中的x 引脚的处理，如果是 mini-A 型，就连接地，如果是 mini-B 型，就悬空。

　（a）两种 mini 型　　（b）B 型公头　　　（c）A 型母座　　　（d）A 型公头

图 9.8.6　常见的 USB 外形实物图

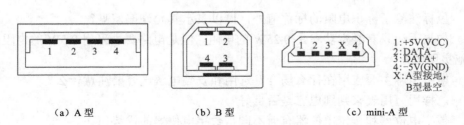

1:+5V(VCC)
2:DATA-
3:DATA+
4:-5V(GND)
X:A型接地，
　B型悬空

　（a）A 型　　　　　　　　（b）B 型　　　　　　　（c）mini-A 型

图 9.8.7　USB 公头常用 3 种类型的触点定义

5. 空中接插件

空中接插件常用于电源电压和信号的接入，实物图如图 9.8.8 所示。通常对接的公头母座只能正确对接，否则无法接插，因此便于线路对接。目前常用的空中接插件多半带有卡扣，这样便于判断接插线路是否接触良好。

图 9.8.8　各种空中接插件实物图

6. 排线和杜邦线

排线是平行排列的线束，其两端线头与排母或排针焊接起来，便于线路接插，如图 9.8.9（a）所示。杜邦线可接插在排针上，无需焊接，便于电子电路的检测和调试，如图 9.8.9（b）所示。

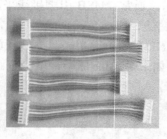

（a）排线　　　　　　　　　　　　　（b）杜邦线

图 9.8.9　排线和杜邦线

思 考 题

9-1　色标法除了标识电阻的标称值外，可以表示其允许偏差吗？

9-2　如果手边只有额定功率是 0.25W 的电阻，但是电路要求采用 0.5W 的电阻，可采取哪些措施实现之？

9-3　电解电容主要应用在什么场合？选用和安装电解电容要注意什么？

9-4　怎样用万用表来判别电容是否良好？

9-5　数字电位器和传统电位器有何不同，数字电位器的优势何在？

9-6　变压器在电路中有何用途？

9-7　如何用电阻法判断二极管的极性？

9-8 稳压管的动态电阻越小越好，为什么？

9-9 如何用指针式万用表判断晶体管的引脚和类型？

9-10 发光二极管和光敏二极管有何不同？

9-11 小型电磁继电器的主要参数有哪些？在选用电磁继电器时要注意什么？

9-12 电子产品中经常用到的接插件有哪些？在组装计算机时，你曾经用到了哪些接插件？

实训 基本元器件的识别与检测

一 实训目的

（1）学习常用电子元器件的识别。

（2）掌握色环电阻的色标法。

（3）学会用万用表检测二极管、稳压管、电解电容、晶体管。

二 实训器材

万用表（型号：MF30）、电解电容（型号：470uF/50V）、二极管（型号：IN4007）、晶体管（型号：3DG130）、稳压管（型号：IN4728 或 2CW51）

三 实训内容及步骤

（1）观察实训室提供的色环电阻样品，试根据色标法确定其标称值及其允许偏差。

（2）二极管的检测。根据表 9.9.1，选用万用表合适的欧姆挡位，测量二级管两端的电阻大小，具体操作步骤结合图 9.9.1（a）和（b）所示，并判定该二极管是否完好，并完成表 9.9.1 的数据记录。

表 9.9.1　　　　　　　　　　　　　二极管的检测数据表格

红表笔位置	黑表笔位置	R×100 挡测电阻	R×1k 挡测电阻	二极管是否完好？
①	②			
②	①			

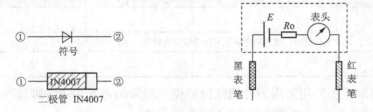

（a）二极管符号与实物对应图　　　（b）万用表欧姆挡测电阻的工作原理图

图 9.9.1　二极管的检测

（3）稳压管的检测。根据表 9.9.2，选用万用表合适的欧姆挡位，测量稳压管两端的电阻大小，具体操作步骤结合图 9.9.2（a）和（b）所示，并判定该稳压管是否完好，并完成表 9.9.2的数据记录。

表 9.9.2 稳压管的检测数据表格

红表笔位置	黑表笔位置	R×100 挡测电阻	R×1k 挡测电阻	稳压管是否完好？
①	②			
②	①			

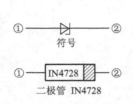

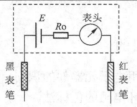

（a）稳压管符号与实物对应图　　（b）万用表欧姆挡测电阻的工作原理图

图 9.9.2　稳压管的检测

（4）电解电容的检测。读出电容的标称值，再用万用表的合适欧姆挡测量其漏电电阻，具体操作步骤可结合图 9.9.3，并完成表 9.9.3 的数据记录。

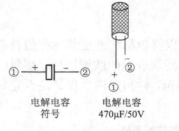

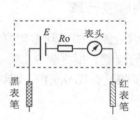

（a）电解电容符号与实物对应图　　（b）万用表欧姆挡测电阻的工作原理图

图 9.9.3　电解电容的检测

表 9.9.3 电解电容的检测

红表笔位置	黑表笔位置	R×100 挡测电阻	R×1k 挡测电阻	电解电容是否完好？
①	②			
交换红、黑表笔位置时，注意将电解电容两个管脚先短接一下，为什么？				
②	①			

（5）晶体管的检测。用万用表合适欧姆挡位，测量晶体管某两管脚间的电阻大小，具体操作步骤如图 9.9.4 所示，并完成表 9.9.4 的数据记录。

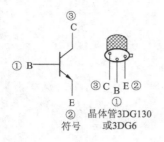 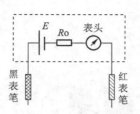

（a）晶体管符号与实物对应图　　　　（b）万用表欧姆挡测电阻的工作原理图

图 9.9.4　晶体管的检测

表 9.9.4　　　　　　　　　　　　　**晶体管的检测**

红表笔位置	黑表笔位置	R×100 挡测电阻	R×1k 挡测电阻	晶体管是否完好?
①	②			
②	①			
①	③			
③	①			

四　实训报告

（1）记录并整理测量数据，对相应数据进行分析，给出对元器件好坏的判定。

（2）观察电解电容测量时，有何现象? 试分析之。

（3）稳压管和二极管在用万用表检测时，现象有何不同? 试说明原因。

（4）晶体管的 3 个管脚如何判定?

第**10**章　印制电路板的设计与制作

在塑料板上印制导电铜箔，用铜箔取代导线，只要将各种元件安装在印制电路板上，铜箔就可以将它们连接起来组成一个电路，如图 10.0.1 和 10.0.2 所示。

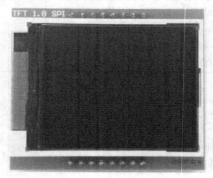

图 10.0.1　印刷电路板 1

图 10.0.2　印刷电路板 2

印制电路板也称为印刷线路板，通常简称为印制板（Printed Circuit Board，PCB），是电子产品中元器件的载体。不断发展的 PCB 技术使电子产品设计、装配走向标准化、规模化、机械化和自动化，使得电子产品体积减小，成本降低，可靠性、稳定性提高，装配维修简单等。学习印制板的基础知识，掌握 PCB 基本设计方法和制作工艺，了解生产过程是电子技术实训的重要环节。

10.1　印制电路板的基本知识

10.1.1　印制电路板的概念及构成

印制电路板是指完成了印制电路或印制线路加工的板子，它不包括安装在板上的元器件。其中，印制线路是指采用印刷法在基板上制成的导电图形，包括印刷导线、焊盘等；印制电路是指采用印刷法得到的电路，它包括印制线路和印刷元件（采用印刷法在基板上制成的电路元件，如电感电容等）或由二者组合成的电路。

印制电路板由印制电路和基板构成，一般常用的基板是敷铜板，又名覆铜板。敷铜板主要由铜箔、树脂（黏合剂）和增强材料（常用纸质和玻璃布）组成。铜箔纯度大于 99.8%，厚度 18～105μm（常用 35～50μm）；常用树脂（黏合剂）有酚醛树脂、环氧树脂和聚四氧乙烯等；常用增强材料有纸质和玻璃布等。描述敷铜板机械焊接性能的指标有抗剥强度、抗弯强度、翘曲度、耐焊性等。

10.1.2 印制电路板的分类

印制电路板的种类很多，划分标准也很多，按印制电路分布的不同，分为单面、双面、多层和软性印制板。

（1）单面印制电路板只有一面有导电铜箔，另一面没有。在使用单面板时，通常在没有导电铜箔的一面安装元件，将元件引脚通过插孔穿到有导电铜箔的一面，导电铜箔将元件引脚连接起来就可以构成电路或电子设备。单面板成本低，但因为只有一面有导电铜箔，不适用于复杂的电子设备。

（2）双面印制板是指两面都有导电图形的印制板。双面板包括两层：顶层（Top Layer）和底层（Bottom Layer）。与单面板不同，双面板的两层都有导电铜箔，其结构示意图如图 10.1.1 所示。双面板的每层都可以直接焊接元件，两层之间可以通过穿过的元件引脚连接，也可以通过过孔实现连接。过孔是一种穿透印制电路板并将两层的铜箔连接起来的金属化导电圆孔。

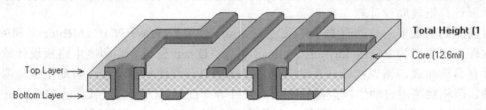

图 10.1.1 双面印制板结构示意图

（3）多层板是具有多个导电层的电路板。多层板的结构示意图如图 10.1.2 所示。它除了具有双面板一样的顶层和底层外，在内部还有导电层，内部层一般为电源或接地层，顶层和底层通过过孔与内部的导电层相连接。多层板一般是将多个双面板采用压合工艺制作而成的，适用于复杂的电路系统。

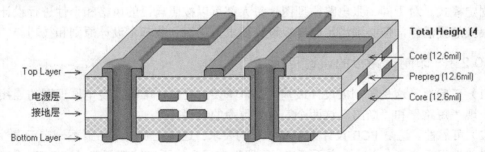

图 10.1.2 多层板结构示意图

（4）软性印制板是以软性材料为基材制成的印制板，也称挠性印制板或柔性印制板。其特点是重量轻、体积小，可折叠、弯曲、卷绕，可利用三维空间做成立体排列，能连续生产。

10.1.3 印制电路板的形成

在基板上再现导电图形有两种基本方式。

（1）减成法。这是最普遍采用的方式，即先将基板上敷满铜箔，然后用化学或机械方式除去不需要的部分。减成法又可以分为饰刻法和雕刻法。

① 饰刻法：采用化学腐蚀办法减去不需要的铜箔，这是目前最主要的制造方法。

② 雕刻法：用机械加工方法除去不需要的铜箔，在单件试制或业余条件下可快速制出印制板。

（2）加成法。这是另一种制作印制板的方法：在绝缘基板上用某种方式敷设所需的印制电路图形，敷设印制电路方法有丝印电镀法、粘贴法等。

10.1.4 印制电路板常用辅助设计软件

在电子技术、计算机技术和机械加工技术不断融合发展的今天，新的大规模和超大规模的集成电路芯片不断涌现，现代电子线路系统也变得越来越复杂，电路板的走线越来越复杂和精密。从传统的手工设计阶段到 CAD（计算机辅助设计）阶段，再到 EDA（电子设计自动化）阶段，电子线路设计在高集成化、智能化的方向上一步步迈进，因此设计人员必须熟悉和掌握计算机辅助设计软件。

目前见到的最多的软件有 Protel 系列（Altium 公司）、PowerPCB（Mentor 公司的 PADS 系列软件，现更名为 PADS Layout）、Orcad 系列（Orcad 公司）等印制电路板设计软件。这些软件有自动布线，错误校验，自动布局，逻辑模拟，几何关系检查，自动生成丝网模图、阻焊图、照相底图，自动生成数控钻孔数据文件等功能。下面我们以 Altium Designer 为载体以 Kinetis K60 最小核心板电路的 PCB 制作为例来阐述印制电路板设计过程。

10.2 印制电路板的设计制作

印制电路板的设计是将电路原理图转换成印制板图，并确定技术加工要求的过程。一般说来，印制电路的设计不像电路原理设计需要严谨的理论和精确的计算，布局排版并没有统一的固定模式。对于同一张电路原理图，每人都可以按照自己的风格和个性进行设计，结果具有很大的灵活性，但必须满足印制板设计要求，遵循一些基本设计原则和技巧。

10.2.1 印制电路板的设计目标

（1）正确性。这是印制板设计最基本、最重要的要求，准确实现电原理图的连接关系，避免出现"短路"和"断路"这两个简单而致命的错误。

（2）可靠性。这是 PCB 设计中较高一层的要求。连接正确的电路板不一定可靠性好，如基板材料选择不合理，安装固定不正确，元器件布局布线不当等都可能导致 PCB 不能可靠地工作。再如多层板和单、双面板相比，设计时要容易得多，但就可靠性而言却不如单、双面板。从可靠性的角度讲，结构越简单，使用元件越少，板子层数越少，可靠性越高。

（3）合理性。这是 PCB 设计中更深一层、更不容易达到的要求。一个印制板组件，从印制板的制造、检验、装配、调试到整机装配、调试，直到使用维修，无不与印制板设计的合理与否息息相关。

（4）经济性。印制板的经济性与前几方面的内容密切相关。要根据成本分析，从生产制造的角度，选择覆铜板的板材、质量、规格以及印制电路板的工艺技术要求。

10.2.2　印制电路板的设计流程

利用 Altium Designer 设计 PCB 流程一般分为以下 7 个步骤：

（1）设计绘制电路原理图。是指利用 Altium Designer 原理图设计工具完成原理图的设计绘制，并对其进行编译，生成对应的网络表文件。除此以外，用户还需要确定所用元件的型号以及封装，并应确保元件封装模型加载到了当前的 PCB 项目设计中。

（2）规划电路板，设置 PCB 设计环境。完成 PCB 的原理图的绘制后，接下来就需要规划 PCB 板和进行 PCB 设计环境的设置。合理的设计环境以及封闭的物理边框可为以后的元件布局、走线提供一个基本的平台，并能对自动布局起约束作用。它包括：定义电路板的尺寸大小和形状，设定电路板的板层以及设置参数和布局布线规则等。

（3）装入网络表及元件封装。该步骤的主要工作就是将已生成的网络表装入，此时元件的封装会自动放置在印制电路板图中。在 Altium Designer 中可以使用同步器快速地完成元件以及网络的引入，同步器可以完成原理图与 PCB 之间的双向同步设计，这种双向同步设计可以时刻保持原理图与 PCB 之间电气连接的一致性。在元件以及网络的引入过程中，系统会自动地检测元件网络以及元件封装形式的正确与否。

（4）元件的布局。这一步可利用自动布局和手工布局两种方式，将元件封装放置在电路板边框内的适当位置。

（5）布线。这步工作是完成元件之间的电路连接。布线有两种方式：自动布线和手工布线。

（6）后期工序。完成布线后，就可以进入 PCB 的后期制作工序，主要的工作就是对文字、个别元件以及走线进行调整，还包括覆铜、注释、安装孔以及泪滴的添加与调整等。这些操作一方面是为了更好地实现电路的电气特性。降低干扰，另一方面则是为了以后进行生产、调试以及方便维修。

（7）文档的保存及输出。完成了以上工作后，用户保存 PCB 图，然后利用图形输出设备，输出电路板的布线图，最后应将有关 PCB 设计的所有生成打印输出以备制板用。

以上流程是大部分 PCB 设计所必需的步骤，大致可以归结为 3 个阶段，电路原理图设计绘制阶段（流程 1），印制电路板设计阶段（流程 2、3、4、5、6），文档的保存及输出（流程 7）。除此之外，电路原理图设计绘制阶段很多的时候设计者还需要进行库文件的设计，因为有很多元件在 Altium Designer 自带的元件库中无法找到。

10.2.3　原理图的设计

在整个电子电路设计过程中，电路原理图的设计是最重要的基础工作。同样，在 Altium Designer 中，只有先设计出符合需要和规则的电路原理图，才能顺利地对其进行仿真分析，最终变为可以用于生产的 PCB 印制电路板设计文件。

原理图即电路板工作原理图的逻辑表示，主要由一系列具有电气特性的符号构成。如图 10.2.1 所示是一张用 Altium Designer 10 绘制的原理图，在原理图上用符号表示了 PCB 的所有组成部分。PCB 各个组成部分与原理图上电气符号的对应关系如下：

（1）元件。在原理图设计中，元件以元件符号的形式出现。元件符号主要由元件引脚和边框组成，其中元件引脚和实际元件一一对应。

如图 10.2.2 所示为图 10.2.1 中采用的一个元件符号，该符号在 PCB 板上对应的是一个开关电源芯片。

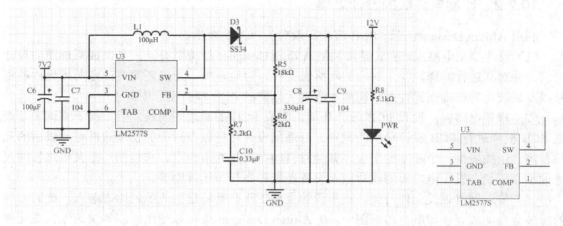

图 10.2.1 Altium Designer 10 绘制的原理图   图 10.2.2 元件符号

（2）铜箔。在原理图设计中，铜箔有以下几种表示。

① 导线：原理图设计中的导线也有自己的符号，它以线段的形式出现。

② 焊盘：元件的引脚对应 PCB 上的焊盘。

③ 过孔：原理图上不涉及 PCB 的过孔，因此没有过孔。

④ 覆铜：原理图上不涉及 PCB 的覆铜，因此没有覆铜的对应符号。

（3）印丝层。印丝层是 PCB 上元件的说明文字，对应于原理图上元件的说明文字。

（4）端口。在原理图编辑器中引入的端口不是指硬件端口，而是为了建立跨原理图电气连接而引入的具有电气特性的符号。原理图中采用了一个端口，该端口就可以和其他原理图中同名的端口建立一个跨原理图的电气连接。

（5）网络标号。网络标号和端口类似，通过网络标号也可以建立电气连接。原理图中的网络标号必须附加在导线、总线或元件引脚上。

（6）电源符号。这里的电源符号只用于标注原理图上的电源网络，并非实际的供电器件。

总之，绘制的原理图由各种元件组成，它们通过导线建立电气连接。在原理图上除了元件外，还有一系列其他组成部分辅助建立正确的电气连接，使整个原理图能够和实际的 PCB 对应起来。

在利用 Altium Designer 进行 PCB 设计前，首先要建立 PCB 项目文件，建立过程为"File"→"New"→"PCB Project"。然后进行原理图设计，需要新建原理图文件，过程为"File"→"New"→"Schematic"。之后用户将电路的功能以原理图的形式通过"Place"→"Part"或通过"Libraries"面板绘制在原理图图纸编辑区域。在原理图绘制时，用户还可能需要自己设计原理图库，可以通过"File"→"New"→"Schematic Library"。

Kinetis K60 最小核心板电路的原理图如图 10.2.3 所示。

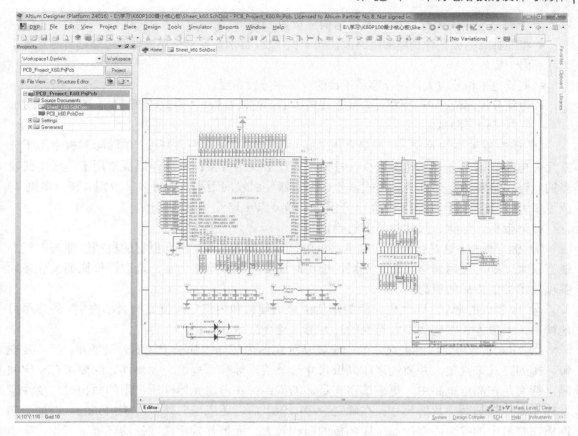

图 10.2.3　Kinetis K60 最小核心板电路的原理图

10.2.4　印制电路板设计阶段

印制电路板设计也称印制板排版设计，它是整个工艺设计中的重要一环。从本质上讲就是将电路设计的元件及电气特性信息（通常包含在对应的原理图中）应用到物理的印刷电路板上。其设计质量不仅关系到元件在焊接、装配、调试中是否方便，而且直接影响整机技术性能。

这一过程主要包括电路板形状及结构的定义、加强电路板必要的机械电气特性的设计规则、电路板的布局以及布线操作，还有一些设计的后期工序，如敷铜、添加安装孔及注释等。如果有必要也可以进行 PCB 设计仿真实验以及信号完整性分析等，以确保电路设计的正确性。

1. 规划电路板，设置 PCB 设计环境

（1）印制板结构、种类的确定

① 印制板结构的确定。印制板结构有两种：单板结构和多板结构。单板结构是指将所有元器件布设在一块印制板上，优点是结构简单，可靠性高，使用方便，但改动困难，功能扩展、工艺调试、维修性差；多板结构也称积木结构，是指将所有元器件布设在多块印制板上，优缺点与单板结构正好相反。

在电路较简单或整机电路功能唯一确定的情况下，可以采用单板结构，而中等复杂程度

以上电子产品应采用多板结构。多板结构分板原则如下。

- 将能独立完成某种功能的电路放在同一板子上，特别是要求一点接地的电路部分尽量置于同一板内。
- 高低电平相差较大，相互容易干扰的电路宜分板布置。
- 电路分板部位。应选择相互之间连线较少的部位以及频率、阻抗较低部位，有利于抗干扰，同时又便于凋试。

② 印制板种类的确定。目前最常用的是单面印制板和双面印制板，单面印制板常用于分立元件电路，因为分立元件引线少，排列位置便于灵活变换；双面印制板常用于集成电路较多的电路，特别是双列直插封装式器件。因为器件引线间距小，数目多（少则 8 脚，多则 40 或更多），单面布设印制线不交叉十分困难，较复杂电路几乎无法实现。

（2）板材、形状、尺寸和厚度的确定

① 确定板材。这是指对于印制电路板的基板材料的选择。不同板材的机械性能与电气性能有很大差别，应用场合也随之不同，选用时还要考虑到价格因素，选取性价比高又能完成各项技术性能指标的板材。

② 印制板的形状。印制电路板的形状由整机结构和内部空间位置的大小决定。外形尽可能简单，一般为长宽比例不太悬殊的长方形，避免采用异形板。

③ 印制板尺寸。印制板尺寸的确定要从整机的内部结构和板上元器件的数量、尺寸及安装、排列方式来决定，并要注意印制板尺寸应该接近标准系列值。元器件之间要留有一定间隔，特别是在高压电路中，更应该留有足够的间距；在考虑元器件所占用的面积时，要注意发热元器件安装散热片的尺寸；在确定了净面积以后，还应当向外扩出 5～10mm，以便于印制板在整机中的安装固定；如果印制板的面积较大、元器件较重或在振动环境下工作，应该采用边框、加强筋或多点支撑等形式加固；当整机内有多块印制板，且是通过导轨和插座固定时，应该使每块板的尺寸整齐一致，这样便于固定与加工。

④ 板的厚度。按照电子行业的部颁标准，覆铜板材的标准厚度有 0.2mm、0.5mm、0.7mm、0.8mm、1.5mm、1.6mm、2.4mm、3.2mm、6.4mm 等多种。在确定板的厚度时，主要考虑对元器件的承重和振动冲击等因素。如果板的尺寸过大或板上的元器件过重（如大容量的电解电容器或大功率器件等），都应该适当增加板的厚度（如选用 2.0mm 或以上的敷铜板）或对电路板采取加固措施，否则电路板容易产生翘曲。另外，当线路板对外通过插座连线时，必须注意插座槽的间隙，板厚一般选 1.5mm。板材过厚插不进去，过薄则容易造成接触不良。

（3）PCB 文件的建立方法

在进行 PCB 设计前，首先应该新建一个 PCB 文件。PCB 文件可以通过以下 3 种方法来创建。

① 利用菜单"File"→"New"→"PCB"生成 PCB 文件。

② 通过向导生成 PCB 文件，操作为"Files"面板→"New from template"→"PCB Board Wizard"。

③利用模板生成 PCB 文件，操作为"Files"面板→"New from template"→"PCB Templates"。

创建的 PCB 缺省名称通常是"PCB1"，可以对其进行重新命名以及保存工作。以上 3 种方法，通过菜单创建 PCB 文件是最常用的一种方法，PCB 文件生成后，还需要手动对 PCB

的各个参数进行设置；通过向导生成 PCB 文件是初学者最常使用的一种方法，该方法通过设置系统给出的包含多种设计规则的对话框就可以设定电路板的尺寸大小、板层设置、格点设置以及标题栏设置等；利用模板可以快速地生成一个包含既定信息的 PCB 文件，这个既定信息主要包括板的尺寸大小、板层设置、格点设置以及标题栏设置等。从而加快 PCB 设计的进程。

（4）设置 PCB 设计环境

合理的物理结构以及环境参数的设置不仅为以后的布局以及布线提供了操作平台，而且对最终 PCB 设计的成功与否有很大的影响。物理结构以及环境参数的设置主要包括以下 5 个方面。

① 电路板图纸的设置，进入菜单"Design"→"Board Options"可以对图纸大小以及位置等基本图纸信息进行设置。

② 电路板的层面设置和管理，进入菜单"Design"→"Layer Stack Manager…"可以对板的层数及属性进行设置。

③ 电路板物理边框（板形）的设置，进入菜单"Design"→"Board Shape"可以对板形进行修改。

④ "Board Layers & Colors"的设置，进入菜单"Design"→"Board Layers & Colors"即可打开工作层面与颜色设置对话框，该对话框主要用于对工作层面的显示以及颜色进行设置。

⑤ PCB 布线框的设置，布线框又称为禁止布线框，放置在 Keep-Out Layer 上的 Arc 或者 Line 组成，布线框在自动布局和自动布线中是非常重要的，操作过程为：使"Keep-Out Layer"处于当前工作窗口，通过菜单"Place"→"Keepout"→"Track"在禁止布线层上创建一个封闭的多边形即可。

这 5 个方面的设置没有严格的先后顺序。

2．装入网络表及元件封装

装入网络表及元件封装是通过 Altium Designer 的同步设计来实现的。所谓同步设计是指无论在任何情况下，都要保证原理图设计和 PCB 设计之间的完全同步，即原理图中元件之间的电气连接与 PCB 中元件之间的电气连接完全相同。原理图和 PCB 的同步更新可以通过两种方式完成，一种是通过导入网络表来完成，另一种则是通过同步器来完成。使用同步器，可以完成原理图和 PCB 之间的双向同步，省略了生成网络表、引入网络表、弹开元件等一系列复杂操作。而同步设计功能可以完成多种不同类型文挡之间的双向同步更新。

利用 Altium Designer 同步器完成原理图与 PCB 之间同步的方法有以下 3 种。

① 在原理图编辑界面，通过菜单"Design"→"Update PCB Document ***.PcbDoc"完成同步更新。

② 在 PCB 编辑界面，通过菜单"Design"→"Import Changes From …"完成同步更新。

③ 在原理图或者 PCB 编辑界面，通过菜单"Project"→"Show Differences…"，然后设置同步更新的对象完成原理图与 PCB 之间的同步设计。

Kinetis K60 最小核心板电路原理图通过方法①后，将出现如图 10.2.4 所示工程更改顺序对话框，单击"Validate Changes"按钮，软件将自动检查各项变化是否正确有效，再单击

"Execute Changes"按钮，软件将所有元器件封装及导线连接信息映射到 PCB 图中，单击"Close"按钮关闭此对话框。最终软件生成的 PCB 图如图 10.2.5 所示。

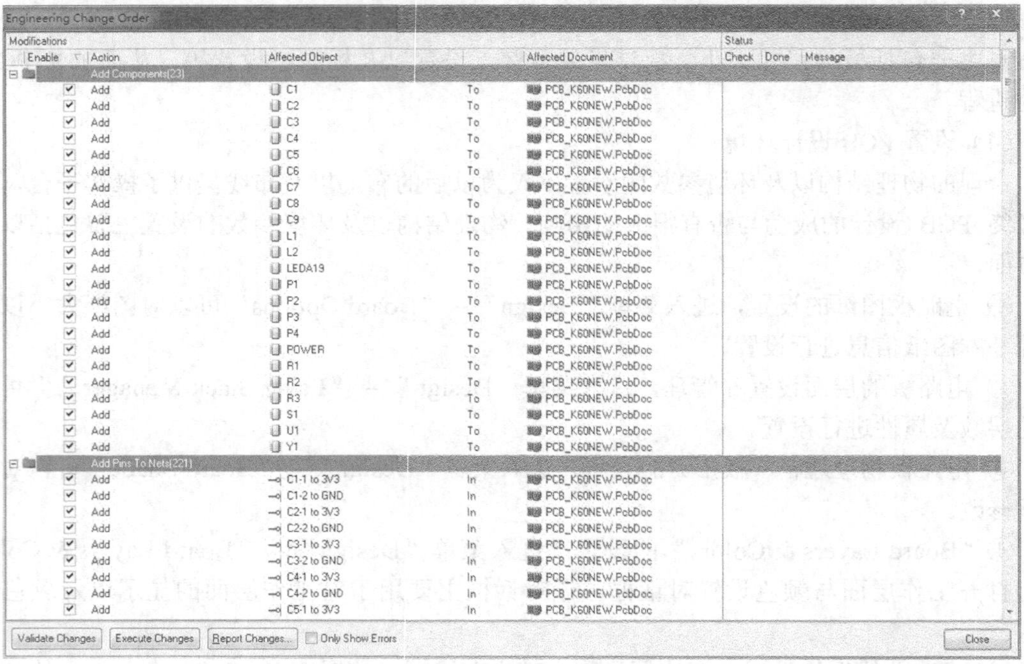

图 10.2.4　工程更改顺序对话框

图 10.2.5　完成同步更新的 PCB 图

3. 元件的排版布局

完成 PCB 元件和网络的导入后，接下来就该进行元件的布局操作了，布局是布线的基础，只有好的布局才能实现完美的布线。排版布局设计，不单纯是按照电路原理把元器件通过印制线条简单地连接起来。为能够稳定可靠地工作，要对元器件及其连线在印制板上进行合理的排版布局。布局就是将电路元器件放在印制板布线区内，布局是否合理不仅影响后面的布线工作，而且对整个电路板的性能也有重要作用。

（1）布局要求

① 首先要保证电路功能和性能指标。

② 在此基础上满足工艺性、检测、维修方面的要求。工艺性包括元器件排列顺序、方向、引线间距等生产方面的考虑，在批量生产以及采用自动插装机时尤为突出。考虑到印制板间测试信号注入或测试，设置必要的测试点或调整空间，以便有关元器件的替换和维护。

③ 适当兼顾美观性，元器件排列整齐，疏密得当。

（2）布局的一般原则

① 信号流向布放原则。这是对整机电路的布局原则，即按照电信号的流向逐个依次安排各个功能电路单元在板上的位置，避免输入输出，高低电平部分交叉。在多数情况下，信号流向安排成从左到右或从上到下。

② 就近原则。当板上对外连接确定后，相关电路部分应就近安排，避免走远路，绕弯子，尤其忌讳交叉穿梭。

③ 存放顺序原则。即先主后次，先大后小，先特殊，先集成后分立。先主后次就是先布设每个功能电路的核心元件，然后围绕它对其他元器件来进行布局，有多块集成电路时先放置主电路；先大后小就是先安放面积较大的元器件；先特殊就是优先确定特殊元器件的位置，所谓特殊元器件，是指那些从电、磁、热、机械强度等几方面考虑对整机性能产生较大影响或根据操作要求需要固定位置的元器件；先集成后分立就是先布设集成电路后布设分立元件。

④ 散热原则。印制板布局应该有利于散热。常用元器件中，电源变压器、功率器件、大功率电阻等都是发热元器件，电解电容是典型怕热元件，几乎所有半导体器件都有不同程度的温度敏感性，设计中可采用相应措施。

⑤ 增加机械强度的原则。要注意整个电路板的重心平衡与稳定。对于那些大又重、发热量较多的元器件（如电源变压器、大电解电容器和带散热片的大功率晶体管等），一般不要直接安装固定在印制电路板上，应当把它们固定在机箱底板上，使整机的重心靠下，容易稳定。否则，这些大型元器件不仅要大量占据印制板上的有效面积和空间，而且在固定它们时，往往可能使印制板弯曲变形，导致其他元器件受到机械损伤，还会引起对外连接的接插件接触不良。

⑥ 便于操作的原则。对于电位器、可变电容器或可调电感线圈等调节元件的布局，要考虑整机结构的安排。如果是机外调节，其位置要与调节旋钮在机箱面板上的位置相适应；如果是机内调节，则应放在印制板上能够方便地调节的地方。

（3）一般元器件的布局与安装原则

① 元器件的布局原则。

• 元器件在整个版面上分布均匀、疏密一致。

• 元器件不要占满板面，注意板边四周要留有一定空隙，空隙大小根据印制板的大小及固定方式决定。

• 元器件应该布设在印制板的一面，并且每个元器件的引出脚要单独占用一个焊盘。

• 元器件的布设不能上下交叉。相邻的两个元器件之间要保持一定间距，间距不得过小以免碰接。如果相邻元器件的电位差较高，则应当保持安全距离，一般环境中的间隙安全电压是 200V/mm。

• 元器件的安装高度要尽量低，一般元件体和引线离开板面不要超过 5mm，过高则承受振动和冲击的稳定性变差，容易倒伏或与相邻元器件碰接。

- 根据印制板在整机中的安装位置及状态确定元件的轴线方向。规则排列的元器件，应该使体积较大的元件的轴线方向在整机中处于竖立状态，这样可以提高元器件在板上固定的稳定性。

② 元器件的排列原则。

A．不规则排列。元器件按轴线任意方向排列。用这种方式排列元器件，看起来杂乱无章，但由于元器件不受位置与方向的限制，使印制导线布设方便，并且可以做到短而少。这对于减少线路板的分布参数、抑制干扰很有好处，特别对于高频电路及音频电路有利。

B．规则排列。元器件的轴线方向排列一致，并与板的四边垂直、平行。一般电子仪器中常用此种排列方式。这种方式元件排列规范，版面美观整齐，还可以方便装配、焊接、调试，易于生产和维护。但由于元器件排列要受一定方向或位置的限制，因而导线布设要复杂一些，印制导线也会相应增加。这种排列方式常用于板面宽裕、元器件种类少、数量多的低频电路中。

③ 元器件的安装固定方式。在印制板上，元器件有立式和卧式两种安装固定的方式。卧式是指元器件的轴线方向与印制板面平行，立式则是垂直的。在设计印制板时可以采用其中一种方式，也可以同时使用两种方式。

- 立式安装。元器件占用面积小，单位版面上容纳元器件的数量多，适合于元器件排列密集紧凑的产品，如半导体收音机、助听器等。立式固定的元器件要求体积小、重量轻，过大、过重的元器件不宜用此方式。否则，整机的机械强度变差，抗振能力减弱，元器件容易倒伏造成相互碰接，从而降低了电路的可靠性。在立式安装固定元器件时一般采用不规则排列方式。

- B．卧式安装。在电子仪器中常用此法。和立式固定相比，元器件卧式安装具有机械稳定性好、版面排列整齐等特点。卧式固定使元器件的跨距加大，容易从两个焊点之间走线，这对于布设印制导线十分有利。卧式安装固定元器件时以规则排列为主。

④ 元器件安装尺寸。元器件的每个引出线都要在印制板上占据一个焊盘，焊盘的位置随元器件的尺寸及其固定方式而改变。

- 对于立式固定和不规则排列的版面，焊盘的位置可以不受元器件尺寸与间距的限制。

- 对于规则排列的版面，要求每个焊盘的位置及彼此间的距离应该遵守一定标准，这就是焊盘的位置一般要求落在正交网格的交点上，如图 10.2.6 所示。在国际标准中，正交网格的格距为 2.54mm，国内的标准是 2.5mm。这一原则只在计算机自动化设计、自动化打孔、元器件自动化装焊中才有实际意义。对于一般人工钻孔和手工装配，除了双列直插式集成电路的管脚以外，其他元器件焊盘的位置则可以不受此格距的严格约束。

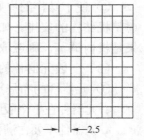

图 10.2.6 正交网格

- 在元器件安装到印制板上时，一部分元器件，如普通电阻、电容、小功率三极管、二极管等，对焊盘间距要求不很严格（如图 10.2.7 所示）称之为软引线元件；另一部分元器件，如大功率三极管、继电器、电位器等，引线不允许折弯。对安装尺寸有严格要求（如图 10.2.8 所示），我们称这一类元器件为硬引线元件。虽然软引线对安装尺寸要求不严格，但为了元器件排列整齐、装配规范以及适应元器件成型设备的使用，设计应按其外形尺寸确定最佳安装尺寸。

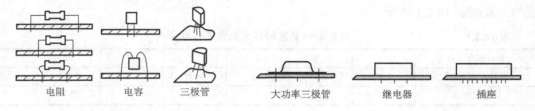

图 10.2.7　软元件引线　　　　　　　　　　图 10.2.8　硬元件引线

（4）布局操作

Altium Designer 编辑器提供了自动布局和手动布局两种方式。

元件的自动布局是指系统根据自动布局的规则对元件进行初步的布局。Altium Designer 编辑器根据一套智能的算法可以自动地将元件分开，布局的结果是具有电气连接特性的元件比较靠近，并按照种类聚集在一起。自动布局不能一下就实现完美的布局，对于不合理的地方则可采用手动布局方式进行适当的调整。

通过单击菜单"Tools"→"Auto Placement"→"Auto Placer…"自动布局操作。

手动布局就是通过鼠标拖放来完成元件的重新定位，但是单纯的手动移动并不能精确地放置元件，用户可以通过交互式布局排列元件，使 PCB 布局更加整齐、美观。通过单击菜单"Tools"→"Interactive Placement"子菜单项即可进行元件交互式布局。

4．电路板的布线

电路板的布线操作是整个 PCB 设计中最重要的一步。完成布局后的 PCB 网络连接仍然是通过飞线来完成的，布线的目的就是要将网络关系用实际的走线表现出来，而且要求走线合理美观。

（1）印制导线走向与形状

印制电路板布线，"走通"是最起码要求，"走好"是更高一层的要求。图 10.2.9 所示的是印制导线走向与形状的部分实例。在印制导线设计时应该注意下列几点。

图 10.2.9　印制导线走向与形状

① 以短为佳，能走捷径就不要绕远。但导线通过两个焊盘之间而不与它们连通时，应该与它们保持最大而相等的间距。

② 走线平滑自然为佳，避免急拐弯和尖角。这是因为很小的内角在制板时难于腐蚀，而在过尖的外角处，铜箔容易剥离或翘起。导线与焊盘的连接处的过渡也要圆滑，避免出现小尖角。

③ 应尽量避免印制导线出现分支。

④ 为增加焊盘抗剥强度，根据安装需要可设置工艺线，它不担负导电作用。

⑤ 公共地线应尽可能多地保留铜箔。

（2）印制导线的宽度

印制导线的宽度由铜箔与绝缘基板之间的黏附强度和该导线上工作电流决定。一般导线的宽度可选在 0.3～2 mm。但为了保证导线在板上的抗剥强度和工作可靠，线条不宜太细，只要板上的面积及线条密度允许，应该尽可能采用较宽的导线。印制导线宽度与最大工作电流的关系如表 10.2.1 所示。

表 10.2.1　　　　　　　　　印制导线宽度与最大允许工作电流

导线宽度/mm	1	1.5	2	2.5	3	3.5	4
导线面积/mm²	0.05	0.075	0.1	0.125	0.15	0.175	0.2
导线电流/A	1	1.5	2	2.5	3	3.5	4

（3）印制导线的间距

相邻导电图形之间的间距（包括印制导线、焊盘、印制元件）由它们之间电位差决定。印制板基板的种类、制造质量及表面涂覆都影响导电图形间安全工作电压。表 10.2.2 给出的间距/电压参考值在一般设计中是安全的。如果两条导线间距过小，信号传输时的串扰就会增加。所以为保证产品可靠性，应尽量保证导线间距不要小于 1mm。

表 10.2.2　　　　　　　　　印制导线间距与最大允许工作电压

导线间距/mm	0.5	1	1.5	2	3
工作电压/V	100	200	300	500	700

（4）布线操作

有自动布线和交互式布线两种方式，使用这两种布线方式便可以实现完美的 PCB 布线。

自动布线程序用拓扑分析来发现潜在的布线程序，然后用有效的布线算法来将路径转变成完成的路线。自动布线之前要进行合理的布线规则和布线策略的设置，然后通过自动布线菜单完成自动布线。操作过程为：通过菜单"Design"→"Rules…"完成布线规则的设置，通过菜单"Auto Route"→"Setup…"完成布线策略的设置，通过菜单"Auto Route"→"All"进行自动布线。

自动布线可以根据用户设置的布线规则寻求最优化的布线路径，但是却无法实现电路的一些特殊要求，如散热、减少电磁干扰等，这时便要求设计者通过手工操作对 PCB 布线进行合理的调整。手动布线是通过"Place"→"Interactive Routing"菜单项来实现的。

通常的做法用户可以先对关键的网络进行手工预布线，然后锁定这一部分走线，再进行其他网络的自动布线。对于经多次自动布线后仍不合理的走线，用户只能采用手工布线的方式来调整。对于简单的电路设计来说，设计者往往采用纯手工布线的方式完成整个电路板的布线，这样可以一步到位。

完成 PCB 的布线后，接着需要对布线的结果进行检查，可以利用 Altium Designer 提供的强大的设计规则检测（Design Rule Check，DRC），可以检查整个设计的逻辑完整性和物理完整性，系统可以将检测的结果以在线显示或者报告等形式总结出来，这样有助于全面地掌控整个电路板的设计。

DRC 主要分为 Online DRC 和 Batch-Mode DRC 两种类型。

- Online DRC 指在线检测。当进行 PCB 设计时，系统会自动地拒绝执行某些违反设计规则的操作或者以绿色的报警色标记出 PCB 中违反规则的对象。操作过程为用户首先应该选中"Preferences"对话框中的"Online DRC"复选框。然后进入菜单"Design"→"Board Layers & Colors"，在弹出的"Board Layers & Colors"对话框中完成"DRC Error

Markers" 颜色的设置。

- Batch-Mode DRC 指批处理规则检测。Batch-Mode DRC 允许在设计进程中的任何时间手工进行规则检测，同时还可以生成对应的检测文件。操作过程为进入菜单"Tools" → "Design Rule Check…"，弹出"Design Rule Checker"对话框，在左下角单击"Run Design Rule Check…"即可实现 Batch-Mode DRC。

5．后期工序

完成布线后，就进入 PCB 的后期制作工序，主要的工作就是对文字、个别元件以及走线进行调整，还包括安装孔、注释、泪滴以及覆铜的添加与调整等。这些操作一方面是为了更好地实现电路的电气特性、降低干扰，另一方面则是为了以后进行生产、调试以及维修时方便。

安装孔主要是为了固定电路板而设置的，通常采用过孔的形式，过孔的大小应根据实际需要设定，即由螺丝的粗细来决定。操作通过菜单"Place" → "Via"放置过孔，然后修改过孔的孔径。

PCB 注释是放置到丝印层上的对象，注释可以是文字也可以是简单的图形，通常以文字为主，主要用来对整个电路板做注释。操作过程为：首先将当前工作层面切换到顶层丝印层，单击菜单"Place" → "String"放置字符。

泪滴焊盘是像泪滴一样的焊盘，其主要作用是为了增加焊盘的机械强度，它是在板的装配阶段为了防止钻孔损坏而采用的一种技术。用相同质量的敷铜板制作印制板，泪滴焊盘肯定比普通焊盘的机械强度大一些。在实际应用中，对电路板中间的小型元件添加泪滴焊盘的意义不大，而通过泪滴焊盘增加接插件焊盘的机械强度则是十分有意义的。具体的操作为通过菜单"Tools" → "Teardrop…"弹出"Teardrop Options"对话框，从中可以选择对象进行不同形式的补泪滴或者移出泪滴操作。

敷铜是由一系列的铜箔走线组成，可以完成印制板的不规则区域内的铜箔填充。在 PCB 的设计中，通常采用大面积敷铜的方式将电路板中空余的没有铜箔走线的部分全部铺满。可以铺 GND 的铜箔，也可以铺 VCC 的铜箔。大面积敷铜不仅可以使整个 PCB 显得更加美观，而且可以提高电路的过大电流能力，同时还可以从散热、屏蔽减少干扰、增加板子的强度等多个方面提高电路板的性能。

敷铜的具体的操作步骤如下。

① 单击"Design" → "Rules…"菜单打开规则设置对话框，从中选中"Plane"中的"Polygon Connect"选项进行敷铜相关规则的设置。

② 设置敷铜安全间距。打开规则设置对话框，在"Electrical" → "Clearance"下新建一个"Clearance"，并将其命名为"Clearance Polygon"。然后将"Where the First object matches"设置为敷铜对象，将"Where the Second object matches"设置为"All"，然后将安全间距设置为自己需要的值。

③ 通过菜单"Place" → "Polygon Plane…"打开"Polygon Plane"对话框进行敷铜设置，设置完成后绘制敷铜轮廓即可。

图 10.2.10 为 Kinetis K60 最小核心板电路后期工序的布线图。

6．电路板的 3D 显示

如果设计者能够在设计过程中使用设计工具直观地看到自己设计板的实际情况，将能够有效地帮助他们的工作。Altium Designer 软件提供了这方面的功能，下面研究了它的 3D 模式下可以让设计者从任何角度观察自己设计的 PCB 板。

在 PCB 编辑器中，按快捷键 3 就可进行 PCB 板的 3D 显示，如图 10.2.11 所示，为 Kinetis K60 最小核心板电路 3D 视图。

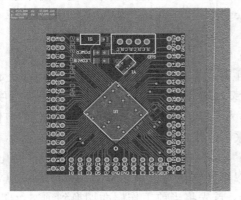

图 10.2.10　完成后期工序的布线图　　　　图 10.2.11　Kinetis K60 最小核心板电路 3D 视图

10.3　手工自制印制电路板

在设计试制阶段，经常需要制作一、两块印制电路板，此时可采用手工制板的方法，其过程如下。

（1）铜箔板下料、表面处理：按照实际尺寸裁剪好铜箔板，将表面擦拭干净。

（2）复印印制电路：将按 1:1 绘制的印制电路图用复印纸复印在铜箔板的铜箔面上。

（3）描漆：用漆将印制电路图描好。

（4）腐蚀：待漆膜干燥后，将铜箔板放在三氯化铁水溶液（浓度为 30%～40%）中进行腐蚀，腐蚀掉没有漆膜保护的铜箔后，取出铜箔板用水冲洗干净。由于三氯化铁水溶液具有强腐蚀作用，因此在腐蚀过程中，要注意人体、衣物不要触及三氯化铁水溶液，而且三氯化铁水溶液要放在耐腐蚀的器皿（如陶瓷、塑料）内。

（5）去除漆膜：将铜箔板表面漆膜用砂纸砂去。

（6）打孔：根据元器件引线粗细打孔，一般采用 1mm 钻头。

（7）表面清洁，涂覆助焊剂：将印制板表面擦拭干净，然后涂一层酒精松香水。

在上述自制印制电路板的方法中，还可以用粘贴抗蚀的薄膜图形的方法代替描漆。薄膜图形厚度只有几个微米，图形种类有十几种，均是印制电路中常见的各种导线、焊盘、接插头和符号等。在电路比较简单的情况下，也可以在铜箔板上粘贴不干胶纸，画上印制板，然后用小刀将不需要的部分刻去，用这个方法来代替描漆。

10.4　印制电路板的检验

设计完成后的印制电路板要进行制造，制成的印制板质量的好坏我们需要知道怎样进行检验。

下面介绍一些检验方法。

1．外观检验

① 印制板表面是否光滑、平整，是否有凹凸点或划伤痕迹。

② 印制板的翘曲度是否过大，过大时可采用手工进行矫正。

③ 印制板的外形尺寸、边缘尺寸及厚度是否符合要求，特别是与插座导轨配合的尺寸。

④ 导线图形的完整性如何，导线宽度、外形是否符合要求，有无短路和断路、毛刺等。

⑤ 印制板上的字符标记是否被腐蚀掉，或因腐蚀不够造成字迹、符号不清。

⑥ 检查焊盘孔及其他孔的位置及孔径，有无漏钻孔、钻错孔或四周铜箔被钻破的情况。

⑦ 镀层平整光亮，无凸起缺损。

⑧ 涂层的阻焊剂均匀牢固，位置准确，助焊剂均匀。

2．连通性检查

使用万用表对导电图形连通性进行检测，重点是双面板的金属化孔和多层板的连通性能。

3．绝缘性能检查

检测同一层不同导线间或不同层导线之间的绝缘电阻以确认印制板的绝缘性能。

思 考 题

10-1　印制电路板的分类？

10-2　印制电路板设计时需要考虑的因素？

10-3　了解制作工艺步骤对电路设计有什么帮助？

10-4　印制电路板布线有哪些规则？

10-5　手工制作印制电路板的方法和步骤有哪些？需要把握哪几个基本原则？

实训一　流水灯电路板的设计

一　实训目的

（1）了解印刷电路板的基础知识。

（2）熟悉 Altium Designer 软件的使用方法和操作技巧。

（3）掌握 PCB 设计的设计方法和基本流程。

二　实训器材

安装有 Altium Designer 10 软件的计算机、5mm 直插式发光二极管、直插式 1kΩ 电阻、2.54mm 间距单排排针。

三　实训内容及步骤

1．创建工程

（1）选择菜单命令"File"→"New"→"Project"→"PCB Project"，创建一个 PCB 工程并保存。

（2）选择菜单命令"File"→"New"→"Schematic"，创建一个原理图文件并保存。

（3）选择菜单命令"File"→"New"→"PCB"，创建一个 PCB 文件并保存。

2．绘制原理图

流水灯原理图如图 10.5.1 所示，$D_1 \sim D_8$ 为发光二极管，$R_1 \sim R_8$ 为电阻，起限流作用。

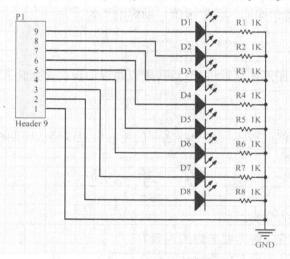

图 10.5.1　流水灯电路原理图

3．绘制 PCB

流水灯电路 PCB 如图 10.5.2 所示。

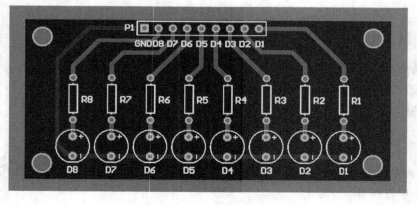

图 10.5.2　绘制后的流水灯 PCB

4．印制电路板的制作与焊接装配

手工自制印制电路板，制成后必须通过必要的检验，才能进入焊接装配工序。

四　实训报告

（1）总结 PCB 设计的基本流程。
（2）总结 PCB 手工布线的规则。
（3）心得及体会。

实训二　555 定时器应用电路板的设计

一　实训目的

（1）熟悉 Altium Designer 软件的使用方法和操作技巧。
（2）掌握电路原理图的设计方法和一般步骤。
（3）掌握印制电路板的设计方法和一般步骤。

二　实训器材

安装有 Altium Designer 10 软件的计算机、2.54mm 间距单排排针、NE555 定时器（DIP8）、CD4017 计数器（DIP16）、10kΩ 直插式电阻、100kΩ 可调电阻（3296X）、10uF 电解电容、100nF 直插瓷片电容。

三　实训内容及步骤

1．创建工程

（1）选择菜单命令"File"→"New"→"Project"→"PCB Project"，创建一个 PCB 工程并保存。
（2）选择菜单命令"File"→"New"→"Schematic"，创建一个原理图文件并保存。
（3）选择菜单命令"File"→"New"→"PCB"，创建一个 PCB 文件并保存。

2．绘制原理图

555 定时器应用电路原理图如图 10.6.1 所示，U1 为 555 定时器，能够输出一定频率的脉冲信号。U2 为 CD4017 十进制计数器，能把信号源接收到的脉冲信号依次从输出端 Q0～Q9 输出。

3．绘制 PCB

555 定时器应用电路 PCB 如图 10.6.2 所示。

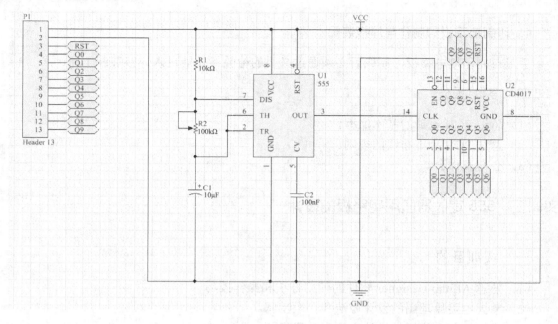

图 10.6.1 555 定时器应用电路原理图

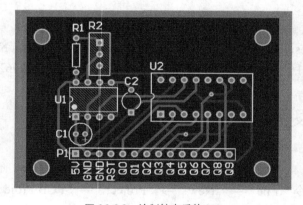

图 10.6.2 绘制结束后的 PCB

4. 焊接电路与效果检验

制作好的 555 定时器应用电路板通过必要的检验后进行焊接装配，并与实训一的流水灯电路板采用杜邦线连接。两块电路板共地，流水灯电路 GND 端子接到 555 定时器应用电路板 GND 端子上，流水灯电路板 D1～D8 分别接到 Q0～Q7 引脚。根据 CD4017 移位功能，将Q8 引脚接到 RST 引脚，最后通电检测。

四 实训报告

（1）总结原理图设计的基本步骤。
（2）总结 PCB 板绘制的基本步骤。
（3）心得及体会。

第 **11** 章　电子电路的组装调试和故障检查

电子产品在焊接和组装完成后都需要进行测量和调试，达到规定的技术指标。如果元器件损坏或者在安装过程中出现错误，电路就不能正常工作，还需进行故障检测。

11.1　电子电路的组装

电子产品研发成功后，需要技术工人根据设计图纸将电子元器件或机械零部件组合安装，构成一个完整合格的电子产品，这个过程称为电子电路的组装，它是电子产品生产流程中极其重要环节。一般电子产品的生产流程如图 11.1.1 所示。本节主要以生产流程图中的印制电路板装配过程为主，大致介绍电子电路中的一般组装过程。

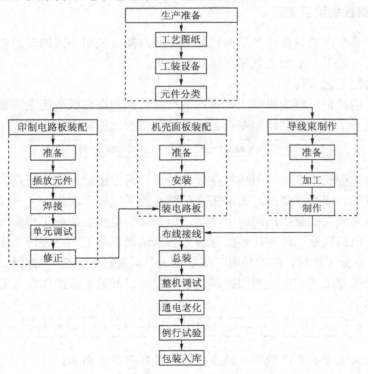

图 11.1.1　电子产品的生产流程

1. 元器件的安装

如图 11.1.2 所示，元器件的安装形式一般有：贴板安装、垂直安装、悬空安装、限高安装和支架固定安装。

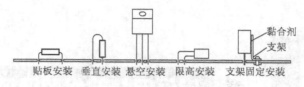

图 11.1.2 元器件的几种安装形式

（1）贴板安装。它适用于防振要求较高的应用场合。元器件紧贴印制电路板，安装间隙小于 1mm。若元器件为金属外壳，紧贴的电路板上有印刷导线时，应加垫绝缘衬垫或套上绝缘管。

（2）垂直安装。它适合安装密度较高的应用场合。元器件垂直于印制板的安装面。

（3）悬空安装。它适合发热较高的元器件安装。元器件距离印制板的安装面有一定高度，通常在 3～8mm 的范围内。

（4）限高安装。通常图纸上会标注出元器件安装的高度限制。通常处理方法是垂直插入印制板后，再朝水平方向弯曲。

（5）支架固定安装。它适合重量和体积较大的元器件。如变压器、阻流圈和小型继电器，一般用金属支架将元器件固定在印制电路板上。

2. 印制电路板的组装流程

根据电子产品生产的设备、批量和性质等情况，需要采用不同的印制电路板组装工艺，常用的组装工艺分为手工装配工艺和自动装配工艺。

（1）手工装配工艺流程

在电子产品的样机研制阶段或小批量试生产时，印制电路板装配主要靠手工操作，即把散装的元器件逐个手工装接到印制基板上。一般操作的流程如下：

整理元器件 → 插装 → 焊接 → 剪切引脚 → 检验修正

通常，这种流程简单实用，但也存在效率较低，易出错的问题。但是，对于学生进行电子实习、课程设计、课外竞赛时，通常采这种简易的手工操作流程。

对于设计成熟或大批量生产的电子产品，由于印制电路板装配工作量大，宜采用流水线装配，即把印制电路板组装的整体装配分解为若干道简单的工序，每道工序固定插装一定数量的元器件。在划分工序时，注意每道工序所用的时间要相等，这个时间称为流水线的节拍。印制电路板的操作和工序划分，要根据其复杂程度、日产量以及操作者人数等因素确定。一般工艺的流程如下：

分批元器件插入 → 一次性切割引线 → 一次性锡焊 → 检验修正

这种方式可大大提高生产效率，减少差错，提高产品合格率。

（2）自动装配工艺流程

对于设计成熟、产量大和装配工作量大而元器件又无需选配的电子产品，宜采用自动装配工艺流程。自动装配一般使用自动或半自动插件机和自动定位机等设备。先进的自动装配机每小时可装 1 万多个元器件，效率高，产品合格率大大提高。

自动装配和手工装配的过程基本一样，都是将元器件逐一插入印制电路板上。所不同的是，自动装配要求限定元器件的供料形式，整个插装过程由自动装配机完成。

自动插装工艺，其过程框图如图 11.1.3 所示。经过处理的元器件装在专用的传输带上，间断地向前移动，保证每一次有一个元器件进到自动装配机的装插头的夹具里，插装机自动完成切断引线、引线成形、移至基板、插入、弯角等动作。

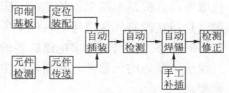

图 11.1.3　自动插装工艺流程框图

自动插装是在自动装配机上完成，对元器件装配的一系列工艺措施都必须适合于自动装配的一些特殊要求，并不是所有的元器件都可以进行自动装配，通常是采用标准元器件的尺寸。

11.2　电子电路的调试

所谓电子电路的调试，是以达到电路设计指标为目的而进行的一系列的"测量－判断－调整－再测量"的反复进行过程。电子产品的调试包括两个阶段：单元电路的调试和产品整体的调试。单元电路的调试是对以功能为单元的电子电路模块进行测量和调试，是否符合技术参数；产品整体的调试是对产品整体的性能进行测试，是否符合技术指标。各单元电路调试通过后，才能进行产品整体的调试。两个阶段的调试，都包括调整和测试两个方面，都需要用仪器仪表调整和测试电子电路中的参数，最终符合电子产品的设计要求。

为了使调试顺利进行，设计的电路图上应当标明各点的电位值，相应的波形图以及其他主要数据。调试方法通常采用先分调后总调。我们知道，任何复杂电路都是由一些基本单元电路组成的，因此，调试时可以循着信号的流程，逐级调整各单元电路，使其参数基本符合设计指标。这种调试方法的核心是，把组成电路的各功能块（或基本单元电路）先调试好，并在此基础上逐步扩大调试范围，最后完成整机调试。采用先分调后总调的优点是能及时发现问题和解决问题。新设计的电路一般采用此方法。对于包括模拟电路、数字电路和微机系统的电子产品，更应采用这种方法进行调试。因为只有把 3 部分分开调试后，分别达到设计指标，并经过信号及电平转换电路后才能实现整机调试。否则，由于各电路要求的输入、输出电压和波形不符合要求，盲目进行联调，就可能造成大量的元器件损坏。

除了上述方法外，对于已定型的产品和需要相互配合才能运行的产品也可采用一次性调试。按照上述调试电路原则，具体调试步骤如下：

（1）通电观察。把经过准确测量的电源接入电路，观察有无异常现象，包括有无冒烟，是否有异常气味，手摸元器件是否发烫，电源是否有短路现象等。如果出现异常，应立即切断电源，待排除故障后才能再通电。然后测量各路总电源电压和各器件的引脚的电源电压，以保证元器件正常工作。通过通电观察，认为电路初步工作正常，就可转入正常调试。在这里，需要指出的是，一般实验室中使用的稳压电源是一台仪器，它不仅有一个"＋"端，一个"－"端，还有一个"地"接在机壳上，当电源与实验板连接时，为了能形成一个完整的屏蔽系统，实验板的"地"一般要与电源的"地"连起来，而实验板上用的电源可能是正电压，也可能是负电压，还可能正、负电压都有，所以电源是"＋"端接"地"还是"－"端接"地"，使用时应先考虑清楚。如果要求电路浮地，则电源的"＋"与"－"端都不与机壳相连。另外，应注意一般电源在开与关的瞬间往往会出现瞬态电压上冲的现象，集成电路最怕过电压的冲击，所以一定要养成先开启电源，后接电路的习惯，在实验中途也不要随意将电源关掉。

（2）静态调试。通常会遇到直流电和交流电并存于电子电路中的情况。一般，直流为交流服务，直流是电路工作的基础。因此，电子电路的调试有静态调试和动态调试之分。静态调试是指在没有外加信号的条件下所进行的直流测试和调整过程。例如，通过静态测试模拟电路的静态工作点、数字电路的各输入端和输出端的高、低电平值及逻辑关系等，可以及时发现已经损坏的元器件，判断电路工作情况，并及时调整电路参数，使电路工作状态符合设计要求。

（3）动态调试。是指静态调试通过后，在电路的输入端接入适当频率和幅值的信号，并循着信号的流向逐级检测各有关点的波形、参数和性能指标。调试的关键是善于对实测的数据、波形和现象进行分析和判断。这需要具备一定的理论知识和调试经验。发现电路中存在的问题和异常现象，应采取不同的方法缩小故障范围，最后设法排除故障。因为电子电路的各项指标互相影响，在调试某一项指标时往往会影响另一项指标。实际情况错综复杂，出现的问题多种多样，处理的方法也是灵活多变的。动态调试时，必须全面考虑各项指标的相互影响，要用示波器监视输出波形，确保在不失真的情况下进行调试。作为"放大"用的电路，要求其输出电压必须如实地反映输入电压的变化，即输出波形不能失真。常见的失真现象：一是晶体管本身的非线性特性引起的固有失真，仅用改变电路元件参数的方式很难克服；二是由电路元件参数选择不当使工作点不合适，或由于信号过大引起的失真，如饱和失真、截止失真、饱和兼有截止的失真。测试过程中不能凭感觉和印象，要始终借助仪器观察。使用示波器时，最好把示波器的信号输入方式置于 DC 挡，通过直流耦合方式，可同时观察被测信号的交、直流成分。通过调试，最后检查单元电路和整机的各项指标（如信号的幅值、波形形状、相位关系、增益、输入阻抗和输出阻抗等）是否满足设计要求，如必要，再进一步对电路参数提出合理的修正。

（4）调试中的注意事项。调试结果是否正确，很大程度上受测量正确与否和测量精度的影响。为了保证调试的效果，必须减小测量误差，提高测量精度。为此，需注意以下几点：

① 正确使用测量仪器的接地端。凡是使用地端接机壳的电子仪器进行测量，仪器的接地端应和放大器的接地端连接在一起，否则仪器机壳引入的干扰不仅会使放大器的工作状态发生变化，而且将使测量结果出现误差。

② 在信号比较弱的输入端，尽可能用屏蔽线连接。屏蔽线的外屏蔽层要接到公共地线上。在频率比较高时要设法隔离连接线分布电容的影响，例如，用示波器测量时应该使用有探头的测量线，以减少分布电容的影响。

③ 测量电压所用仪器的输入阻抗必须远大于被测处的等效阻抗。因为，若测量仪器输入阻抗小，则在测量时会引起分流，给测量结果带来很大的误差。

④ 测量仪器的带宽必须大于被测电路的带宽。例如，MF 20 型万用表的工作频率为 20～

20000Hz。如果放大器的带宽为 100kHz，就不能用 MF 20 来测试放大器的幅频特性。否则，测试结果就不能反映放大器的真实情况。

⑤ 要正确选择测量点。用同一台测量仪进行测量时，测量点不同，仪器内阻引进的误差大小将不同。

⑥ 测量方法要方便可行。需要测量某电路的电流时，一般尽可能测电压而不测电流，因为测电压不必改动被测电路，测量方便。若需知道某一支路的电流值，可以通过测取该支路上电阻两端的电压，经过换算而得到。

⑦ 调试过程中，不但要认真观察和测量，还要善于记录。记录的内容包括实验条件，观察的现象，测量的数据、波形和相位关系等。只有有了大量可靠的实验记录，并与理论结果加以比较，才能发现电路设计上的问题，完善设计方案。

⑧ 调试时出现故障，要认真查找故障原因。切不可一遇故障解决不了就拆掉线路重新安装。因为重新安装的线路仍可能存在各种问题，如果是原理上的问题，即使重新安装也解决不了问题。应当把查找故障并分析故障原因看成一次好的学习机会，通过它来不断提高自己分析问题和解决问题的能力。

11.3　电子电路的故障检查

电子产品会出现各种不同的故障，要排除故障，首先就要查找出故障所在，下面就介绍一些技术人员常用的故障查找和排除的方法。

（1）直观检查法。故障的大部分原因是由于短路、断路和元器件损坏造成的。而这些原因中有一部分可通过人的感觉器官直接感觉到。例如，断线、脱焊、印刷线路板铜箔断裂、电阻烧焦、电解电容器漏液等都可以通过眼睛看到；晶体管、变压器等温升过高时可用手感觉到；变压器、电阻等绝缘层烧坏的焦糊味可以通过鼻子嗅到。善于凭借直觉，常能很快地发现故障原因。但有时，所感觉到的并不是故障的根本原因，如有些元器件的损坏变质和虚焊在外表上无任何迹象，凭直觉是无法判断的。

（2）数值检测法。借助万用表对电子线路的电阻和电压等数值进行检测，看是否在一个正常的范围内。若测量所得的数值超出正常值范围，则说明不正常或已存在故障。通过测量电子线路和元器件的电阻值，来判断电路和元器件是否存在短路和开路现象。通过测量电子线路中各点的电压值，来判断和查找故障所在。如通过测量电子产品中各级晶体管的静态工作点，可以判断该电路是否正常。

（3）波形观察法。检查电子产品中交流电路的工作是否正常，只用数值检测法是不够的，还必须使用波形观察法。通过示波器观察被检查电路交流工作状态下各测量点的波形、振幅等，以判断交流电路中各元器件是否损坏。这种方法在检查多级放大器增益下降、波形失真振荡电路、开关电路时应用很广。

（4）短路法。把故障电路产生的影响用短路的方法消除掉，使这一影响不再传到下级或输出端。在某一点短路时，如故障现象消失或显著减小，可以说明故障在短路点之前。相反，如故障现象没有消失，就说明故障在短路点之后。移动短路点位置，可以进一步判定故障的部位。应注意，如果将要短路的两点之间存在直流电位差，就不能直接短路，而必须用一只大容量电容器来短路。所谓大容量是指使其交流电抗远小于将被短路的两点间的阻抗，起交流短路作用。短路法在检查干扰、噪声、纹波、自激和示波器无光点等故障时，常被采用。

（5）断路法。将可疑部分从整机电路或单元电路中断开，使之不影响其他部分的正常工作，看故障是否消失。若消失，则故障发生在被切断部分的电路。这种方法使用甚广，尤其是电子测量仪器电路越来越复杂，或用多个插件，或采用积木式电路时，此法的应用就更广。值得注意的是：被断开的插件是否影响其他部分的正常工作，是否有可能造成新的故障，如电源工作不正常时，就不可轻易拔去保护电路。

（6）试换法。对于可疑的元件、器件、插件乃至整件，可以用同类型的部分试换。例如，某仪器的一块插板用另一块完好的同类插板换上后，故障排除，由此可初步肯定故障就在这块插板上。试换法适用于有备件或有同类型仪器能互换的情况。

（7）元器件测量法。故障的根本原因，除虚焊外，通常是元器件的损坏，在故障范围逐步缩小到某一元器件时，必须对它进行严格测试。如果缺乏在线测试仪器，在没有焊下之前，先用万用表等仪器测试，做一仔细判断，尽可能少用烙铁。这可免除烙铁过热对元器件的不利影响，也可避免印刷线路板因拆焊而损坏或邻近元器件焊点因拆装而导致虚焊。在初步测试后认为某元器件有问题，则将其焊下，并用元器件测量仪器测量检查。

上述几种故障检测，是研发设计人员在长期实践中总结出来的，在具体应用时，我们需要具体问题具体分析，灵活运用。此外，检测前务必对被检测电路的组成部分和工作原理有一个较深的理解，否则单纯地掌握方法而不掌握电路的工作原理，是很难收到良好效果的。

思 考 题

11-1 电子产品生产的一般流程是什么？

11-2 印制电路板的组装工艺分为哪两种？有何不同？

11-3 通常电子产品的调试分为哪两个阶段的调试？有何联系和不同？

11-4 什么是静态调试和动态调试？试举例说明两者区别？

11-5 电子电路的故障查找有哪些方法？

11-6 在故障查找中的数值检测法，能否测量电流来帮助查找故障？为什么？

实训一 半波整流稳压管稳压电路的原理、测量及调试

一 实训目的

（1）掌握用万用表判断二极管、稳压管的极性及好坏。

（2）熟练掌握焊接基本技能。

（3）掌握电路的电压测量、纹波观测及调试方法。

二 实训器材

万用表、示波器、电烙铁、电路实验板、变压器、二极管、稳压管、电位器、电解电容、电阻等。

三　实训内容及步骤

半波整流稳压管稳压电路的原理图如图 11.4.1 所示：

图 11.4.1 中变压器起降压作用，二极管 VD 起半波整流作用，电解电容 C 起滤波作用，电阻 R_1 为 VD_Z 的限流电阻，稳压管 VD_Z 起稳压作用，R_2 与 R_P 整体作为可变负载电阻。

（1）用万用表判断二极管和稳压管的极性及好坏。然后焊接电路，要求焊点光滑无毛刺，牢固无虚焊。用万用表测量电路的电压，判定电路是否正常工作。

如图 11.4.2 所示，按要求测量电压，并记录数据。

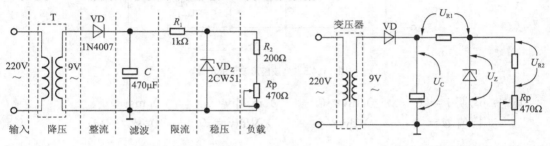

图 11.4.1　半波整流稳压管稳压电路　　　　　　　图 11.4.2　电压的测量

电容两端电压：$U_c =$ _____（V）；稳压管两端电压：$U_z =$ _____（V）；电阻 R_1 两端电压：$U_{R1} =$ _____（V）。

改变电位器 R_P 值，使用万用表测量电阻 R_2 两端的电压，当 $R_P = 470\Omega$ 时，$U_{R2} =$ _____（V）；当 $R_P = 0\Omega$ 时，$U_{R2} =$ _____（V）。

（2）用示波器观测电路的电容滤波后的纹波波形和半波整流波形。纹波电压是指叠加在输出电压上的交流分量，为非正弦量，一般为毫伏级，可用示波器进行测量，其方法是将示波器 y 轴输入开关置于"AC"挡，选择合适 y 轴灵敏度旋钮挡位，便可清晰观察到脉动波形，从波形图读出峰-峰值。如图 11.4.3 所示，按要求将 AB 之间的波形记录在图 11.4.4 所示的小方格图中，并记录相关的数据。

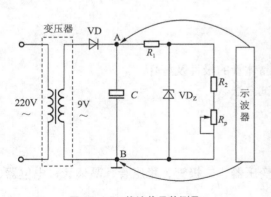

图 11.4.3　纹波信号的测量

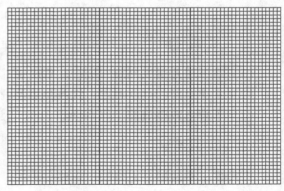

图 11.4.4　示波器信号的记录

其中：周期 $T =$ （　　　　）div× （　　　　）ms/div= （　　　　）ms；

幅值 $U =$ （　　　　）div× （　　　　）V/div= （　　　　）V。

如图 11.4.5 所示，断开电容 C 和稳压管 VD_z 某一管脚，用示波器观测 AB 之间的波形，并记录在图 11.4.4 所示的方格中。

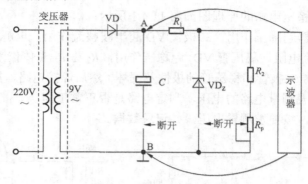

图 11.4.5　半波整流波形的测量

其中：周期 $T=$ （　　　　　） div× （　　　　　） ms/div= （　　　　　） ms；
　　　幅值 $U=$ （　　　　　） div× （　　　　　） V/div= （　　　　　） V。

四　实训注意事项

（1）在实验板上布线时尽量按原理图布线，将每一引脚连线的去向查清，减少错线和少线甚至多线。

（2）电解电容为极性电容，焊接时要注意其极性是否正确。

（3）查线时最好用指针式万用表 "R×1" 挡测量，而且尽可能直接测元器件引脚，这样可同时发现引脚与连线接触不良的故障。

（4）示波器要正确选用 y 轴输入耦合开关的挡位，测整流后各级电路波形时，需将耦合开关置于 "DC" 挡，整流前应置于 "AC" 挡。

实训二　单相全波整流稳压管稳压电路的原理、测量及调试

一　实训目的

（1）掌握用万用表判断二极管、稳压管、晶体管的极性及好坏。

（2）掌握电路的电压测量、纹波观测及调试方法。

（3）了解全波整流的工作原理。

二　实训器材

万用表、示波器、电烙铁、电路实验板、变压器、二极管、稳压管、晶体管、电位器、电解电容、电阻等。

三　实训内容及步骤

单相全波整流稳压管稳压电路的原理图如图 11.5.1 所示：

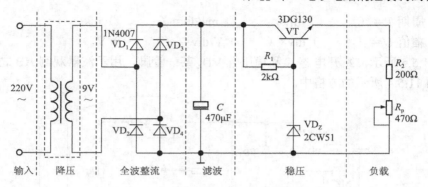

图 11.5.1 单相全波整流稳压管稳压电路

图 11.5.1 中变压器起降压作用，二极管 $D_1 \sim D_4$ 为桥式整流，电解电容 C 起滤波作用，电阻 R_1 和稳压管 VD_Z 为晶体管 VT 正常工作提供正向偏置电压，为负载 R_2 与 R_P 提供稳定电压。

用万用表判断二极管，稳压管和晶体管的极性及好坏。根据电路原理图，焊接电路，要求焊点光滑无毛刺，牢固无虚焊。

（1）用万用表测量电路的电压，判定电路是否正常工作。如图 11.5.2 所示，按要求测量电压，并记录数据。

调试好后，测量电路电压值，填入测量数据：

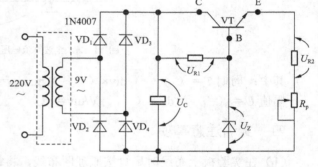

图 11.5.2 电压的测量

晶体管 3 个管脚对参考地的电压：$U_C=$_____（V）；$U_E=$_____（V）；$U_B=$_____（V）。

电容两端电压：$U_C=$_____（V）；稳压管两端电压：$U_Z=$_____（V）；电阻 $R1$ 两端电压：$U_{R1}=$_____（V）。

当 $Rp=470\Omega$ 时，$U_{R2}=$_____（V）；当 $Rp=0\Omega$ 时，$U_{R2}=$_____（V）。

（2）用示波器观测电容滤波的纹波电压波形和全波整流电路的电压波形。如图 11.5.3 所示，测量 AB 之间的电压波形，记录在图 11.5.4 所示的小方格图中，并记录相关的数据。

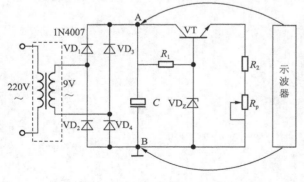

图 11.5.3 纹波电压信号的测量

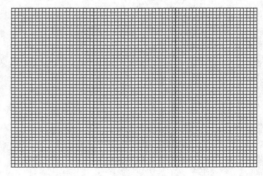

图 11.5.4 示波器信号的记录

其中：周期 $T=$（　　　　）div×（　　　　）ms/div=（　　　　）ms；

幅值 $U=$（　　　　）div×（　　　　）V/div=（　　　　）V。

如图 11.5.5 所示，断开电容 C 和稳压管 VD_Z 某一管脚，用示波器观测 AB 之间的波形，并记录在图 11.5.4 所示的方格中。

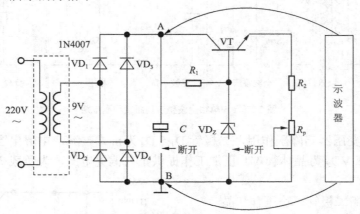

图 11.5.5　全波整流电压信号的测量

其中：周期 $T=$（　　　　）div×（　　　　）ms/div=（　　　　）ms；

幅值 $U=$（　　　　）div×（　　　　）V/div=（　　　　）V。

四　实训注意事项

（1）在实验板上布线时尽量按原理图布线，将每一引脚连线的去向查清，避免错线、少线和多线。

（2）晶体管的焊接时要注意 3 个引脚是否位置正确。

（3）查线时最好用指针式万用表"R×1"挡测量，而且尽可能直接测元器件引脚，这样可同时发现引脚与连线接触不良的故障。

（4）示波器观测全波整流电压信号前，断开电容和稳压管的引脚要小心，不要破坏了测量主电路。

实训一 串联型直流稳压电源

一 实训目的

（1）了解串联型直流稳压电路的工作原理。

（2）掌握串联型直流稳压电路的故障检测及调试方法。

二 实训器材

万用表、示波器、电烙铁、电路实验板、变压器、二极管、稳压管、晶体管、电位器、电解电容、电阻等。

三 实训内容及步骤

串联型直流稳压电源电路如图 12.1.1 所示。

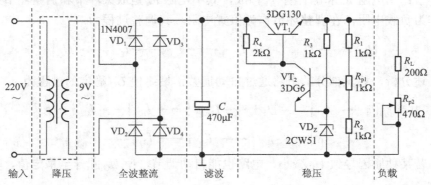

图 12.1.1 串联型直流稳压电路

在图 12.1.1 中，其中稳压部分由 4 个环节组成：采样环节、基准环节、放大环节和调整环节，其具体分析电路如图 12.1.2 所示。

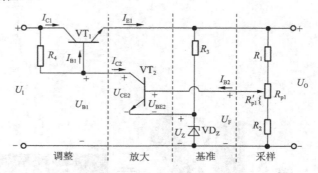

图 12.1.2　稳压部分的分析电路图

采样环节：由电阻 R_1、R_2 和电位器 R_{P1} 构成，其中电位器 R_{P1} 调节采样电压 U_F 的大小。它将输出电压 U_O 的一部分取出送至晶体管 VT_2 的基极 B_2，由于流入基极 B_2 的电流 I_{B2} 很小，可忽略，故采样电压 U_F 为

$$U_F = \frac{R'_{P1} + R_2}{R_1 + R_{P1} + R_2} U_O = \frac{R'_{P1} + 1}{3} U_O$$

其中 R'_{P1} 为电位器 R_{P1} 滑动触头和下端之间的电阻大小，故 $0 \leqslant R'_{P1} \leqslant 1\text{k}\Omega$。

如果由于某种原因使得输出电压 U_O 增大，则采样电压也线性增加，其过程为：

$$某种原因 \longrightarrow U_O \uparrow \longrightarrow U_F \uparrow$$

基准环节：由限流电阻 R_3 和稳压管 Z 构成，其中 Z 工作在反向击穿区。它们为放大环节的晶体管 VT_2 提供一个稳定的基准电压 U_Z。

放大环节：由电阻 R_4 和晶体管 VT_2 构成，其作用是将采样电压 U_F 和基准电压 U_Z 的差值即 U_{BE2}（因为 $U_{BE2}=U_F-U_Z$）放大后去控制晶体管 VT_1。其放大过程为：

$$U_F \uparrow \longrightarrow U_{BE2} \uparrow \longrightarrow I_{B2} \uparrow \longrightarrow I_{C2} \uparrow \longrightarrow U_{CE2} \downarrow \longrightarrow U_{B1} \downarrow$$

调整环节：由电阻 R_4 和晶体管 T_1 构成，其中电阻 R_4 是放大环节和调整环节共有的，在放大环节作为负载电阻，在调整环节作为偏置电阻。其调整过程为：

$$U_{B1} \downarrow \longrightarrow U_{BE1} \downarrow \longrightarrow I_{B1} \downarrow \longrightarrow I_{C1} \longrightarrow I_{E1} \downarrow \longrightarrow U_O \downarrow$$

综合上述分析，稳压部分的电路通过自动调整，最终使 U_O 稳定的过程为：

$$某种原因 \longrightarrow U_O \uparrow \longrightarrow U_F \uparrow \longrightarrow U_{BE2} \uparrow \longrightarrow I_{B2} \uparrow \longrightarrow I_{C2} \uparrow \longrightarrow U_{CE2} \downarrow$$
$$U_O \downarrow \longleftarrow I_{E1} \downarrow \longleftarrow I_{C1} \longleftarrow I_{B1} \downarrow \longleftarrow U_{BE1} \downarrow \longleftarrow U_{B1} \downarrow$$

同理，若某种原因导致 U_O 减小，电路也能自动调节，使 U_O 回升至稳定值，其过程读者可自行分析之。

（1）如图 12.1.3 所示，按要求测量两个晶体管 VT_1 和 VT_2 管脚的电压，并记录数据，并判定它们是否正常工作。

晶体管 VT_1 的 3 个管脚对参考地的电压：$U_{C1}=$＿＿＿＿（V）；$U_{E1}=$＿＿＿＿（V）；U_{B1} $=$＿＿＿＿（V）。

晶体管 VT$_2$ 的 3 个管脚对参考地的电压：U_{C2}=_____（V）；U_{E2}=_____（V）；U_{B2}=_____（V）。

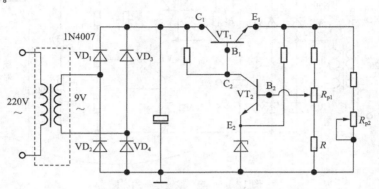

图 12.1.3　晶体管管脚电压的测量

（2）如图 12.1.4 所示，按要求测量电路其他电压，并记录数据，并判定电路是否正常工作。

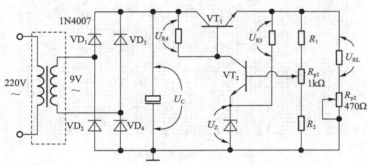

图 12.1.4　电路电压的测量

电容两端电压：U_C=_____（V）；稳压管两端电压：U_Z=_____（V）；电阻 R_4 两端电压：U_{R4}=_____（V）；

调节电位器 R_{p1}：当 R_{p1}=1kΩ 时，U_{R3}=_____（V）；当 R_{p1}=0Ω，U_{R3}=_____（V）；

调节电位器 R_{p2}：当 R_{p2}=470Ω 时，U_{RL}=_____（V）；当 R_{p2}=0Ω，U_{RL}=_____（V）。

（3）如图 12.1.5 所示，按要求测量 AB 之间的波形记录在如图 12.1.6 所示的表格，并记录相关的数据。

其中：纹波的周期 T=（　　　　）div×（　　　　）ms/div=（　　　　）ms；

纹波的幅值 U=（　　　　）div×（　　　　）V/div=（　　　　）V。

（4）如图 12.1.7 所示，断开电容 C 和稳压管 VD$_Z$ 某一管脚，用导线短接 XY 两点，用示波器观测 AB 之间的波形，并记录方格中。

其中：周期 T=（　　　　）div×（　　　　）ms/div=（　　　　）ms；

幅值 U=（　　　　）div×（　　　　）V/div=（　　　　）V。

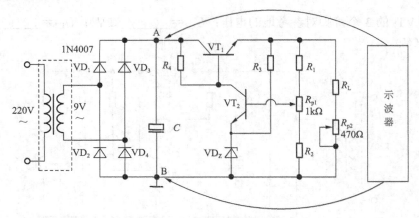

图 12.1.5 电路纹波信号的测量

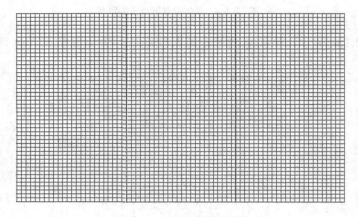

图 12.1.6 示波器信号的记录

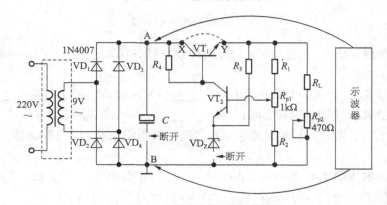

图 12.1.7 全波整流电压信号的测量

四 实训注意事项

（1）用指针式万用表"R×1"挡检查电路，在电路与连线检查无误后，方可接通电源。

（2）电源接通后不要急于测量数据和观察结果，要先观察有无异常现象，如有无异味，手摸元件是否发烫，电源是否短路现象等。

（3）注意万用表的挡位，测整流电路输入端（整流前）应为交流挡，整流后用直流挡。量程由大到小切换，选择合理量程使读数精确。

实训二 双晶体管振荡电路

一 实训目的

（1）了解双晶体管振荡电路的工作原理。
（2）掌握发光二极管的检测方法。
（3）熟悉应用万用表对电路进行故障检测和参数测试。

二 实训器材

（1）万用表、示波器、电烙铁、电路实验板、变压器、二极管、发光二极管、稳压管、晶体管（型号：8050 或 9014）、电位器、电解电容、电阻等。
（2）新增器件（发光二极管、TO-92 封装的晶体管、轻触按键）的结构、符号及实物图，如图 12.2.1 所示。

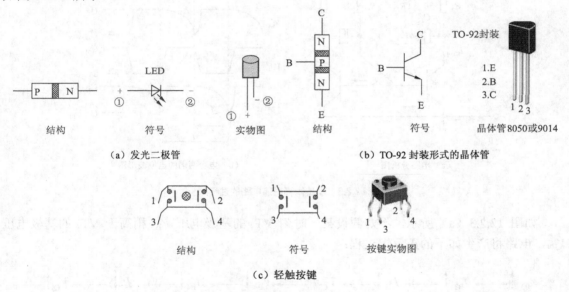

（a）发光二极管   （b）TO-92 封装形式的晶体管

（c）轻触按键

图 12.2.1 新增器件的结构、符号及实物图

三 实训内容及步骤

双晶体管振荡电路如图 12.2.2 所示。其中 S1 是轻触按键，J 是接线端子。LED（R）和 LED（G）分别是红发光二极管和绿发光二极管。可调直流稳压电路其工作原理可参阅前面实训内容，下面简单介绍双晶体管振荡电路的工作原理。

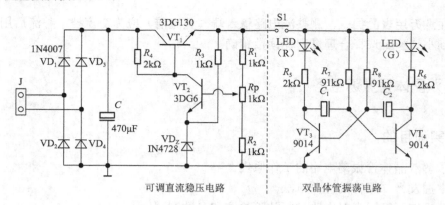

图 12.2.2　双晶体管振荡电路

双晶体管振荡电路的原理图，虽然是对称的，但其实际电路由于元件参数的分散性，不会绝对对称。

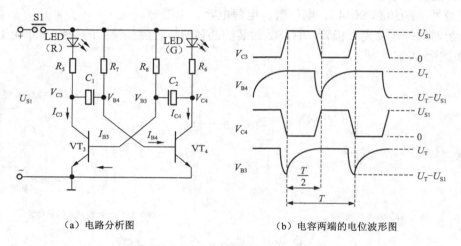

（a）电路分析图　　　　　　　（b）电容两端的电位波形图

图 12.2.3　双晶体管振荡电路的过程分析

如图 12.2.3（a）所示，不妨假设某一时刻 VT_3 的基极电压 V_{B3} 稍高于 VT_4 的基极电压 V_{B4}，电路将产生如下的正反馈过程：

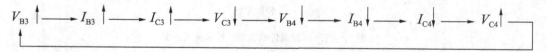

使得 VT_3 很快深度饱和，而 VT_4 可靠截止，形成了一个暂时稳定状态。但这个状态不会永远维持。这是由于 VT_3 已深度饱和，其 V_{C3} 很低（约为 0），电容 C_1 迅速放电，同时，开关 S1 引入的外部电压 U_{S1}，通过电阻 R_7 向电容 C_1 充电，使 V_{B4} 逐渐升高，当 V_{B4} 升至 VT_4 的导通电位 U_T 时，VT_4 由截止变为导通，引起其集电极电流 I_{C4} 上升，电路将产生下列的正反馈过程：

$$V_{B4} \uparrow \longrightarrow I_{B4} \uparrow \longrightarrow I_{C4} \uparrow \longrightarrow V_{C4} \downarrow \longrightarrow V_{B3} \downarrow \longrightarrow I_{B3} \downarrow \longrightarrow I_{C3} \downarrow \longrightarrow V_{C3} \uparrow$$

很快使得 VT_4 由导通变为深度饱和，而 VT_3 变为可靠截止。此时，电容 C_1 迅速被电压 U_{S1} 通过电阻 R_5 充电到 $V_{C3}=U_{S1}$。这个状态同样不能永远维持。这是由于电压 U_{S1}，通过电阻 R_8 向电容 C_2 充电，使得 VT_3 的基极电位 V_{B3} 逐渐上升，当升到 VT_3 的基极导通电位时，VT_3 由截止变为导通并快速饱和，而 VT_4 由饱和经过导通快速变为可靠截止。就这样不断重复上述过程，形成多谐振荡。其振荡周期由图 12.2.3（b）所示的 V_{B3} 和 V_{B4} 波形，即电容 C_1 和 C_2 的充电过程可得

$$T = 2RC \ln \frac{2U_{S1} - U_T}{U_{S1} - U_T} \approx RC \ln 4$$

故振荡频率

$$f_\circ \approx \frac{1}{RC \ln 4}$$

其中 $R_7 = R_8 = R$，$C_1 = C_2 = C$。

（1）焊接电路，按键 S1，观察红色发光二极管和绿色发光二极管的亮灭情况。

（2）如图 12.2.4 所示，短接按键 S1，示波器观测 AB 间的波形，记录之。

（3）试用示波器观测 C_2 电容两端的电压波形，并记录之。

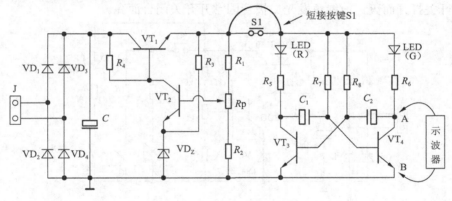

图 12.2.4 波形的观测

四 实训注意事项

（1）焊接晶体管 VT_3 和 VT_4 时，注意管脚 E、B、C 的位置，不要弄错。

（2）电解电容 C_1 和 C_2，以及发光二极管的正负极性不能插反焊错，否则电路无法正常工作。

（3）布线时尽量按原理图布线，查清每一引脚连线，以避免错线、少线和多线。

实训三　小型电磁继电器控制电路

一　实训目的

（1）了解小型电磁继电器的结构和工作原理。

（2）掌握发光二极管的检测方法。

（3）进一步熟悉应用万用表对电路进行故障检测和参数测试。

二　实训器材

（1）万用表、示波器、电烙铁、电路实验板、变压器、二极管、发光二极管、稳压管、晶体管（型号：8050 或 9014）、电位器、电解电容、电阻等。

（2）小型电磁继电器（HJR-3FF-S-Z）。

三　实训内容及步骤

小型电磁继电器控制双色灯的电路如图 12.3.1 所示。

该电路的工作原理简单，当没有按下键 S1 时，继电器的主线圈断电，因此红色发光二极管亮，而绿色发光二极管灭。当按下键 S1 后，继电器的主线圈得电，此时红色发光二极管因常闭开关打开而灭，而绿色发光二极管因常开开关闭合而亮。

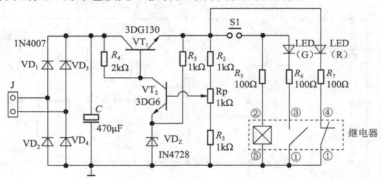

图 12.3.1　小型电磁继电器控制双色灯的电路

（1）小型电磁继电器的线圈电阻的测定。如图 12.3.2 所示，测量继电器的线圈电阻，完成表 12.3.1 的数据记录，并判定该器件是否完好。

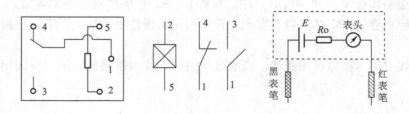

图 12.3.2　继电器的线圈电阻的测量

表 12.3.1 测量线圈电阻

红表笔位置	黑表笔位置	R×100 挡测电阻	R×1k 挡测电阻	结　　论
2 脚	5 脚			

（2）按照原理图焊接好电路，按键 S1，观察电路是否正常工作。如果出现只有一个灯亮灭的情况，试分析可能的原因。

四　实训注意事项

（1）所用继电器的 5 个引脚中，2 和 5 号引脚注意正确接入电路。如果漏接，继电器将无法正常工作。

（2）焊接继电器引脚时，注意不要焊接错误，否则导致电路无法正常工作。

（3）布线时尽量按原理图布线，查清每一引脚连线，以避免错线、少线和多线。

实训四　基于数字芯片 PT2262 和 PT2272 的发射接收测试电路

一　实训目的

（1）了解遥控的基本原理。

（2）了解编码芯片 PT2262 和译码芯片 PT2272 的工作原理并掌握其应用。

（3）掌握发射和接收测试电路的基本应用。

二　实训器材

（1）万用表、示波器、电烙铁、电路实验板、变压器、发射模块和接收模块、专用数字编码和译码芯片 PT2262 和 PT2272、二极管、发光二极管、稳压管、晶体管（型号：8050 或 9014）、电位器、电解电容、电阻等。

（2）发射模块和接收模块，如图 12.4.1 和图 12.4.2 所示。

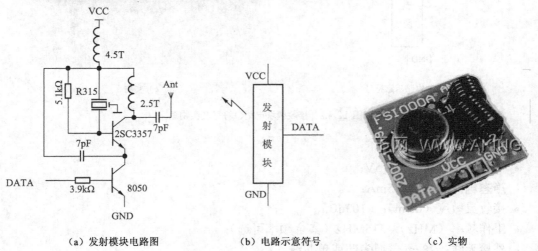

(a) 发射模块电路图　　　　　(b) 电路示意符号　　　　　(c) 实物

图 12.4.1　发射模块电路、符号及实物图

发射模块的相关参数如下：

- 实际工作距离（m）：50～100m；
- 工作电压（V）：3～12V；
- 工作电流（mA）：10～15mA；
- 工作方式：AM；
- 传输速率：4KB/S；
- 发射功率（mW）：10mW；
- 外接天线：28cm 普通多芯或单芯线。

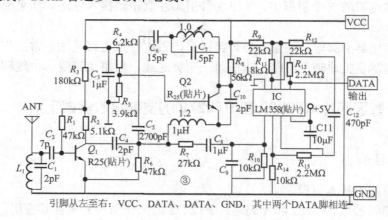

引脚从左至右：VCC、DATA、DATA、GND，其中两个DATA脚相连

（a）接收模块电路图

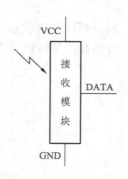

（b）电路示意符号

（c）实物

图 12.4.2　接收模块电路、符号及实物图

接收模块的相关参数如下：

- 工作电压（V）：DC 5V；
- 静态电流（mA）：5mA；
- 接收灵敏度（dBm）：−103dBm；
- 工作频率（MHz）：315MHz（其余频率可选）；
- 外接天线：28cm 普通多芯或单芯线。

（3）专用集成数字编码译码芯片 PT2262 和 PT2272 的简介，如图 12.4.3 所示。

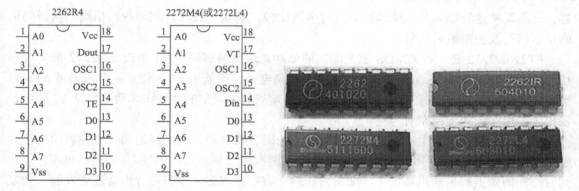

（a）PT2262 和 PT2272 的符号 （b）PT2262 和 PT2272 的实物

图 12.4.3 芯片 PT2262 和 PT2272 的符号及实物图

芯片 PT2262 和 PT2272 的管脚说明见表 12.4.1 和 12.4.2。

表 12.4.1 **专用集成数字编码芯片 PT2262 的管脚说明**

名　　称	管　　脚	说　　明
A0～A11	1～8、10～13	地址管脚，用于进行地址编码，可置为 "0" "1" "f"（悬空）
D0～D5	7～8、10～13	数据输入端，有一个为 "1" 即有编码发出，内部下拉
Vcc	18	电源正端（＋）
Vss	9	电源负端（－）
TE	14	编码启动端，用于多数据的编码发射，低电平有效
OSC1	16	振荡电阻输入端，与 OSC2 所接电阻决定振荡频率
OSC2	15	振荡电阻振荡器输出端
Dout	17	编码输出端（正常时为低电平）

表 12.4.2 **专用集成数字译码芯片 PT2272 的管脚说明**

名　　称	管　　脚	说　　明
A0～A11	1～8、10～13	地址管脚，用于进行地址编码，可置为 "0" "1" "f"（悬空），必须与 2262 一致，否则不解码
D0～D5	7～8、10～13	地址或数据管脚，当作为数据管脚时，只有在地址码与 2262 一致，数据管脚才能输出与 2262 数据端对应的高电平，否则输出为低电平，锁存型只有在接收到下一数据才能转换
Vcc	18	电源正端（＋）
Vss	9	电源负端（－）
DIN	14	数据信号输入端，来自接收模块输出端
OSC1	16	振荡电阻输入端，与 OSC2 所接电阻决定振荡频率
OSC2	15	振荡电阻振荡器输出端
VT	17	解码有效确认输出端（常低），解码有效变成高电平（瞬态）

　　该专用集成遥控数字编码芯片（PT2262）与译码芯片（PT2272）电路，由于外围支持电路简单，可使许多非常复杂的遥控系统的设计大大简化，具有很高的抗干扰能力、准确性、可靠性和性价比。这类电路的基本工作原理：编码器产生的编码信号（包括地址和控制数据编码），以串行方式输出，可以采用无线电波、红外光波、超声波或其他传输媒体传送给译码

器。译码器将地址编码与本地地址码进行多次比较，确认一致时，在相应输出端输出译码正确指示信号及控制数据信号。

PT2262/2272 是一种 CMOS 工艺制造的低功耗通用编解码电路，PT2262/2272 最多可有 12 位（A0～A11）三态地址端管脚（悬空，接高电平，接低电平），任意组合可提供 531441 地址码，PT2262 最多可有 6 位（D0～D5）数据端管脚，设定的地址码和数据码从 17 脚串行输出，可用于无线遥控发射电路。

编码芯片 PT2262 发出的编码信号由：地址码、数据码、同步码组成一个完整的码字，解码芯片 PT2272 接收到信号后，其地址码经过两次比较核对后，VT 脚才输出高电平，与此同时相应的数据脚也输出高电平，如果发送端一直按住按键，编码芯片也会连续发射。当发射机没有按键按下时，PT2262 不接通电源，其 17 脚为低电平，所以 315MHz 的高频发射电路不工作，当有按键按下时，PT2262 得电工作，其第 17 脚输出经调制的串行数据信号，当 17 脚为高电平期间 315MHz 的高频发射电路起振并发射等幅高频信号，当 17 脚为低电平期间 315MHz 的高频发射电路停止振荡，所以高频发射电路完全受控于 PT2262 的 17 脚输出的数字信号，从而对高频电路完成幅度键控（ASK 调制）相当于调制度为 100％的调幅。

通常，我们一般采用 8 位地址码和 4 位数据码，这时编码芯片 PT2262 和译码芯片 PT2272 的第 1～8 脚为地址设定脚，有 3 种状态可供选择，所以地址编码不重复度为 3^8=6561 组，只有发射端 PT2262 和接收端 PT2272 的地址编码完全相同，才能配对使用。当两者地址编码完全一致时，接收机的译码芯片 PT2272 的 D1～D4 端输出相应的电平控制信号，同时其 VT 端也输出译码有效的高电平信号。

思考：请问如图 12.4.4 所示，其（a）（b）（c）三个选项中，可与 PT2262 配对使用的是哪一个？

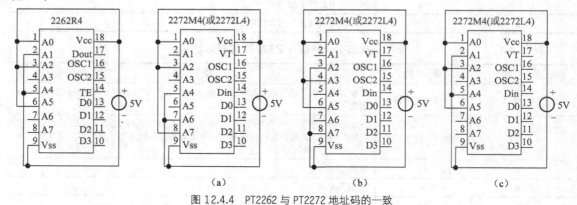

图 12.4.4　PT2262 与 PT2272 地址码的一致

PT2262 和 PT2272 除地址编码必须完全一致外，振荡电阻还必须匹配，否则接收距离会变近甚至无法接收，表 12.4.3 是实际应用中效果较好的经验参数匹配表。

表 12.4.3　编码芯片 PT2262 和译码芯片 PT2272 振荡电阻参数匹配表

编码发射芯片振荡的电阻		同步位宽度	窄脉冲宽度	宽脉冲宽度	配套的解码接收芯片振荡电阻
SC/PT2262	SC2260-R4（不同厂家参数有区别）				PT2272/SC2272
1.2MΩ					200kΩ
1.5MΩ	5.1MΩ	5ms	150μs	430μs	270kΩ

续表

编码发射芯片振荡的电阻		同步位宽度	窄脉冲宽度	宽脉冲宽度	配套的解码接收芯片振荡电阻
1.8MΩ	6.2MΩ				300kΩ
2.2MΩ	8.2MΩ			640μs	560kΩ
3.3MΩ	12MΩ	10 ms	320μs	890μs	680kΩ
4.7MΩ	18~20MΩ	14 ms	450μs	1310μs	820kΩ
6.2MΩ	30MΩ				1MΩ

值得注意的是，PT2272 译码芯片有不同的后缀，表示不同的功能，有 L4/M4/L6/M6 之分，其中 L 表示锁存输出，数据只要成功接收就能一直保持对应的电平状态，直到下次遥控数据发生变化时改变。M 表示非锁存输出，数据脚输出的电平是瞬时的，且与发射端是否发射相应，可以用于类似点动的控制。后缀的 6 和 4 表示有几路并行的控制通道，当采用 4 路并行数据时（如 PT2272-M4），对应的地址编码应该是 8 位，如果采用 6 路的并行数据时（如 PT2272-M6），对应的地址编码应该是 6 位。

三　实训内容及步骤

（1）无线电遥控系统的一般原理。

遥控是对被控对象进行远距离控制，使被控对象按指令动作。无线遥控是指利用无线电波、红外光波、超声波等作为媒介，在空间传输控制信息。以无线电波为媒介的无线电遥控，具有控制距离长和可"穿透"遮挡物等特点，因此应用非常广泛，如飞机模型遥控，就是无线电遥控。无线电遥控系统的原理框图，如图 12.4.5 所示。它的发射器件由指令键、指令编码电路、调制信号放大电路、调制电路、高频振荡电路、高频功率放大电路和发射天线组成。接收器件由接收天线、输入与放大电路、解调电路、指令译码电路、驱动电路和执行电路等。

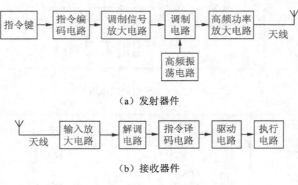

（a）发射器件

（b）接收器件

图 12.4.5　无线电遥控系统的原理框图

在图 12.4.5（a）中，调制电路将指令编码信号调制在高频振荡器产生的载波上，在经过高频功率放大后，由发射天线将电信号转换为电磁波，向外发射。在遥控距离不远的场合，调制信号放大电路和高频功率放大电路可以省去。调制有两个目的：一是将低频指令信号"装"在高频载波上，便于发射；二是提高系统的抗干扰能力。

在图 12.4.5（b）中，接收天线将无线电波感应下来，并转换为电信号。输入放大电路把这个微弱的电信号选出并放大，再送入解调电路，因此接收器件的接收灵敏度和抗干扰能力取决于输入放大电路的性能。解调电路的作用是将指令编码信号从载波上"卸"下来，是调制的逆过程。获得指令编码信号送入指令译码电路进行译码，以获取各种控制指令。驱动电路主要作用是放大，将指令译码器送来的各种指令信号放大，送至各种执行电路。执行电路的作用是完成指令信号所要求的操作动作。

（2）基于数字芯片 PT2262 和 PT2272 的发射和接收测试电路工作原理。

基于数字芯片 PT2262 和 PT2272 的发射和接收测试电路如图 12.4.6 和图 12.4.7 所示。

工作原理：在发射测试电路中，当按触键（如 S1 触键）时，直流电压源（5～10V）将通过开关二极管 IN4148，发射模块通电（即 VCC 端），同时芯片 PT2262 也通电（即 18 管脚），同时它的 11 号管脚 D2 也处于高电平状态（即 D2="1"），而 10 号管脚 D3 接地处于低电平状态（即 D3="0"），这时数据通过 17 号管脚 Dout，送入发射模块的 DATA 端，最终以无线电波信号传播出去。接收测试电路的接收模块接收到了这个无线电波信号，通过其 DATA 端，送入具有相同地址码的芯片 PT2272 的 14 号管脚 Din，经过芯片 PT2272 译码，对应的 11 号管脚 D2 也输出高电平（即 D2="1"），10 号管脚 D3 输出低电平（即 D3="0"）。当 D2 输出高电平，使得晶体管 8050 饱和状态，此时红色发光二极管点亮，而 D3 输出低电平，使得绿色发光二极管灭。同理，当按 S2 触键时，其结果是：红色发光二极管灭，而绿色发光二极管点亮。

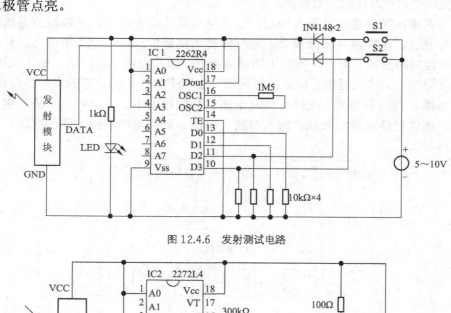

图 12.4.6　发射测试电路

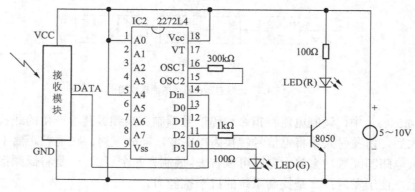

图 12.4.7　接收测试电路

（3）在指定的万用板上按照原理图，焊接发射和接收测试电路。

（4）先后按下两个触键 S1 和 S2，观察现象，并记录之。

（5）用示波器观测发射模块的 DATA 和接收模块的 DATA，并记录波形。

（6）将芯片 IC2 的型号 2272L4 转换成 2272M4，有何不同现象，思考其原因。

四　实训注意事项

（1）PT2262 和 PT2272 芯片不是直接焊接电路中，而是使用了 18 脚的芯片座，这样便于回收芯片。

（2）PT2262 和 PT2272 芯片的地址码必须状态一致，否则将无法实现遥控。

（3）直流稳压源的电压大小，对遥控距离有一定的影响，如果电压太小，可能会无法正常遥控。

（4）焊接时，注意开关二极管 IN4148 的正负极性，不要弄错。

实训五　综合设计项目

一　实训目的

（1）综合运用实训知识，进行电路的设计、焊接和调试。

（2）了解项目的设计一般步骤和方法。

（3）培养学生团队协作和交流沟通的能力。

二　实训器材

万用表、示波器、电烙铁、电路实验板、变压器、发射模块和接收模块、编码和译码芯片 PT2262 和 PT2272、二极管、发光二极管、稳压管、晶体管（型号：8050 或 9014）、电位器、电解电容、电阻、小型直流电机、按键等。

三　实训内容及步骤

项目设计是电子实训中的重要实践性教学环节，是学生基础知识和基本实践技能的综合性训练，有利于全面培养学生工程实践能力、综合创新能力、交流沟通以及团队协作能力。

1. 项目设计的教学目的

（1）通过项目设计巩固、深化和拓展学生的理论知识，提高综合运用知识的能力，逐步提高实践动手能力。

（2）培养学生正确的设计思想，掌握项目设计的内容、步骤和方法。根据项目设计要求，查阅文献资料，设计、焊接、调试电路达到性能指标。

（3）培养学生获取知识和综合处理信息的能力，交流沟通和团队协作的能力。

（4）为后续的毕业设计打好基础。毕业设计是系统的工程设计实践，通过实习的项目设计环节训练，可使得毕业设计变得较为容易完成。

（5）提高学生运用知识，创造性解决实际问题的能力。

2．项目设计的基本要求

（1）能够根据项目设计的任务要求，综合运用所学的知识与实践技能，通过团队合作的方式，完成一个项目。

（2）根据要求，能够自主学习，查阅资料，自主设计，焊接调试，独立思考，相互交流，团结协作，分析和解决项目实施中遇到的问题。

（3）熟悉电子元器件的基础知识，辨识判别，合理选用。

（4）掌握电子仪器仪表的正确使用，掌握电子电路焊接和调试技能。

（5）学会撰写项目设计报告，项目结束后能够陈述答辩。

（6）培养自主创新的意识，树立科学严谨的作风。

3．项目设计的方法步骤

明确项目的设计任务及要求，合理选择方案，对方案中的各部分电路进行设计、参数计算和器件选择，最后将各部分模块连接整合起来，完成符合要求的完整电路图。

（1）设计任务及项目分析：根据项目设计要求，分析项目指标，明确设计任务。掌握基本知识，参阅文献资料，收集类似电路设计作为参考，比较优劣，提出改进和完善方案，进行可行性分析，确定合理的设计方案。

（2）方案论证及选择：基于已掌握的知识和资料，针对项目的任务和要求，完成项目的功能设计，主要是设计电路原理图。电路原理图能清晰表述系统的基本组成和相互关系。根据总分结合原则，在系统"总"体要求的前提下，将其电路划"分"为若干功能模块。而方案的选择依据是：设计合理、经济可靠、性能优良、功能齐全。

（3）方案实施及完善：单元电路设计（注意各单元电路之间输入和输出信号以及控制信号）—电路参数计算（注意元器件电压、电流、功耗的技术指标）—元器件的选用—设计完成电路图—合理改进及完善。

（4）项目焊接调试：焊接注意整齐美观、可靠稳定、易于检查、避免过焊、虚焊和漏焊等情况。调试时，注意断电检测和通电检测相结合，以及局部调试和整体调试相结合。

（5）项目设计报告：撰写项目设计报告，是学生对项目设计全过程的回顾和总结，借此可以训练学生撰写科研论文和总结报告的能力。通过撰写设计报告，不仅把项目的设计、焊接、调试等内容进行总结和回顾，而且将实践内容上升到一定的理论高度。主要包括：设计任务及要求、电路设计及原理图、焊接调试及元器件选用、总结及体会、参考文献等。

（6）团队陈述答辩：团队推选一名成员，进行项目的陈述答辩。要求对项目进行简洁清晰的陈述，回答老师提问。

4．项目及团队综合表现评定

教师对电子实训中，学生在项目设计及团队综合表现给予合理的成绩评价，详细明目参考如表 12.5.1 所示。

表 12.5.1　　　　　　　　电子实训——项目及团队综合表现成绩评价表

学年及学期：	
课程名称（代码）：	
学生项目名称：	
设计任务：	1. 2. 3. 4. 5.

团队成员姓名学号		团队成员承担的具体任务分工（请在对应任务下划"√"）							
姓名	学号	资料查阅	统筹协调	原理设计	电路焊接	电路调试	编写报告	陈述答辩	备注说明

团 队 综 合 表 现 成 绩 评 价

序号	评价项目	评价指标	满分	评分
1	工作量、工作态度、出勤率	圆满完成设计任务，工作量及难易程度，出勤率高，积极主动完成项目	25	
2	设计质量	项目设计合理，计算准确，思路清晰；报告结构严谨，文理通顺，撰写规范；项目测量调试，测试严谨，操作科学规范，顺利完成项目的设计	40	
3	创新性	有创新意识，对前人工作有改进，具有一定应用价值	10（额外）	
4	团队协作	项目团队成员分工明确，相互沟通协作，表现良好团队合作精神	20	
5	答辩	团队成员能正确回答教师的提问	15	
6	总评			

教师对项目及团队的评语：

评价教师：

年　　月　　日

5. 设计项目

（1）项目名称：无线遥控红绿灯交替闪烁电路的设计

设计要求

① 设计能够发射一路信号的发射电路。

② 设计对应的接收电路，在接收信号后能够产生红绿灯交替闪烁。

③ 设计电路红绿灯的交替闪烁频率在 0.1～10Hz 之间。

④ 如有优良改进或创意，可加分。

⑤ 项目的发射及接收电路示意图如图 12.5.1 所示。

（2）项目名称：无线遥控红绿灯亮灭电路的设计

设计要求

① 设计能够发射一路信号的发射电路。

② 设计对应的接收电路，在接收信号之前是红灯亮；在接收信号之后变成了绿灯亮。

③ 设计电路要求使用小型继电器。

④ 如有优良改进或创意，可加分。

⑤ 项目的发射及接收电路示意图如图 12.5.2 所示。

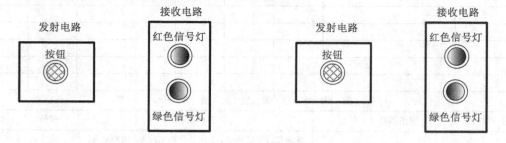

图 12.5.1　示意图　　　　　　　　　　　　　　图 12.5.2　示意图

（3）项目名称：无线遥控小型电机正反转控制电路的设计

设计任务

① 设计能够发射一路信号的发射电路。

② 设计对应的接收电路，在接收信号之前是小型直流电机可正转；在接收信号之后变成了反转。

③ 设计电路中直流电机可选用若干 5 号电池驱动。

④ 如有优良改进或创意，可加分。

⑤ 项目的发射及接收电路示意图如图 12.5.3 所示。

（4）项目名称：无线遥控红绿黄三灯显示电路的设计

设计任务

① 设计 3 个发射按钮的发射电路，分别对红绿黄三灯进行显示控制。

② 设计发射电路中有一个总的关闭显示按钮。按下该按钮后，无灯显示。

③ 设计对应的接收电路，在接收信号后能够控制红绿黄三灯显示。

④ 如有优良改进或创意，可加分。

⑤ 项目的发射及接收电路示意图如图 12.5.4 所示。

（5）项目名称：无线遥控红绿黄三灯特色控制电路的设计

设计任务

① 设计两个发射按钮：一个按钮对黄灯进行显示控制，一个按钮要求实现红绿灯以 0.1～1Hz 的频率交替闪烁。

② 设计发射电路中有一个总的关闭显示按钮。按下该按钮后，所有灯灭。

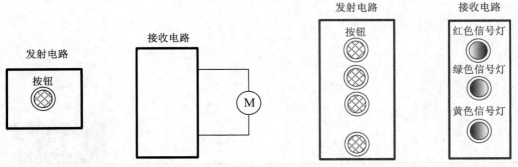

图 12.5.3 示意图

图 12.5.4 示意图

③ 设计对应的接收电路，要求使用小型继电器。

④ 如有优良改进或创意，可加分。

⑤ 项目的发射及接收电路示意图如图 12.5.5 所示。

（6）项目名称：无线遥控小型电机正反转互锁控制电路的设计

设计任务

① 设计能够发射三路信号的发射电路。按下停止按钮，运转的电机停止。按下正转按钮，电机正转；必须停止后，按下反转按钮，才可实现电机反转，即控制电路能够实现互锁。

② 设计对应的接收电路，要求使用小型继电器。

③ 设计电路中直流电机可选用若干 5 号电池驱动。

④ 如有优良改进或创意，可加分。

⑤ 项目的发射及接收电路示意图如图 12.5.6 所示。

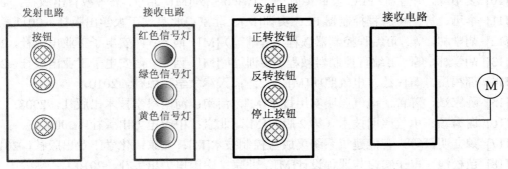

图 12.5.5 示意图

图 12.5.6 示意图

四 实训报告

编写一份设计报告。要求包括：（1）项目名称；（2）设计任务及要求；（3）电路的原理设计及元器件参数计算选用；（4）电路的焊接、调试及性能评估；（5）项目小结及体会；（6）参考资料等内容。

[1] 熊幸明，等．电工电子实训（第 3 版）[M]．北京：中国电力出版社，2008．

[2] 宋学瑞，等．电工电子实习教程（第 3 版）[M]．长沙：中南大学出版社，2009．

[3] 谢陈跃，谢斌盛．电工电子基础实习[M]．北京：中国大地出版社，2008．

[4] 付植桐，等．电工电子实验实训教程[M]．重庆：重庆大学出版社，2005．

[5] 肖俊武，等．电工电子实训（第 3 版）[M]．北京：电子工业出版社，2012．

[6] 王艳新，等．电工电子技术—实验与实习教程[M]．上海：上海交通大学出版社，2009．

[7] 于晓春，公茂法．电工电子实习指导书[M]．徐州：中国矿业大学出版社，2011．

[8] 柴志军，王云霞，冉玲苓．电工学实验及电子实习指导[M]．北京：国防工业出版社，2011．

[9] 钱晓龙，等．电工电子实训教程[M]．北京：机械工业出版社，2009．

[10] 姜治臻，周雪莉．PLC 项目实训——Twido 系列[M]．北京：高等教育出版社，2009．

[11] 李迅，等．可编程控制器 PLC 实训[M]．北京：北京理工大学出版社，2011．

[12] 胡学林，等．可编程控制器教程（基础篇）[M]．西安：西安电子工业出版社，2005．

[13] 胡学林，等．可编程控制器教程（实训篇）[M]．西安：西安电子工业出版社，2005．

[14] 郭福雁，黄民德．电气照明[M]．天津：天津大学出版社，2010．

[15] 陈家斌，陈蕾．电气照明实用技术[M]．河南：河南科学技术出版社，2008．

[16] 谢秀颖．电气照明技术（第 2 版）[M]．北京：中国电力出版社，2008．

[17] 魏立明，等．智能建筑系统集成与控制技术[M]．北京：化学工业出版社，2011．

[18] 苗松池．电子实习与课程设计[M]．北京：中国电力出版社，2010．

[19] 靳孝峰．电子技术设计实训[M]．北京：航空航天大学出版社，2011．

[20] 杨承毅．电子技能实训基础——电子元器件的识别和检测（第 2 版）[M]．北京：人民邮电出版社，2007．

[21] KNX 智能家居培训资料．http://wenku.baidu.com.

[22] 施耐德电气 KNX 系统产品手册 2011．施耐德电气有限公司．